Grundlagen der Steuerungstechnik

Cihat Karaali

Grundlagen der Steuerungstechnik

Einführung mit Übungen

3., erweiterte und aktualisierte Auflage

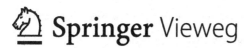 Springer Vieweg

Cihat Karaali
Department of Science Technology (SciTec)
University of Applied Sciences Jena
Jena, Deutschland

ISBN 978-3-658-16136-1   ISBN 978-3-658-16137-8 (eBook)
https://doi.org/10.1007/978-3-658-16137-8

Die Deutsche Nationalbibliothek verzeichnet diese Publikation in der Deutschen Nationalbibliografie; detaillierte bibliografische Daten sind im Internet über http://dnb.d-nb.de abrufbar.

Springer Vieweg
© Springer Fachmedien Wiesbaden GmbH, ein Teil von Springer Nature 2010, 2013, 2018

Gedruckt auf säurefreiem und chlorfrei gebleichtem Papier

Springer Vieweg ist ein Imprint der eingetragenen Gesellschaft Springer Fachmedien Wiesbaden GmbH und ist ein Teil von Springer Nature.
Die Anschrift der Gesellschaft ist: Abraham-Lincoln-Str. 46, 65189 Wiesbaden, Germany

Meiner Familie
Esim, Özlem-Hapka, Ayse
gewidmet

Vorwort

Die systematische Vorgehensweise für die Lösung allgemeiner steuerungstechnischer Aufgaben ist in bisherigen Publikationen als theoretische Arbeit oder experimenteller Applikationsbericht nur sehr eng behandelt. Die bisherigen Lösungsmethoden wissenschaftlicher und technischer Probleme bieten auch keinen optimierten und dadurch keinen zufriedenstellenden Prozess an.

Das vorliegende Buch soll die Interessenten, die sich in ausführlicher Form informieren wollen, eine Anregung zum Weiterstudium und zur Weiterentwicklung/-forschung bieten. Es soll zur Einführung und Übersicht dienen und moderne Lösungen vermitteln. Die wesentlichen Gebiete der Steuerungstechnik von den Grundlagen bis zu ausgeführten Schaltungsentwürfe in der verbindungsprogrammierten und speicherprogrammierten Steuerungen mit zahlreichen Übungsaufgaben bilden die Schwerpunkte des Buches.

Es wurde viel Wert auf die schematischen Darstellungen von Schaltfunktionen und ausführlichen Ableitungen der Funktionsgleichungen gelegt. Eine generelle steuerungstechnische Lösungsmethode für den technisch optimalen Entwicklungsvorgang ist in diesem Buch unter der Berücksichtigung von unterschiedlichen Eigenschaften der systematischen Vorgehensweisen und Lösungskonzepten vorgestellt. Diese Systematik charakterisiert den wichtigen Auswahlprozess der theoretischen sowie der praktischen Arbeit. An einer Vielzahl von Anwendungsbeispielen werden Eigenschaften und Möglichkeiten steuerungstechnischer Aufgaben und deren Verfahren erläutert. Darüber hinaus wird auch gezeigt, dass für die gestellten Aufgaben zahlreiche Lösungsmethoden gibt, die unterschiedliche Vorgehensweisen anbieten. Es ist aber nicht unbedingt erforderlich, dass eine gezielte Voraussetzung für die Durchführung der Aufgabenlösungen anzugeben.

Auf der Basis der Boole'schen Algebra werden KV-Diagramme, A-Tabellen, Funktionsgleichungen und -pläne sowie grafische Darstellungen gebildet. Dabei werden Beschreibungsmethoden systematisiert erläutert, die zielgerechte Lösung der gestellten Aufgaben darbieten.

Die 3. Auflage verfügt über die industrielle Anwendung der steuerungstechnischen Aufgaben mit Erläuterung der Verfahrensweisen anhand von Beispielen.

Berlin, im September 2017   Prof. Dr.-Ing. Cihat Karaali

Inhaltsverzeichnis

Einführung

1

1.1 Analog und digital

Die Aufzeichnung eines Vorgangs, der eine stetige Folge von Ereignissen aufweist wird als „analog" bezeichnet. Die Funktionsgleichung

$$\text{Ausgangsgröße} = f(\text{Eingangsgröße1, Eingangsgröße2,...})$$

ordnet die stetige Abhängigkeit zwischen Ein- und Ausgangsgrößen eines analogen Übertragungsgliedes zu. Der Bereich aller analogen Ein- und Ausgangsgrößen kann alle Werte von $-\infty$ bis $+\infty$ annehmen.

Die „digitale" Darstellung ist eine zahlenmäßige Folge von Ereignissen, die auch unstetig sein kann. Diese Folge kann nur diskrete Werte annehmen. Die Funktionsgleichung hat das gleiche Format wie bei den analogen Übertragungsgliedern. Der Wertebereich der Größen am Ein- und Ausgang kann hier allerdings nur noch die Werte 0 oder 1 annehmen. Der Übergang von 0 auf 1 (oder umgekehrt) wird als Bit (binary digit = zweiwertige Zahl) gekennzeichnet.

© Springer Fachmedien Wiesbaden GmbH, ein Teil von Springer Nature 2018
C. Karaali, *Grundlagen der Steuerungstechnik*, https://doi.org/10.1007/978-3-658-16137-8_1

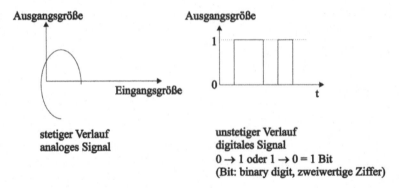

Abb. 1.1 Analogsignal, Digitalsignal

1.2   Zahlensysteme

Die Zahlendarstellung einer bestimmten Größe hängt von der Wahl des gewählten Zahlensystems ab. Man definiert einen **Zahlenwert** W einer reellen Zahl dadurch, dass man die **Summe aller Produkte** aus **Ziffer z** und B^n bildet, mit B als **Basis** des jeweils gewählten Zahlensystems und n als **Stellennummer**. Negative Werte von n bezeichnen die Stellen **hinter** und positive Werte von n (einschließlich 0) die Stellen **vor** dem Komma. Den **Ziffernvorrat** definiert man als den Wertebereich, der zwischen **0 und B-1** liegt. Für diese Definitionen ergibt sich somit folgende mathematische Beziehung:

$$W = \sum_{n=-p}^{n=q} z_n B^n$$

$$= z_q B^q + z_{q-1} B^{q-1} + ... + z_1 B^1 + z_0 B^0 + z_{-1} B^{-1} + ... + z_p B^p$$

Ziffernvorrat: $0 \leq z \leq B-1$

Neben dem bekannten Dezimal-Zahlensystem mit der Basis 10 finden in der Digitaltechnik auch das Dualsystem (Basis 2), das Oktalsystem (Basis 8) und das Hexadezimalsystem (Basis 16) Anwendung. Die folgende Tab. 1.1 bietet eine Gegenüberstellung an.

Tab. 1.1   Gegenüberstellung von Zahlensystemen

	Dezimal-system	Dual(= Binär)-system	Oktalsystem	Hexadezimal-system
Basis B	10	2	8	16
Ziffernvorrat (B-1)	0;1;2;3;4;5;6;7;8;9	0;1	0;1;2;3;4;5;6;7	0;1;2;3;4;5;6;7;8;9;A; B;C;D;E;F
Stellenwerte B^n	Nullte Stelle: $10^0 = 1$ Erste Stelle: $10^1 = 10$ Zweite Stelle: $10^2 = 100$ . . .	Nullte Stelle: $2^0 = 1$ Erste Stelle: $2^1 = 2$ Zweite Stelle: $2^2 = 4$ . . .	Nullte Stelle: $8^0 = 1$ Erste Stelle: $8^1 = 8$ Zweite Stelle: $8^2 = 64$ . . .	Nullte Stelle: $16^0 = 1$ Erste Stelle: $16^1 = 16$ Zweite Stelle: $16^2 = 256$ . . .
Eigenschaften	Die relative Position der Ziffern kennzeichnet den Stellenwert. Die letzte Stelle vor dem Komma ist als die „Nullte"-Stelle definiert.	Da eine Binärziffer elektronisch durch einen binären Schalter (z. B. Transistor gesperrt oder aufgesteuert) realisierbar ist, dessen jeweiliger Betriebszustand nur die Werte 0 und 1 seiner Zustandsgröße liefert, ist das Dualsystem in der Steuerungs- und Digitaltechnik bevorzugt.	Das Oktalsystem wird öfter verwendet, um die großen Dualfolgen im Binärsystem kürzer und damit übersichtlicher darstellen zu können.	Die Ziffern 10 bis 15 werden durch die Buchstaben A bis F dargestellt. Die langen Bitkombinationen einer Dualfolge werden mit dem Hexadezimalsystem in abgekürzter Schreibweise benutzt.

Beispiele

Dezimalsystem	Die Dezimale Zahl $W = 365{,}14_{10}$ entsteht mit $q = 2$ und $p = 2$ aus: $W = 3\cdot 10^{q_2} + 6\cdot 10^{q_1} + 5\cdot 10^{q_0} + 1\cdot 10^{p_1} + 4\cdot 10^{p_2}$ $W = 3\cdot 10^2 + 6\cdot 10^1 + 5\cdot 10^0 + 1\cdot 10^{-1} + 4\cdot 10^{-2}$ $\quad = 300 + 60 + 5 + 0.1 + 0.04$ $\quad = 365{,}14_{10}$
	Die Dezimale Zahl $W = 2{,}123$ entsteht mit $q = 0$ und $p = 3$ aus: $W = 2\cdot 10^{q_0} + 1\cdot 10^{p_1} + 2\cdot 10^{p_2} + 3\cdot 10^{p_3}$ $W = 2\cdot 10^0 + 1\cdot 10^{-1} + 2\cdot 10^{-2} + 3\cdot 10^{-3}$ $\quad = 2 + 0.1 + 0.02 + 0.003$ $\quad = 2{,}123_{10}$
Dualsystem	Die Dualzahl $W = 1101_2$ entsteht mit $q = 3$ und $p = 0$ aus: $W = 1\cdot 2^{q_3} + 1\cdot 2^{q_2} + 0\cdot 2^{q_1} + 1\cdot 2^{q_0}$ $W = 1\cdot 2^3 + 1\cdot 2^2 + 0\cdot 2^1 + 1\cdot 2^0$ $\quad = 8 + 4 + 0 + 1$ $\quad = 13_{10}$
	Die Dualzahl $W = 011$ entsteht mit $q = 2$ und $p = 0$ aus: $W = 0\cdot 2^{q_2} + 1\cdot 2^{q_1} + 1\cdot 2^{q_0}$ $W = 0\cdot 2^2 + 1\cdot 2^1 + 1\cdot 2^0$ $\quad = 0 + 2 + 1$ $\quad = 3_{10}$
Oktalsystem	Die Oktalzahl $W = 16_8$ entsteht mit $q = 1$ und $p = 0$ aus: $W = 1\cdot 8^{q_1} + 6\cdot 8^{q_0}$ $W = 1\cdot 8^1 + 6\cdot 8^0$ $\quad = 8 + 6$ $\quad = 14_{10}$

Hexadezimalsystem	Die Hexadezimalzahl $W = 2CD_{16}$ entsteht mit $q = 2$ und $p = 0$ aus:

$$W = 2 \cdot 16^{q_2} + C \cdot 16^{q_1} + D \cdot 16^{p_0}$$
$$W = 2 \cdot 16^2 + 12 \cdot 16^1 + 13 \cdot 16^0$$
$$= 512 + 192 + 13$$
$$= 717_{10}$$

Die Hexadezimalzahl $W = 16A1_{16}$ entsteht mit $q = 3$ und $p = 0$ aus:

$$W = 1 \cdot 16^{q_3} + 6 \cdot 16^{q_2} + A \cdot 16^{q_1} + 1 \cdot 16^{q_0}$$
$$W = 1 \cdot 16^3 + 6 \cdot 16^2 + 10 \cdot 16^1 + 1 \cdot 16^0$$
$$= 4096 + 1536 + 160 + 1$$
$$= 5793_{10}$$

Man verwendet oft die Oktal- und Hexadezimal-Schreibweise, um die großen Zahlenfolgen im Dualsystem übersichtlicher und vor allem kürzer darstellen zu können. Dabei werden vor dem Komma ausgehend jeweils 3 Stellen der Binärzahl zu einer Oktalzahl und jeweils 4 Stellen der Binärzahl zu einer Hexadezimalzahl zusammengefasst.

Beispiel

$$\underset{3}{\underbrace{11}} \; \underset{5}{\underbrace{101}} \; \underset{4}{\underbrace{100}} \; \underset{7}{\underbrace{111}}_{8} = \left(1 \cdot 2^{10} + 1 \cdot 2^9 + 1 \cdot 2^8 + 0 + 1 \cdot 2^6 + 1 \cdot 2^5 + 0 + 0 + 1 \cdot 2^2 + 1 \cdot 2^1 + 1 \cdot 2^0\right)_{10}$$
$$= (1024 + 512 + 256 + 64 + 32 + 4 + 2 + 1)_{10}$$
$$= \underline{\underline{1895_{10}}}$$

$$= \left(3 \cdot 8^3 + 5 \cdot 8^2 + 4 \cdot 8^1 + 7 \cdot 8^0\right)_{10}$$
$$= \left(1536 + 320 + 32 + 7\right)_{10}$$
$$= \underline{\underline{1895_{10}}}$$

$$\underset{7}{\underbrace{111}} \; \underset{6}{\underbrace{0110}} \; \underset{7}{\underbrace{0111}}_{16} = \left(7 \cdot 16^2 + 6 \cdot 16^1 + 7 \cdot 16^0\right)_{10}$$
$$= (1792 + 96 + 7)_{10}$$
$$= \underline{\underline{1895_{10}}}$$

Die folgende Tab. 1.2 stellt eine vergleichende Übersicht der behandelten Zahlensysteme dar:

Tab. 1.2 Zahlensysteme

Dezimal	Dual (= Binär)	Oktal	Hexadezimal
0	0000	0	0
1	0001	1	1
2	0010	2	2
3	0011	3	3
4	0100	4	4
5	0101	5	5
6	0110	6	6
7	0111	7	7
8	1000	10	8
9	1001	11	9
10	1010	12	A
11	1011	13	B
12	1100	14	C
13	1101	15	D
14	1110	16	E
15	1111	17	F
16	10000	20	10
17	10001	21	11
.	.	.	.
.	.	.	.
.	.	.	.

Das duale (= binäre) Zahlensystem ist für die Anwendung auch in der digitalen Rechen- und Steuerungstechnik von fundamentaler Bedeutung. In der Elektrotechnik verwendet man den Schalter (z. B. Transistor als Schalter) mit den Stellungen „offen" und „geschlossen" als ein binäres Bauelement, das zwei voneinander unterschiedliche Zustände annehmen kann.

Heutzutage arbeiten digitale Steuerungs- und Rechenmaschinen ausschließlich mit binären Zahlendarstellungen. Daher ist es zweckmäßig, hier auf die Behandlung von elementarer Dual-Arithmetik näher einzugehen.

1.3 Dual-Arithmetik

Mit dem Verfahren in der Dual-Arithmetik ist grundsätzlich genauso einfach zu rechnen wie mit dezimalen Zahlen. Hier wird die Addition von Dualziffern und die Einer- und Zweier-Komplementbildung behandelt, die die binäre Subtraktion auf eine binäre Addition zurückführt.

Bemerkung: Die Addition von zwei Dualzahlen ist nicht zu verwechseln mit den Postulaten der ODER-Funktion (in den weiteren Abschnitten wird sie behandelt) in der Schaltalgebra. Das Operationszeichen „+" hat zwei verschiedene Bedeutungen!

1.3.1 Binäre Addition

	$\sum$	Übertrag		$\sum$	Übertrag
$0 + 0 =$	0	0	$1 + 0 + 0 =$	1	0
$0 + 1 =$	1	0	$1 + 0 + 1 =$	0	1
$1 + 0 =$	1	0	$1 + 1 + 0 =$	0	1
$1 + 1 =$	0	1	$1 + 1 + 1 =$	1	1

Beispiele

Dezimal		Dual		Dezimal		Dual	
	2		0 1 0		14		1 1 1 0
	5		1 0 1		28		1 1 1 0 0
Übertrag		Übertrag		Übertrag	1	Übertrag	1 1
	+		+		+		+
Summe	7	Summe	1 1 1	Summe	42	Summe	1 0 1 0 1 0

Wie vorhin erwähnt kann die Subtraktion durch die Addition des Einer- oder Zweier-komplements ersetzt werden.

1.3.2 Die Einerkomplement-Arithmetik

Unter Einerkomplement einer Dualzahl versteht man diejenige Binärzahl, welche durch Invertieren jeder einzelnen Ziffer, d. h. Vertauschen von 0 auf 1 und von 1 auf 0, gebildet wird.

Der Zahlenwert einer binären Zahl wird gebildet, wie schon erwähnt, durch die folgende Beziehung:

$$W = \sum_{n=-p}^{n=q} z_n \cdot 2^n$$

Die Einerkomplement-Bildung entspricht der Darstellung dieser Zahl W zur Basis 2 und wird gekennzeichnet durch Überstreichen der Zahl $W \rightarrow \overline{W}$

$$\overline{W} = \sum_{n=-p}^{n=q} (1 - z_n) \cdot 2^n$$

Mithilfe der Komplement-Bildung kann die Subtraktion auf eine Addition zurückge-führt werden. Dabei wird der Subtrahend (die abzuziehende Zahl) im Einerkomplement zum Minuenden addiert. Wenn beim Addieren ein Überlauf (1) auftritt, dann muss diese 1 in einem weiteren Schritt zum erhaltenen Zwischenergebnis addiert werden. Tritt kein Überlauf auf, so ist die erste Summe bereits das Ergebnis.

Beispiele

Dezimal	Dual	Dezimal	Dual
15	1 1 1 1 ➔ 1 1 1 1	29	1 1 1 0 1 ➔ 1 1 1 0 1
4	0 1 0 0 ➔ 1 0 1 1 Einerkompl.	16	1 0 0 0 0 ➔ 0 1 1 1 1 Einerkompl.
-	1 1 1 Übertrag	-	1 1 1 1 Übertrag
	+ ————		+ ————
11	▣ 1 0 1 0 Zwischensum.	13	▣ 0 1 1 0 0 Zwischensum.
	↘ 1		↘ 1
	+ ————		+ ————
	1 0 1 1 Ergebnis		0 1 1 0 1 Ergebnis

1.3.3   Die Zweierkomplementarithmetik

Möchte man die Zweierkomplementarithmetik aus der Einerkomplement bilden, so erfolgt dies von vornherein durch Addition einer 1 an der niedrigstwertigen Stelle. Hier braucht ein auftretender Überlauf in der höchsten Stelle nicht berücksichtigt werden. Er wird ignoriert.

Beispiele

Dezimal	Dual	Dezimal	Dual
15	1 1 1 1 ➔ 1 1 1 1	29	1 1 1 0 1 ➔ 1 1 1 0 1
4	0 1 0 0 ➔ 1 0 1 1 Einerkompl.	16	1 0 0 0 0 ➔ 0 1 1 1 1 Einerkompl.
-	1	-	1
	+ ————		+ ————
11	1 0 1 1 Ergebnis	13	0 1 1 0 1 Ergebnis

Wie Subtraktion lassen sich auch die Multiplikation und Division auf Addition zurückführen.

Aus Gründen der technisch einfacheren Realisierbarkeiten arbeiten steuerungstechnische Anlagen meist ausschließlich mit binärer Darstellung von Zahlen. Dabei kann es sich um Dualzahlen, Dezimal-, Oktal- oder Hexadezimalzahlen handeln. Jede Dezimalzahl muss demnach bei der Eingabe in die Anlage in die ihr eigene Zahlendarstellung umgeformt werden. Bei der Ausgabe muss, wenn erforderlich, umgekehrt das Zahlensystem der Anlage zurücktransformiert werden.

Allgemein kann man sagen, dass die Information in elektronischen Anlagen, nur in deren auswertbaren Signalform verarbeitet wird. Dazu ist die binäre Codierung der Information erforderlich.

1.4 Codierung

Die Codierung in der Informationstheorie befasst sich u. a. mit der Zielsetzung, möglich wenig Bits zur Darstellung und damit zur Übertragung der Information zu verwenden (Faximilie, Morse-Code, …). Das heißt die mit dem gleichen Potenzial nebeneinander vorkommenden Zeichenfolgen werden mit wenigen Signalschritten erzeugt und übertragen.

In der folgenden Tab. 1.3 sind einige häufig verwendete Codierungssysteme zusammengestellt:

Tab. 1.3 Codearten

Dezimalsystem	Binär-Code	Gray-Code	BCD-Code	1- aus 10-Code
00	0000	0 0 0 0	0000	0000000001
01	0001	0 0 0 1	0001	0000000010
02	0010	0 0 1 1	0010	0000000100
03	0011	0 0 1 0	0011	0000001000
04	0100	0 1 1 0	0100	0000010000
05	0101	0 1 1 1	0101	0000100000
06	0110	0 1 0 1	0110	0001000000
07	0111	0 1 0 0	0111	0010000000
08	1000	1 1 0 0	1000	0100000000
09	1001	1 1 0 1	1001	1000000000
10	1010	1 1 1 1	1 0000	10 0000000001
11	1011	1 1 1 0	1 0001	10 0000000010
12	1100	1 0 1 0	1 0010	10 0000000100
13	1101	1 0 1 1	1 0011	10 0000001000
14	1110	1 0 0 1	1 0100	10 0000010000
15	1111	1 0 0 0	1 0101	10 0000100000

Binäre Codierung bedeutet die Abbildung der zu übertragenden Nachricht in binären Zahlen. Jede binäre Zahl verfügt über die kleinste Menge dieser Nachricht. Eine Kombination von binären Zahlen stellt ein Datenwort oder ein Codewort dar.

Wie die Tab. 1.3 zeigt, ändern bei dem Binärcode fortschreitend bei jedem weiteren Schritt, also von Ziffer zu Ziffer, mehrere Bits ihren Wert. Beim Gray-Code ändert bei jedem Schritt nur jeweils ein Bit seinen Wert. Solche Codes werden als einschrittig bezeichnet. Beim Gray-Code spricht man von einem reflektierten Code, der durch Spiegelung, wie in der Tab. 2 hervorgehoben, zu entwickeln ist. BCD-(Binär Codierte Dezimal-stellen)-Code wird auch als 1 – 2 – 4 – 8 – Code bezeichnet. Das BCD-Datenwort stimmt für die Dezimalzahlen 0...9 mit dem des Binärcodes überein. Im Vergleich zum Binär-code ist die Folge des BCD-Codes nach dem Codewort 1001 abgebrochen.

Die Datenwörter 1010 bis 1111 tauchen in der Folge nicht auf; sie werden als Pseudo-Tetraden bezeichnet.

TTL-Schaltungen

2

2.1 Multi-Emitter-Transistor, Gatter und Chip

Die in Abb. 2.1 gezeigte Multi-Emitter-Schaltung ist in integrierter Schaltung dargestellt. Die elektronische Realisierung der Multi-Emitter-Schaltung wird als Gatter bezeichnet. Das Beispiel stellt den inneren Schaltungsaufbau des NAND-Gatters dar. Die Multi-Emitter können auch noch aus mehreren Eingängen ausgestattet sein.

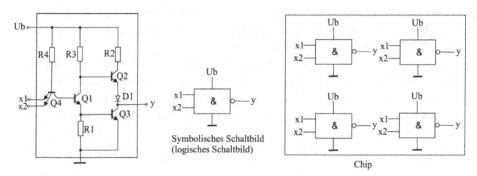

Multi-Emitter-Schaltung in der
TTL-Logik (elektrisches Schaltbild)

Symbolisches Schaltbild
(logisches Schaltbild)

Chip

Abb. 2.1 Aufbau und symbolische Darstellung von TTL-Schaltungen

Die TTL-Bausteine (Transistor-Transistor-Logik-Bausteine) verfügen über stromgesteuerte bipolare Transistoren, die im Vergleich zu CMOS-Transistor-Technologien (spannungsgesteuert) einen höheren Stromverbrauch und damit höhere Leistungsaufnahme

© Springer Fachmedien Wiesbaden GmbH, ein Teil von Springer Nature 2018
C. Karaali, *Grundlagen der Steuerungstechnik*, https://doi.org/10.1007/978-3-658-16137-8_2

aufweisen. Infolge der höheren internen Verstärkung weist die Schaltung eine hohe Belastbarkeit (fan out) auf.

Wenn einer der Eingänge x1 oder x2 auf „0"-Potenzial liegt, ist der Transistor Q4 leitend und Q1 sperrt. Sperrt der Transistor Q1, so ist sein Emitter potenzialmäßig mit Masse verbunden. Dadurch sperrt Q3 auch. Über den Emitterfolger Q2 hat die Ausgangsspannung y das Potenzial high (+5 V).

Leitet der Transistor Q1 (x1 und x2 liegen auf „1"-Potenzial), ist dann die Kollektor-Emitter-Spannung U_{CE} sehr gering. Der Basisstrom von Q3 ist dann sehr hoch und Q3 wird gesättigt. Die Ausgangsspannung y hat das Potenzial low (0 V).

Die beiden Basispotenziale von Q2 und Q3 betragen etwa 0,6 V bis 0,7 V. Die Diode D1 verhindert, dass bei diesem Betriebszustand auch T4 leitend wird.

In den industriellen Anwendungen werden mehrere Gatter in ein sogenanntes Dual-in-line-Gehäuse (DIL-Gehäuse), d. h. als zweireihig ausgeführte Anschlüsse, in einem Chip integriert. Die Empfindlichkeit gegenüber den magnetischen Störsignalen wird dadurch erheblich verringert. Die „Durchlaufverzögerungszeit" beschreibt das dynamische Verhalten eines Gatters. Dabei handelt es sich um die Zeit, die, gemessen vom Anlegen eines Signals am Eingang bis es seine Wirkung am Ausgang zeigt, vergeht.

Für die positive Logik gelten allgemein folgende Definitionen:

- Logische „0": low Pegel   (0 V…+0,8 V)
- Logische „1": high Pegel   (+2,0 V…+5 V)

Der sich ergebende Zwischenwert stellt die sogenannte „verbotene Zone" des Gesamtpegels dar. Für ein exaktes Umschalten des Gatters soll man diesen Bereich als Eingangssignalpegel ganz vermeiden. Aus einem Eingang eines Multi-Emitter-Transistors kann Strom in der Größenordnung bis (betragsmäßig) 1,5 mA fließen. Der Ausgang einer TTL-Schaltung kann ca. bis zu zehn Eingänge ansteuern.

Die „Boole'sche Algebra" auch „Schaltalgebra" genannt, beruht darauf, dass die betrachteten Variablen nur zwei Werte, den Wert 0 oder 1 annehmen können. Für eine logische UND-Verknüpfung ist das Multiplikationszeichen „ · " und für eine logische ODER-Verknüpfung ist das Additionszeichen „+" vorgesehen. Wird zwischen zwei Variablen kein symbolisches Zeichen für deren logische Verknüpfung vorgesehen, handelt es sich trotzdem um eine UND-Verknüpfung (das Multiplikationszeichen „ · " wird vernachlässigt).

Die Wahrheitstabelle einer logischen Verknüpfung stellt den Wert der abhängigen Ausgangsvariablen y für jede mögliche Kombination der unabhängigen Eingangsvariablen xi dar. Zu dem logischen Schaltbild eines Gatters wird die Wahrheitstabelle, und daraus abgeleitet die Funktionsgleichung, angegeben. Die folgende Wahrheitstabelle (Abb. 2.2) verfügt über zwei Eingangsvariable. Dadurch existieren $2^2 = 4$ mögliche Bitkombinationen (00, 01, 10,11) für die Eingangsvariablen. Demnach ist die Wahrheitstabelle vierzeilig und dreispaltig. Für jede Kombination der Eingangsvariablen wird der logische Zustand der Ausgangsvariablen eingetragen.

Wahrheitstabelle:	Funktionsgleichung:
x1 x2 y	$y := \overline{x1 \cdot x2}$
0 0 1	Lesen: „y ergibt sich aus x1 und x2 nicht"
0 1 1	
1 0 1	
1 1 0	

Abb. 2.2 Wahrheitstabelle, Funktionsgleichung

In der Funktionsgleichung kann jede unabhängige Eingangsvariable x1 und x2 die Werte 0 oder 1 annehmen. Die Funktionsgleichung als logische Schaltung besagt, dass die Ausgangsvariable y nur dann den logischen Wert 1 annimmt, wenn gleichzeitig die unabhängigen Eingangsvariablen x1 und x2 nicht den logischen Wert 1 besitzen.

Jedes Bauelement, dessen jeweiliger Betriebszustand ausschließlich mit einem von zwei möglichen diskreten Werten einer Zustandsgröße eindeutig charakterisiert werden kann, stellt einen binären Schalter dar. Das heißt, das klassische Binärelement ist in der Elektrotechnik der „Schalter", der sich im geöffneten Zustand dem Wert 0 und im geschlossenen Zustand dem Wert 1 zugeordnet ist. Der Schalter wird gewöhnlich in der Elektrotechnik durch einen bipolaren Transistor oder in MOS-Technologien realisiert, der im gesperrten Zustand seinem Ausgang den logischen Wert 1, und im aufgesteuerten Zustand den logischen Wert 0 liefert (Abb. 2.3).

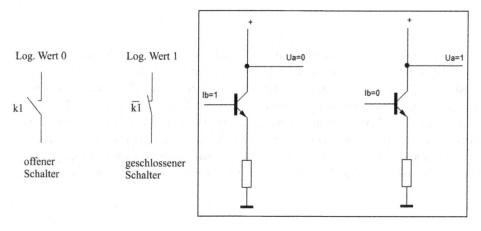

Abb. 2.3 Technische Realisierungen von logischen Werten

2.2   Boole'sche Algebra

Der englische Mathematiker Boole entwickelte eine mathematische Methode, die eine klassische Aussagenlogik (z. B. „Es ist Sommer UND immer noch kalt") in eine logische Aussage umwandelt. Zum Entwurf von steuerungstechnischen zweiwertigen Systemen ist die Methode allgemein anwendbar. Wenn der Inhalt dieses Satzes sich mit nur einem der zwei diskreten Werte beschreiben lässt („ja" oder „nein"), spricht man von einer zweiwertigen logischen Aussage.

Die zusammengesetzten logischen Aussagen lassen sich wiederum in weitere logische Aussagen zerlegen. Die nach den logischen Gesetzen erfolgte Zusammenfassung aller logischen Aussagen stellt eine logische Verknüpfung dar, die sich technologisch durch elektronische Verknüpfungsschaltungen als logische Grundfunktionen oder als Gatter (UND-, ODER-, NICHT-Schaltungen ...) realisieren lassen. Die Verknüpfungsschaltungen verfügen über die unabhängigen logischen Eingangs- und abhängigen Ausgangsvariablen (im obigen Beispiel Sommer, kalt, ja/nein). Die logische Funktion f ordnet die Abhängigkeit zwischen diesen Variablen zu (ja/nein = f(Sonne, kalt)).

Zweiwertige, also binäre Zahlensysteme werden für Rechenoperationen deswegen bevorzugt, da deren Zahlenwerte sich in den Rechenanlagen technisch durch zweiwertige Bauelemente generieren lassen. Hier können zweiwertige Schaltvariablen nur mit eindeutigen Ja/Nein-Aussagen gemacht werden. Die hierbei auftretenden Variablen können nur zwei definierbare Zustände annehmen, die die Zustandsgrößen von binären Schaltern beschreiben. Der Betriebszustand eines binären Schalters kann nur einen der zwei diskreten Werten, high H = 5 V = 1 oder low L = 0 V = 0 aufweisen.

Die logische Funktion ordnet einer abhängigen Ausgangsvariablen y mehrere unabhängige Eingangsvariablen x_i , i = 0, 1, 2,... zu.

$$y = f\left(x_0, x_1, x_2, ...\right)$$

Das Rechnen mit den Verknüpfungen UND, ODER, NICHT bezeichnet man als Boole'sche Algebra. Mit diesen drei Verknüpfungsarten lassen sich formelmäßig sehr einfache und ebenso übersichtliche Schaltungsaufbauten der Schaltalgebra realisieren. Darüber hinaus lassen sich mit den erwähnten drei Verknüpfungsarten alle beliebig komplizierten logischen Verknüpfungen, auch von mehr als zwei Eingangsvariablen aufbauen. Die elektronische Realisierung einer logischen Verknüpfung wird als Gatter bezeichnet. Die unten abgebildete Tab. 2.1 stellt die elementaren Verknüpfungsglieder mit deren Wahrheitstabellen, Funktionsgleichungen, Schaltbildern und Schaltpläne dar.

Tab. 2.1   Darstellungen von elementaren Verknüpfungsgliedern in der Steuerungstechnik

Verknüpfungsart	Wahrheitstabelle	Funktionsgleichung	Schaltbild	Schaltplan

Identität

x	y
0	0
1	1

$y = x$

UND (AND) Konjunktion

x_1 x_2	y
0 0	0
0 1	0
1 0	0
1 1	1

$y = x_1 \cdot x_2$

ODER (OR) Disjunktion

x_1 x_2	y
0 0	0
0 1	1
1 0	1
1 1	1

$y = x_1 + x_2$

NICHT (NOT) Inverter Negation

x	y
0	1
1	0

$y = \overline{x}$

ODER-NICHT (NOR) Negierte Disjunktion

x_1 x_2	y
0 0	1
0 1	0
1 0	0
1 1	0

$y = \overline{x_1 + x_2}$

UND NICHT (NAND) Negierte Konjunktion

x_1 x_2	y
0 0	1
0 1	1
1 0	1
1 1	0

$y = \overline{x_1 \cdot x_2}$
$= \overline{x_1} + \overline{x_2}$

EXKLUSIV ODER (EXOR) Antivalenz

x_1 x_2	y
0 0	0
0 1	1
1 0	1
1 1	0

$y = x_1 \cdot \overline{x_2} + \overline{x_1} \cdot x_2$
$y = x_1 \oplus x_2$
alternativ:
$\overline{y} = \overline{x_1} \cdot \overline{x_2} + x_1 \cdot x_2$
$y = \overline{\overline{x_1} \cdot \overline{x_2} + x_1 \cdot x_2}$
$= \overline{\overline{x_1} \cdot \overline{x_2}} \cdot \overline{x_1 \cdot x_2}$
$= (x_1 + x_2) \cdot \overline{x_1 \cdot x_2}$
$= (x_1 + x_2) \cdot (\overline{x_1} + \overline{x_2})$
$= x_1 \cdot \overline{x_2} + \overline{x_1} \cdot x_2$

Verknüpfungsart	Wahrheitstabelle			Funktionsgleichung	Schaltbild	Schaltplan

EXKLUSIV-
NICHT-ODER
(EXNOR)
Äquivalenz

x_1 x_2	y
0 0	1
0 1	0
1 0	0
1 1	1

$$y = x_1 \cdot x_2 + \overline{x_1} \cdot \overline{x_2}$$
$$= x_1 \cdot x_2 + \left(\overline{x_1 + x_2}\right)$$
$$y = \overline{x_1 \oplus x_2}$$

alternativ:
$$\overline{y} = x_1 \cdot \overline{x_2} + \overline{x_1} \cdot x_2$$
$$y = \overline{x_1 \cdot \overline{x_2} + \overline{x_1} \cdot x_2}$$
$$= \overline{x_1 \cdot \overline{x_2}} \cdot \overline{\overline{x_1} \cdot x_2}$$
$$= \left(\overline{x_1} + x_2\right) \cdot \overline{\overline{x_1} \cdot x_2}$$
$$= \left(\overline{x_1} + x_2\right) \cdot \left(x_1 + \overline{x_2}\right)$$
$$= \overline{x_1} \cdot \overline{x_2} + x_1 \cdot x_2$$

2.3   Rechenregeln der Boole'schen Algebra

Mithilfe der folgenden Rechenregeln der Boole'schen Algebra können aus den logischen Grundfunktionen UND, ODER und NICHT alle logischen Verknüpfungen abgeleitet werden. Durch Anwendung der Rechenregeln lassen sich auch alle Verknüpfungen ausschließlich aus NAND- oder aus NOR-Gattern realisieren. Die vorgegebene Funktionsgleichung kann durch Anwendung der Rechenregeln in ihrer Form minimiert (optimiert) werden; d. h. die Rechenregeln ermöglichen es, mit geringerer Gatteranzahl eine Schaltung zu entwickeln, die die gleiche Funktion der vorherigen, nicht minimierten Boole'schen Verknüpfung aufweist. In der folgenden Tab. 2.2 sind die Rechenregeln der Schaltalgebra zusammengestellt:

Tab. 2.2   Rechenregeln der Boole'schen Algebra

Disjunktion (ODER-Verknüpfung)	$y = a + b$
Konjunktion (UND-Verknüpfung)	$y = a \cdot b$
Negation (NICHT)	$y = \overline{a}$
Kommutative Regeln	$a \cdot b = b \cdot a$
	$a + b = b + a$
Assoziative Regeln	$a + (b + c) = (a + b) + c = a + b + c$
	$a \cdot (b \cdot c) = (a \cdot b) \cdot c = a \cdot b \cdot c$

Distributive Regeln	$a \cdot (b+c) = a \cdot b + a \cdot c$
	$a + (b \cdot c) = (a+b) \cdot (a+c)$
De Morgan's Beziehungen	$\overline{a \cdot b} = \overline{a} + \overline{b}$
	$\overline{a + b} = \overline{a} \cdot \overline{b}$
Negationsregeln	$a \cdot \overline{a} = 0$
	$a + \overline{a} = 1$
	$\overline{\overline{a}} = a$
Absorptionsregeln	$a \cdot (a+b) = a$
	$a \cdot a = a$
	$a + a \cdot b = a$
	$a + a = a$
Operationen mit 0 und 1	$a \cdot 1 = a$
	$a \cdot 0 = 0$
	$a + 1 = 1$
	$a + 0 = a$
	$\overline{0} = 1$
	$\overline{1} = 0$

2.4   Anwendung der Boole'schen Gesetze

Beispiele

Assoziative Regel: $a \cdot (b \cdot c) = (a \cdot b) \cdot c = a \cdot b \cdot c$

Hier handelt es sich um das assoziative Gesetz der UND-Verknüpfung (Konjunktion), wie die folgenden Darstellungen zeigen:

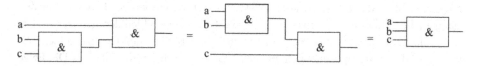

Man ist beim Bestimmen des logischen Zustandes der Ausgangsvariablen nicht auf eine bestimmte Reihenfolge angewiesen. Man kann die Klammern setzten oder rücksetzen. Hier ist das UND-Glied mit mehr als zwei Eingängen aufgefasst.

De Morgan'sche Regeln

Wie man aus der Tab. 2.2 der Rechenregeln der Boole'schen Algebra entnehmen kann, handelt es sich beim De Morgan'schen Regeln um Negation von Verknüpfungen.

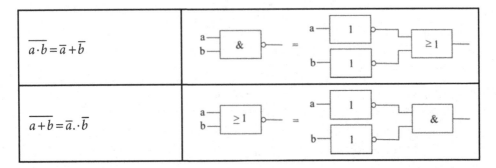

Die Darstellung zeigt den formelmäßigen und im Blockschaltbild ausgedrückten Zusammenhang. Im Blockschaltbild wird die Negation durch einen ausgefüllten (oder nicht ausgefüllten) Kreis (Punkt) am Schaltsymbol hervorgehoben. Steht der Negationskreis am Ausgang eines Schaltsymbols, dann heißt es, dass das Ergebnis der Verknüpfung negiert werden soll. Für den Fall, dass das Negationszeichen am Eingang des Schaltsymbols steht, heißt es, dass die Eingangsvariablen zuerst negiert und anschließend die Verknüpfung nachvollzogen werden soll.

2.5   Ersetzbarkeiten von Verknüpfungsgliedern durch andere Verknüpfungsglieder

Verbindet man die beiden Eingänge eines NAND- oder NOR-Gatters miteinander, so können die beiden Eingänge nur die Belegung 0 oder 1 aufweisen.

Die in der Wahrheitstabelle dieser Verknüpfung vorgesehenen Zustände in der zweiten und dritten Zeile (a = 0, b = 1 sowie a = 1, b = 0) können nicht mehr auftauchen. Laut den Wahrheitstabellen der NAND- und NOR-Gattern sind dann nur noch die erste und vierte Zeile in Betracht zu ziehen.

Hierbei erfüllen die NAND- und NOR-Gatter mit gemeinsamem Potenzial an den Eingängen, die Funktion eines Inverters (NICHT-Gatter). Sie bilden den Inverter ab. Die UND- und ODER-Gatter lassen sich entsprechend der Boole'schen Gesetze ausschließlich aus NAND-, bzw. ausschließlich aus NOR-Gattern realisieren (Abb. 2.4) Die Folge ist, dass man durch Anwendung eines Chips, gewöhnlich bestehend aus vier Gattern gleichen Typs, die äquivalente Schaltung bildet. Dadurch werden Bausteine gespart und die elektrische Verlustleistung wird gering gehalten.

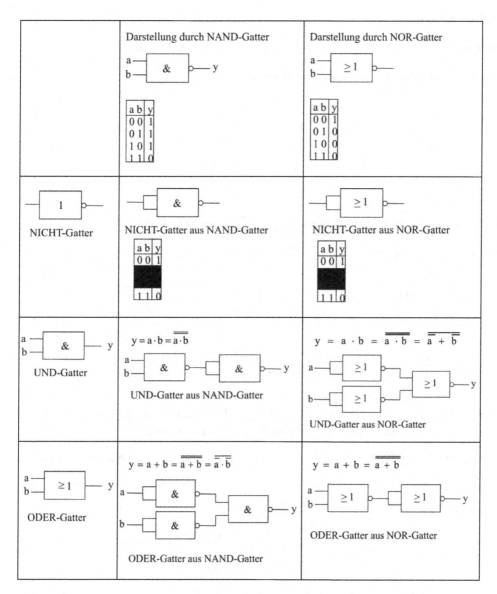

Abb. 2.4 Ersetzbarkeit von Verknüpfungsgliedern durch andere Verknüpfungsglieder

2.5.1 Übungen

Aufgabe 2.1 Entwickeln Sie die Beziehung $y = \overline{a} \cdot b$ aus NAND-Gattern.

Lösung: Anwendung der Regel nach De Morgan

$$y = \overline{a} \cdot b = \overline{\overline{a} \cdot b}$$

Aufgabe 2.2 Entwickeln Sie die Beziehung $y = \overline{a} \cdot b$ aus NOR-Gattern.

Lösung: Anwendung der Regel nach De Morgan

$$y = \overline{a} \cdot b = \overline{\overline{\overline{a} \cdot b}} = \overline{a + \overline{b}}$$

Aufgabe 2.3 Gegeben sei die folgende logische Verknüpfung: $y = x_1 \cdot (x_1 + x_2)$. Modifizieren Sie die Beziehung durch Anwendung der Boole'schen Regeln.

Lösung: Nach den Boole'schen Gesetzen gilt: $a \cdot (b + c) = a \cdot b + a \cdot c$. Wendet man die Beziehung an, so gilt:

$$
\begin{aligned}
x_1 \cdot (x_1 + x_2) &= \underbrace{x_1 \cdot x_1}_{x_1} + x_1 \cdot x_2 \\
&= x_1 + x_1 \cdot x_2 \\
&= x_1 \cdot \underbrace{(1 + x_2)}_{1} \\
&= x_1
\end{aligned}
$$

2.6 Zusammengesetzte logische Grundverknüpfungen

UND- vor ODER-Verknüpfung (Disjunktive Normalform DNF): Diese Verknüpfung ist die Disjunktion (ODER-Verknüpfung) von Konjunktionstermen (UND-Verknüpfungen), die aus einfachen oder negierten Variablen bestehen.

Beispiel

$$y = \overline{x_1} \cdot \overline{x_2} + x_1 \cdot x_2$$

Funktionsplan:

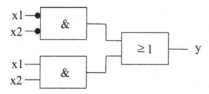

ODER- vor UND-Verknüpfung (Konjunktive Normalform KNF): Diese Verknüpfung ist die Konjunktion (UND-Verknüpfung) von Disjunktionstermen (ODER-
Verknüpfungen), die aus einfachen oder negierten Variablen bestehen.

Beispiel

$$y = \left(\overline{x_1} + \overline{x_2}\right) \cdot \left(x_1 + x_2\right)$$

Funktionsplan:

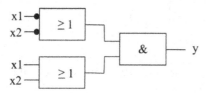

2.6.1   Übungen

Aufgabe 2.4   Das Distributivgesetz I aus der Tab. 2.2 soll in seiner logischen Funktion
getestet werden.

Lösung: Das Distributivgesetz I $a \cdot (b+c) = \underbrace{a \cdot b + a \cdot c}_{DNF}$

Funktionsplan:

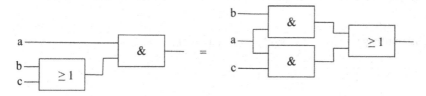

Wahrheitstabellen:

(linker Funktionsplan)			(rechter Funktionsplan)		
a b c	Ausgang		a b c	Ausgang	
0 0 0	0		0 0 0	0	
0 0 1	0		0 0 1	0	
0 1 0	0		0 1 0	0	
0 1 1	0		0 1 1	0	
1 0 0	0		1 0 0	0	
1 0 1	1		1 0 1	1	
1 1 0	1		1 1 0	1	
1 1 1	1		1 1 1	1	

Für die Bestimmung der Funktionsgleichung werden nur die Zustände in der Wahrheitstabelle berücksichtigt, bei denen die Ausgangsvariable den logischen Zustand „1" hat, das heißt:

$$Ausgang = a \cdot \overline{b} \cdot c + a \cdot b \cdot \overline{c} + a \cdot b \cdot c$$
$$= a \cdot \left(\overline{b} \cdot c + b \cdot \overline{c} + b \cdot c \right)$$
$$= a \cdot \left[c \cdot \underbrace{\left(\overline{b} + b \right)}_{1} + b \cdot \overline{c} \right]$$
$$= a \cdot \left(c + b \cdot \overline{c} \right)$$

Wendet man die distributive Regel $x_1 + x_2 \cdot x_3 = \left(x_1 + x_2 \right) \cdot \left(x_1 + x_3 \right)$ an, so lautet die Ausgangsgröße:

$$Ausgang = a \cdot \left[\left(b + c \right) \cdot \underbrace{\left(c + \overline{c} \right)}_{1} \right]$$
$$= a \cdot \left(b + c \right)$$

Das Ergebnis stimmt dem gegebenen Gesetz überein.

Aufgabe 2.5 Das Distributivgesetz II aus der Tab. 2.2 soll in seiner logischen Funktion getestet werden.

Lösung: Das Distributivgesetz I: $a + \left(b \cdot c \right) = \underbrace{\left(a + b \right) \cdot \left(a + c \right)}_{KNF}$

Funktionsplan:

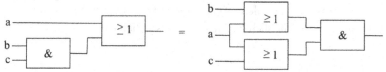

Wahrheitstabellen:

(linker Funktionsplan)				(rechter Funktionsplan)			
a	b	c	Ausgang	a	b	c	Ausgang
0	0	0	0	0	0	0	0
0	0	1	0	0	0	1	0
0	1	0	0	0	1	0	0
0	1	1	1	0	1	1	1
1	0	0	1	1	0	0	1
1	0	1	1	1	0	1	1
1	1	0	1	1	1	0	1
1	1	1	1	1	1	1	1

Für die Bestimmung der Funktionsgleichung werden nur die Zustände in der Wahrheitstabelle berücksichtigt, bei denen die Ausgangsvariable den logischen Zustand „1" hat, das heißt:

$$Ausgang = \overline{a} \cdot b \cdot c + a \cdot \overline{b} \cdot \overline{c} + a \cdot \overline{b} \cdot c + a \cdot b \cdot \overline{c} + a \cdot b \cdot c$$

$$= \overline{a} \cdot b \cdot c + a \cdot \left(\overline{b} \cdot \overline{c} + \overline{b} \cdot c + b \cdot \overline{c} + b \cdot c \right)$$

$$= \overline{a} \cdot b \cdot c + a \cdot \left[\overline{b} \cdot \underbrace{\left(\overline{c} + c \right)}_{1} + b \cdot \underbrace{\left(\overline{c} + c \right)}_{1} \right]$$

$$= \overline{a} \cdot b \cdot c + a \cdot \underbrace{\left(\overline{b} + b \right)}_{1}$$

$$= \overline{a} \cdot b \cdot c + a$$

Wendet man die distributive Regel $x_1 + x_2 \cdot x_3 \cdot x_4 = \left(x_1 + x_2 \right) \cdot \left(x_1 + x_3 \right) \cdot \left(x_1 + x_4 \right)$ an, so lautet die Ausgangsgröße:

$$Ausgang = \underbrace{\left(a + \overline{a} \right)}_{1} \cdot \left(a + b \right) \cdot \left(a + c \right)$$

$$= \left(a + b \right) \cdot \left(a + c \right)$$

Das Ergebnis stimmt dem gegebenen Gesetz überein.

Aufgabe 2.6 Gegeben ist die Funktionsgleichung $y = \left(\overline{x_1 \cdot x_2}\right) + (x_1 \cdot x_2)$ in disjunktiver Normalform (DNF). Gesucht ist die äquivalente Gleichung in konjunktiver Normalform (KNF) und die Realisierung in ausschließlich NAND- bzw. ausschließlich NOR-Gattern.

Lösung:

$$y := \overline{(x1 \cdot x2)} + (x1 \cdot x2)$$

$$:= \overline{\overline{(x1 \cdot x2)} + (x1 \cdot x2)}$$

$$:= \overline{\overline{(x1 \cdot x2)} \cdot \overline{(x1 \cdot x2)}} \;\; \Rightarrow \; NAND\text{-}Verknüpfung$$

$$:= \overline{\underbrace{(\underbrace{x1}_{c} + \underbrace{x2}_{})}_{b} \cdot \underbrace{\overline{(x1 \cdot x2)}}_{a}}$$

Anwendung des Boole'schen Gesetzes: $a \cdot (b + c) = a \cdot b + a \cdot c$

$$y := \overline{\overline{x1 \cdot x2} \cdot x2 + \overline{x1 \cdot x2} \cdot x1}$$

$$y := \overline{(x1 + x2) \cdot x2 + (x1 + x2) \cdot x1}$$

$$y := \overline{x1 \cdot x2 + \underbrace{\overline{x2} \cdot x2}_{=0} + \underbrace{\overline{x1} \cdot x1}_{=0} + x1 \cdot x2}$$

$$y := \overline{x1 \cdot x2 + x1 \cdot x2}$$

$$y := \overline{x1 \cdot x2} \cdot \overline{x1 \cdot x2}$$

$$y := (x1 + \overline{x2}) \cdot (\overline{x1} + x2) \Rightarrow KNF$$

Aus der NAND-Verknüpfung erhalten wir schließlich:

$$y := \overline{\overline{(x1 \cdot x2)} \cdot \overline{(x1 \cdot x2)}}$$

$$y: = \overline{(x1 + x2) \cdot (\overline{x1} + \overline{x2})}$$

$$y := \overline{\overline{(x1 + x2)} + \overline{(\overline{x1} + \overline{x2})}} \Rightarrow NOR-Verknüpfung$$

Funktionspläne:

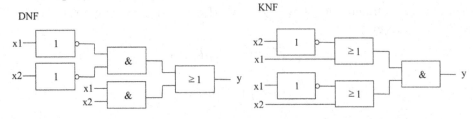

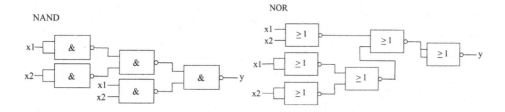

Aufgabe 2.7 Gegeben ist die Funktionsgleichung $y = \left(x_1 + \overline{x_2} \right) \cdot \left(\overline{x_1} + x_2 \right)$ in konjunktiver Normalform (KNF). Gesucht ist die äquivalente Gleichung in disjunktiver Normalform (DNF) und die Realisierung in ausschließlich NAND- bzw. ausschließlich NOR-Gattern.

Lösung:

$$y = (x_1 + \overline{x_2}) \cdot (\overline{x_1} + x_2) = \overline{\overline{(x_1 + \overline{x_2})} + \overline{(\overline{x_1} + x_2)}} \Rightarrow \text{NOR-Verknüpfung}$$

$$= \underbrace{(\overline{x_1}.x_2)}_{c \quad b} + \underbrace{\overline{(\overline{x_1} + x_2)}}_{a}$$

Anwendung des Boole'schen Gesetzes: $a + (b \cdot c) = (a + b) \cdot (a + c)$

$$y = \overline{[\overline{(x1 + x2)} + x2] \cdot [\overline{(x1 + x2)} + \overline{x1}]}$$

$$y = \overline{[(x1 \cdot \overline{x2}) + x2] \cdot [(\overline{x1} \cdot x2) + \overline{x1}]}$$

$$y = \overline{[\underbrace{(x2 + \overline{x2})}_{=1} \cdot (x2 + x1)] \cdot [\underbrace{(\overline{x1} + x1)}_{=1} \cdot (\overline{x1} + x2)]}$$

$$y = \overline{(x2 + x1) \cdot (\overline{x1} + x2)}$$

$$y = \overline{(x2 + x1)} + \overline{(\overline{x1} + x2)}$$

$$y = \overline{x2} \cdot \overline{x1} + x1 \cdot \overline{x2} \Rightarrow DNF$$

Aus der NOR-Verknüpfung erhalten wir schließlich:

$$y = \overline{\overline{(x1 + x2)} + \overline{(\overline{x1} + x2)}}$$

$$y = \overline{x1} \cdot \overline{x2} + \overline{x1} \cdot x2$$

$$y = \overline{\overline{x1} \cdot \overline{x2} \cdot \overline{\overline{x1} \cdot x2}} \Rightarrow \text{NAND-Verknüpfung}$$

Funktionspläne:

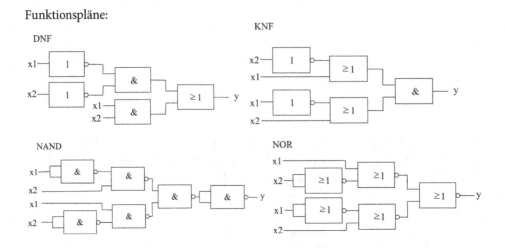

Aufgabe 2.8 Die EXOR-Verknüpfung soll nur aus NAND- bzw. nur aus NOR-Gattern realisiert werden.

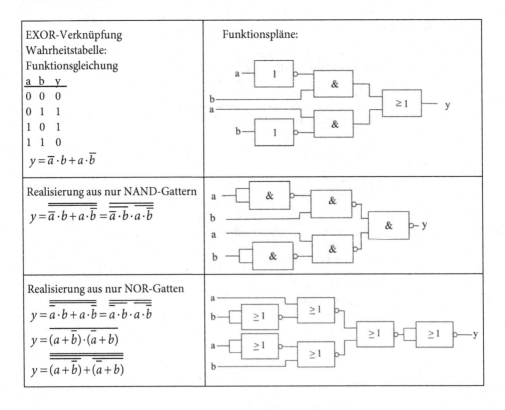

Aufgabe 2.9 Entwickeln Sie die ODER-Verknüpfung zuerst aus gewöhnlichen UND-, ODER- und NICHT-Gliedern, dann nur aus NAND- bzw. NOR-Gattern.

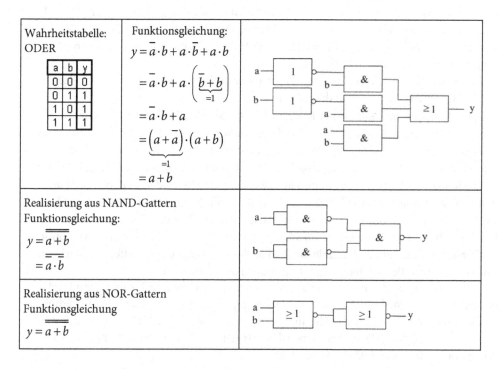

Wahrheitstabelle: ODER	Funktionsgleichung:

Wahrheitstabelle: ODER

a	b	y
0	0	0
0	1	1
1	0	1
1	1	1

Funktionsgleichung:

$$y = \bar{a}\cdot b + a\cdot \bar{b} + a\cdot b$$

$$= \bar{a}\cdot b + a\cdot \underbrace{\left(\bar{b}+b\right)}_{=1}$$

$$= \bar{a}\cdot b + a$$

$$= \underbrace{\left(a+\bar{a}\right)}_{=1}\cdot\left(a+b\right)$$

$$= a+b$$

Realisierung aus NAND-Gattern
Funktionsgleichung:

$$y = \overline{\overline{a+b}}$$

$$= \overline{\bar{a}\cdot\bar{b}}$$

Realisierung aus NOR-Gattern
Funktionsgleichung

$$y = \overline{\overline{a+b}}$$

Aufgabe 2.10 Entwickeln Sie die Verknüpfung $y = a + \bar{b}$ zuerst aus gewöhnlichen UND-, ODER- und NICHT-Gliedern, dann nur aus NAND- bzw. NOR-Gattern.

Funktionsgleichung:

$$y = a + \bar{b}$$

Realisierung aus NAND-Gattern
Funktionsgleichung:

$$y = \overline{\overline{a+\bar{b}}}$$

$$= \overline{\bar{a}\cdot b}$$

Realisierung aus NOR-Gattern
Funktionsgleichung:

$$y = \overline{\overline{a+\bar{b}}}$$

2.7   KV-Diagramme zur Schaltungsminimierung(-optimierung)

Das Funktionsdiagramm nach Karnaugh und Veitch (KV-Diagramm) ist eine Anordnung von Funktionswerten in Form einer Matrix. Dabei werden in den Feldern der unabhängigen Variablen (Eingangsvariablen) die Werte der abhängigen Variablen (Ausgangsvariablen) eingetragen (Abb. 2.5).

Die systematische Entwicklung des KV-Diagramms kann nach dem Prinzip vollzogen werden, das in Abb. 2.5 grafisch dargestellt ist.

Das KV-Diagramm besteht aus Feldern. Die Anzahl der Felder ist gleich der Anzahl der möglichen Bitkombinationen (Wertekombinationen) der unabhängigen Eingangsvariablen. In der Grundmuster-Darstellung existiert eine Eingangsvariable. Demnach sind dort $2^n = 2$ (für $n = 1$) mögliche Wertekombinationen zu berücksichtigen. Folgerichtig besteht dort das KV-Diagramm aus zwei Feldern. Die Felder, in denen der Funktionswert der Ausgangsvariable 0 ist ($y = 0$) bleiben frei. In allen anderen Feldern jedoch wird überall 1 eingetragen, bei denen die Ausgangsvariable y den Funktionswert 1 hat. Der Bereich, in dem die jeweilige unabhängige Eingangsvariable den Wert 1 annimmt, wird mit dem Namen der Variable am Rande des KV-Diagramms treffend bezeichnet. Im verbleibenden Bereich hat diese Variable den Funktionswert 0.

Beim Umklappen der Felder, zuerst nach unten, danach nach rechts und dann wieder nach unten usw., wird die Anzahl der unabhängigen Eingangsvariablen um eins erhöht und demnach die Anzahl der Felder im KV-Diagramm verdoppelt. Dabei wird das vorherige (ursprüngliche) Feld aber beibehalten als der Bereich, in dem die neu hinzugekommene Variable den Funktionswert 0 hat.

Durch erneutes Umklappen entsteht dann ein KV-Diagramm für drei unabhängige Variablen mit $2^3 = 8$ Feldern, und beim nächsten Umklappen verfügt dann das KV-Diagramm über $2^4 = 16$ Felder.

Das KV-Diagramm ist demnach als eine graphische Darstellung aller Minterme zu verstehen. Wird eine Anordnung aus z. B. drei unabhängigen Eingangsvariablen x_1, x_2, und x_3 berücksichtigt, so ergeben sich für die Wahrheitstabelle der Ausgangsgröße acht Zustände. Jeder Zustand hat im KV-Diagramm ein bestimmtes Feld zu belegen.

Jedem Minterm ist ein Feld zugeordnet. Die logische Funktion kann deswegen aus dem KV-Diagramm in der disjunktiven Normalform (DNF) abgeleitet werden. Das heißt als Disjunktion aller Minterme, deren zugeordnete Felder „1" aufweisen.

Um die minimierte (optimierte) Form der logischen Funktion zu bestimmen, werden benachbarte Einsen zu Mehrfachfeldern zusammengefasst. Durch das KV-Diagramm kann man dann, bei bis zu vier unabhängigen Eingangsvariablen, Schaltungen mit kleinstem Aufwand herausbilden.

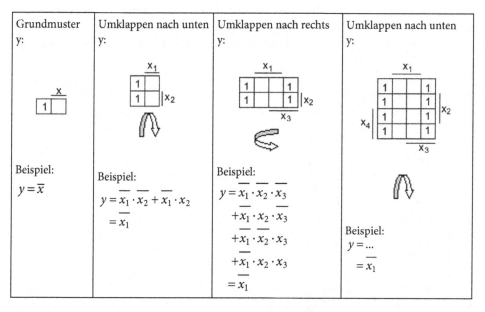

Abb. 2.5 Systematische Entwicklung des KV-Diagramms

2.8   Vereinfachung von Gleichungen nach dem graphischen Verfahren

In der Mengenlehre stellt man die Ereignismengen in kreisförmigen Diagrammen dar. Diese Kreise definieren die unabhängigen Variablen, die miteinander verknüpft sind. Betrachten wir die folgende graphische Darstellung Abb. 2.6 für vier Variablen a, b, c, d.

Abb. 2.6 Graphische Betrachtung

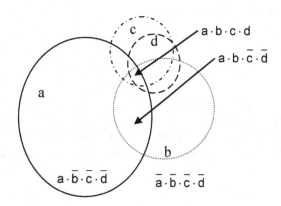

Die Schnittmengen der Variablen werden durch ihre sogenannten „Minterme" gekennzeichnet. Für die Funktionsgleichung $y = f(a;b;c;d)$ mit vier Variablen berücksichtigen wir die alle möglichen $2^4 = 16$ Mintermen, die im unteren Abb. 2.7 in ihren einzelnen Feldern eingetragen sind.

Funktionsgleichung $y = f(a;b;c;d)$:

n	a b c d	Minterme
0	0 0 0 0	$\bar{a} \cdot \bar{b} \cdot \bar{c} \cdot \bar{d}$
1	0 0 0 1	$\bar{a} \cdot \bar{b} \cdot \bar{c} \cdot d$
2	0 0 1 0	$\bar{a} \cdot \bar{b} \cdot c \cdot \bar{d}$
3	0 0 1 1	$\bar{a} \cdot \bar{b} \cdot c \cdot d$
4	0 1 0 0	$\bar{a} \cdot b \cdot \bar{c} \cdot \bar{d}$
5	0 1 0 1	$\bar{a} \cdot b \cdot \bar{c} \cdot d$
6	0 1 1 0	$\bar{a} \cdot b \cdot c \cdot \bar{d}$
7	0 1 1 1	$\bar{a} \cdot b \cdot c \cdot d$
8	1 0 0 0	$a \cdot \bar{b} \cdot \bar{c} \cdot \bar{d}$
9	1 0 0 1	$a \cdot \bar{b} \cdot \bar{c} \cdot d$
10	1 0 1 0	$a \cdot \bar{b} \cdot c \cdot \bar{d}$
11	1 0 1 1	$a \cdot \bar{b} \cdot c \cdot d$
12	1 1 0 0	$a \cdot b \cdot \bar{c} \cdot \bar{d}$
13	1 1 0 1	$a \cdot b \cdot \bar{c} \cdot d$
14	1 1 1 0	$a \cdot b \cdot c \cdot \bar{d}$
15	1 1 1 1	$a \cdot b \cdot c \cdot d$

KV-Diagramm: Graphische Darstellung aller Minterme

Abb. 2.7 Vier-Bit-Minterme

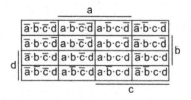

Die graphische Darstellung aller Minterme ist in einem KV-Diagramm dargestellt, in dem jedem Minterm ein Feld zugeordnet ist. Die logische Funktion kann dann aus dem KV-Diagramm in der disjunktiven Form abgeleitet werden. Dabei berücksichtigt man aller Minterme, deren zugeordnete Felder eine 1 aufweisen.

Um die minimierte und somit optimierte Form der Funktionsgleichung zu ermitteln, werden die benachbarten Einsen zu Mehrfachfeldern (möglichst viele Felder!) zusammengefasst. Dadurch lassen sich Schaltungen mit kleinem Aufwand entwickeln. Die graphische Darstellung aller Minterme als KV-Diagramm für drei, zwei und einer unabhängigen Variablen sind in den folgenden Abbildungen dargestellt (Abb. 2.8 bis 2.10):

Funktionsgleichung $y = f(a;b;c)$:

n	a b c	Minterme
0	0 0 0	$\bar{a} \cdot \bar{b} \cdot \bar{c}$
1	0 0 1	$\bar{a} \cdot \bar{b} \cdot c$
2	0 1 0	$\bar{a} \cdot b \cdot \bar{c}$
3	0 1 1	$\bar{a} \cdot b \cdot c$
4	1 0 0	$a \cdot \bar{b} \cdot \bar{c}$
5	1 0 1	$a \cdot \bar{b} \cdot c$
6	1 1 0	$a \cdot b \cdot \bar{c}$
7	1 1 1	$a \cdot b \cdot c$

KV-Diagramm: Graphische Darstellung aller Minterme

Abb. 2.8   Drei-Bit-Minterme

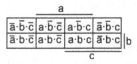

Funktionsgleichung $y = f(a;b)$:

n	a b	Minterme
0	0 0	$\bar{a} \cdot \bar{b}$
1	0 1	$\bar{a} \cdot b$
2	1 0	$a \cdot \bar{b}$
3	1 1	$a \cdot b$

KV-Diagramm: Graphische Darstellung aller Minterme

Abb. 2.9   Zwei-Bit-Minterme

Funktionsgleichung $y = f(a)$:

n	a	Minterme
0	0	$\overline{a}$
1	1	a

KV-Diagramm: Graphische Darstellung aller Minterme

Abb. 2.10 Ein-Bit-Minterm

Für den Entwurf von Schaltnetzen, die aus logischen Aussagen zur Gatterschaltungen führen, ist ein geordnetes Verfahren zur steuerungstechnischen Lösung einer Aufgabenstellung erforderlich. Folgende Schritte sind unbedingt einzuhalten, um eine geordnete steuerungstechnische Schaltung zu entwerfen:

- Exakt präzise Definition der Aufgabenstellung (davon hängt alles ab!)
- Aufstellen der entsprechenden Wahrheitstabelle
- Graphische Darstellung im KV-Diagramm (alternative Lösung: Anwendung der Rechenregeln der Boole'schen Algebra)
- Ermittlung der logischen Funktionsgleichung
- Umsetzung in eine Gatterschaltung

Bemerkung: Wenn im KV-Diagramm zwei Einsen in benachbarten Feldern auftreten, heißt es, dass sich der Funktionswert y der Funktionsgleichung nicht ändert, obwohl von einem Feld zum anderen eine Eingangsvariable ihren Wert ändert. Der Funktionswert y ist also von dieser Eingangsvariablen nicht abhängig.

Um zur minimalen Form und damit zur „optimalen" Darstellung der logischen Funktionsgleichung zu gelangen wird die Funktionsgleichung aus dem KV-Diagramm durch Zusammenfassen von benachbarten Einsen zu Mehrfachfeldern ermittelt.

Beispiel

Gegeben sei die folgende Wahrheitstabelle. Ermitteln Sie die Funktionsgleichung durch Anwendung der Rechenregeln der Boole'schen Algebra sowie des KV-Diagramms.

Wahrheitstabelle: KV-Diagramm: Funktionsgleichung:

y: $y := \overline{m_1}$

m_1	m_2	m_3	y
0	0	0	1
0	0	1	1
0	1	0	1
0	1	1	1
1	0	0	0
1	0	1	0
1	1	0	0
1	1	1	0

Funktionsgleichung durch Anwendung der booleschen Algebra:

$$y = \overline{m_1} \cdot \overline{m_2} \cdot \overline{m_3} + \overline{m_1} \cdot \overline{m_2} \cdot m_3 + \overline{m_1} \cdot m_2 \cdot \overline{m_3} + \overline{m_1} \cdot m_2 \cdot m_3$$

$$= \overline{m_1} \cdot \left[\overline{m_2} \cdot \left(\overline{m_3} + m_3 \right) + m_2 \cdot \left(\overline{m_3} + m_3 \right) \right]$$

$$= \overline{m_1} \cdot \left(\overline{m_2} + m_2 \right)$$

$$= \overline{m_1}$$

Bemerkung: Ohne Vereinfachung der Funktionsgleichung werden für die Schaltung benötigt: Ein ODER-Gatter mit vier Eingängen, vier UND-Gatter mit jeweils drei Eingängen und drei Inverter.

Durch die Anwendung der Rechenregeln der Boole'schen Algebra oder des KV-Diagramms reduziert sich der Schaltungsaufwand auf einen Inverter.

Um die minimierte (optimierte) Form der Funktionsgleichung – und damit der Funktionsschaltung – nach der Minterm-Methode durch Anwendung des KV-Diagramms zu ermitteln, wird anhand von Beispielen gezeigt, wie die benachbarten Einsen zu Mehrfachfeldern zusammengefasst werden.

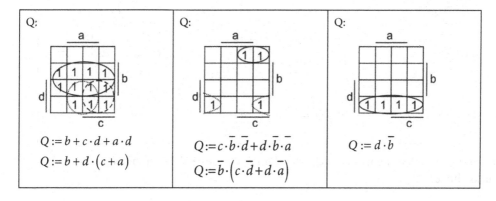

Q:

$Q := b + c \cdot d + a \cdot d$

$Q := b + d \cdot (c + a)$

Q:

$Q := c \cdot \overline{b} \cdot \overline{d} + d \cdot \overline{b} \cdot \overline{a}$

$Q := \overline{b} \cdot \left(c \cdot \overline{d} + d \cdot \overline{a} \right)$

Q:

$Q := d \cdot \overline{b}$

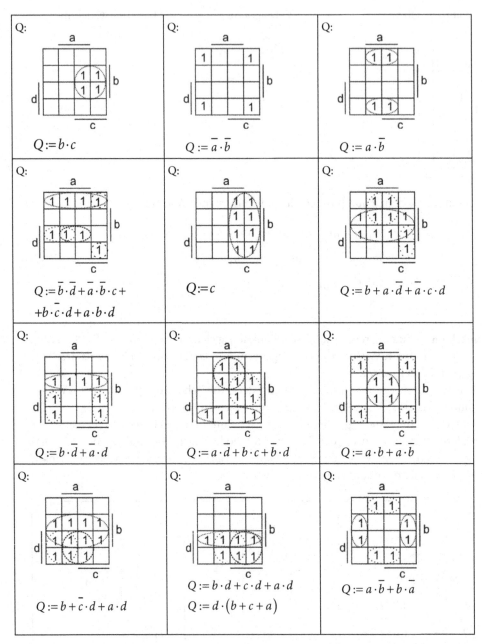

Es sind dabei auch Mehrfachfelder über die Ränder des KV-Diagramms hinaus zu berücksichtigen.

Beispiel

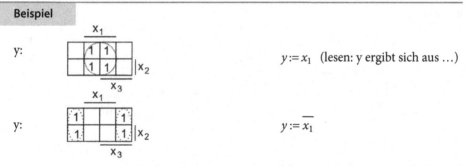

y:

$y := x_1$ (lesen: y ergibt sich aus …)

y:

$y := \overline{x_1}$

Durch die Anwendung der Boole'schen Gesetze lässt sich die Funktionsgleichung auch in minimierter Form ermitteln. Für das Beispiel oben heißt es dann:

$$y := x_1 \cdot \overline{x_2} \cdot \overline{x_3} + x_1 \cdot x_2 \cdot \overline{x_3} + x_1 \cdot \overline{x_2} \cdot x_3 + x_1 \cdot x_2 \cdot x_3$$

$$= x_1 \cdot \left(\overline{x_2} \cdot \overline{x_3} + x_2 \cdot \overline{x_3} + \overline{x_2} \cdot x_3 + x_2 \cdot x_3 \right)$$

$$= x_1 \cdot \left[\overline{x_3} \cdot \underbrace{\left(\overline{x_2} + x_2 \right)}_{1} + x_3 \cdot \underbrace{\left(\overline{x_2} + x_2 \right)}_{1} \right]$$

$$= x_1 \cdot \underbrace{\left(\overline{x_3} + x_3 \right)}_{1}$$

$$= x_1$$

$$y := \overline{x_1} \cdot \overline{x_2} \cdot \overline{x_3} + \overline{x_1} \cdot x_2 \cdot \overline{x_3} + \overline{x_1} \cdot \overline{x_2} \cdot x_3 + \overline{x_1} \cdot x_2 \cdot x_3$$

$$= \overline{x_1} \cdot \left(\overline{x_2} \cdot \overline{x_3} + x_2 \cdot \overline{x_3} + \overline{x_2} \cdot x_3 + x_2 \cdot x_3 \right)$$

$$= \overline{x_1} \cdot \left[\overline{x_3} \cdot \underbrace{\left(\overline{x_2} + x_2 \right)}_{1} + x_3 \cdot \underbrace{\left(\overline{x_2} + x_2 \right)}_{1} \right]$$

$$= \overline{x_1} \cdot \underbrace{\left(\overline{x_3} + x_3 \right)}_{1}$$

$$= \overline{x_1}$$

Bei der Minimierung im KV-Diagramm ist darauf zu achten, möglich viele Mehrfachfelder zusammenzufassen. Es könnte der Fall auftreten, dass Einfachfelder übrig bleiben, die keine benachbarten Einsen haben. Sie werden dann getrennt behandelt.

Beispiel

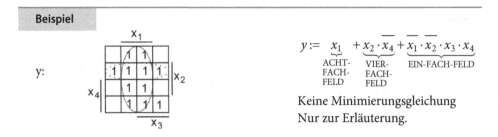

y:

$$y := \underbrace{x_1}_{\substack{\text{ACHT-}\\\text{FACH-}\\\text{FELD}}} + \underbrace{x_2 \cdot \overline{x_4}}_{\substack{\text{VIER-}\\\text{FACH-}\\\text{FELD}}} + \underbrace{\overline{x_1} \cdot \overline{x_2} \cdot x_3 \cdot x_4}_{\text{EIN-FACH-FELD}}$$

Keine Minimierungsgleichung
Nur zur Erläuterung.

2.9   Felder mit beliebigem Eintrag („don't care")

Vollständig definierte Funktionen weisen zu jeder möglichen Kombination der unabhängigen Eingangsvariablen x_i, $i = 1,2,..$ einen Wert der abhängigen Ausgangsvariablen zu. Unvollständig definierte Funktionen definieren Leerstellen für die Ausgangsvariable. Die Felder im KV-Diagramm sind dann undefiniert, d. h. für bestimmte Eingangskombinationen der unabhängigen Eingangsvariablen ist kein Funktionswert für die Ausgangsvariable y definiert. Der Fall könnte in der Praxis auftreten, wenn z. B. diese Kombination der Eingangsvariablen für die Lösung des Problems gar nicht relevant ist. Das heißt, es ist gleichgültig, ob die dazugehörenden Felder im KV-Diagramm mit 0 oder 1 belegt sind. Diese Felder werden als „beliebig" oder „don't care" bezeichnet und werden im KV-Diagramm mit einem b gekennzeichnet. Sie können beliebig mit 0 oder 1 definiert werden.

Für den Fall, dass die „beliebigen" Felder mit 1 belegt sind, können sie dann mit den anderen benachbarten Feldern zur Bildung möglichst großer Mehrfachfelder mit berücksichtigt werden.

Beispiel

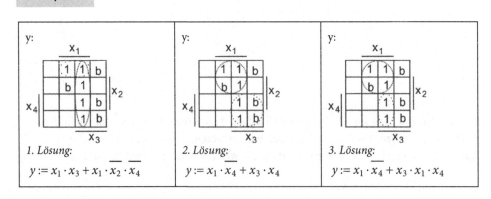

1. Lösung:	2. Lösung:	3. Lösung:
$y := x_1 \cdot x_3 + \overline{x_1} \cdot \overline{x_2} \cdot \overline{x_4}$	$y := x_1 \cdot \overline{x_4} + x_3 \cdot x_4$	$y := x_1 \cdot \overline{x_4} + x_3 \cdot x_1 \cdot x_4$

In diesem Beispiel ist eine logische Festlegung getroffen, dass die „b"-Felder mit „1" belegt sind. Das bedeutet, dass die abhängige Ausgangsvariable y stets den Funktionswert 1 annimmt, wenn die binäre Kombination der unabhängigen Eingangsvariablen, die aufgabengemäß nicht existent sind, für die Ausgangsvariable als relevant deklariert wurde.

Fazit: Laut vorheriger Behauptung bildet das KV-Diagramm eine graphische Darstellung aller Minterme. Jedem Minterm ist im KV-Diagramm ein Feld zugeordnet. Die logische Funktion kann daher aus dem KV-Diagramm in der disjunktiven Normalform (DNF) gebildet werden; das heißt als Disjunktion aller Minterme, deren „zugeordnete Felder eine 1" aufweisen. Für die Bildung der Funktionsgleichung werden nur noch die Zustände berücksichtigt, bei denen die abhängige Ausgangsvariable den logischen Zustand „1" aufweist.

Weitere Beispiele

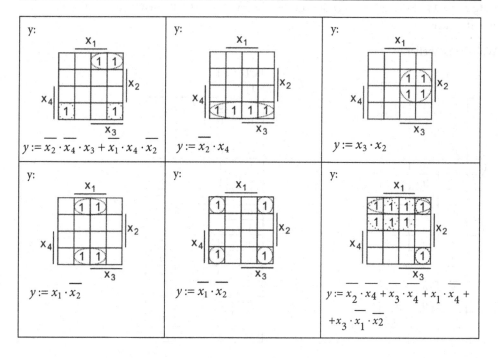

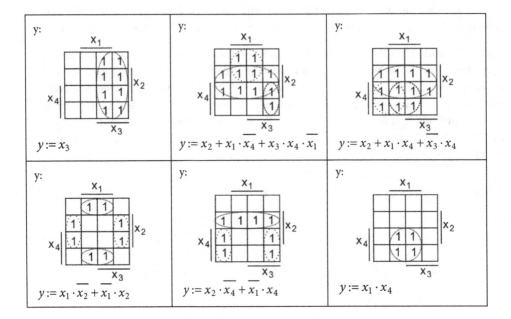

2.9.1 Übungen

Aufgabe 2.11 Es ist einen Decoder für die Umwandlung des Binär-Codes in BCD-Code zu entwickeln

Wahrheitstabellen:

Binär-Code

d	c	b	a
0	0	0	0
0	0	0	1
0	0	1	0
0	0	1	1
0	1	0	0
0	1	0	1
0	1	1	0
0	1	1	1
1	0	0	0
1	0	0	1
1	0	1	0
1	0	1	1
1	1	0	0
1	1	0	1
1	1	1	0
1	1	1	1

BCD-Code

D	C	B	A
0	0	0	0
0	0	0	1
0	0	1	0
0	0	1	1
0	1	0	0
0	1	0	1
0	1	1	0
0	1	1	1
1	0	0	0
1	0	0	1
0	0	0	0
0	0	0	1
0	0	1	0
0	0	1	1
0	1	0	0
0	1	0	1

KV-Diagramme und Funktionsgleichungen: Schaltungsaufbau:

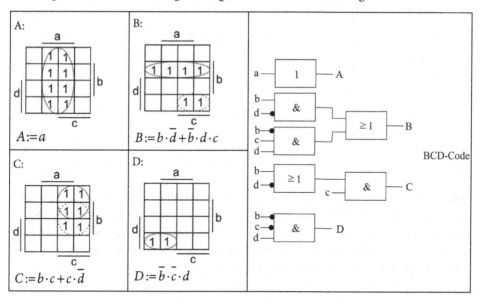

Aufgabe 2.12 Gesucht wird nach einem Decoder, der den 1- aus 10-Code in den BCD-Code umwandelt.

Wahrheitstabellen:

1-aus-10-Code

j	i	h	g	f	e	d	c	b	a
0	0	0	0	0	0	0	0	0	1
0	0	0	0	0	0	0	0	1	0
0	0	0	0	0	0	0	1	0	0
0	0	0	0	0	0	1	0	0	0
0	0	0	0	0	1	0	0	0	0
0	0	0	0	1	0	0	0	0	0
0	0	0	1	0	0	0	0	0	0
0	0	1	0	0	0	0	0	0	0
0	1	0	0	0	0	0	0	0	0
1	0	0	0	0	0	0	0	0	0

BCD-Code

D	C	B	A
0	0	0	0
0	0	0	1
0	0	1	0
0	0	1	1
0	1	0	0
0	1	0	1
0	1	1	0
0	1	1	1
1	0	0	0
1	0	0	1

Funktionsgleichungen: Schaltungsaufbau:

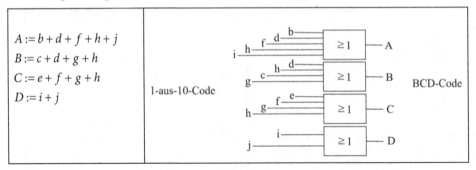

$A := b + d + f + h + j$

$B := c + d + g + h$

$C := e + f + g + h$

$D := i + j$

1-aus-10-Code

BCD-Code

Aufgabe 2.13 Ein Zweibit-Halbaddierer kann zwei Binärzahlen ohne Berücksichtigung des vorhergehenden Überlaufes (Übertrages) addieren. Aus der Wahrheitstabelle eines Halbaddierers ist für die Summe Σ und den Übertrag $\ddot{U}$ die Funktionsgleichung zu bestimmen und das Schaltbild zu entwickeln. Darüber hinaus soll das Schaltbild nur aus NAND- und nur aus NOR-Gattern realisiert werden.

Wahrheitstabelle und
Funktionsgleichung: Funktionsplan:

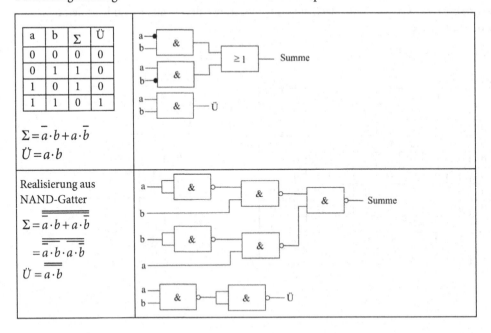

a	b	Σ	$\ddot{U}$
0	0	0	0
0	1	1	0
1	0	1	0
1	1	0	1

$\Sigma = \bar{a} \cdot b + a \cdot \bar{b}$

$\ddot{U} = a \cdot b$

Realisierung aus
NAND-Gatter

$\Sigma = \overline{\overline{\bar{a} \cdot b} + \overline{a \cdot \bar{b}}}$

$= \overline{\overline{\bar{a} \cdot b} \cdot \overline{a \cdot \bar{b}}}$

$\ddot{U} = \overline{\overline{a \cdot b}}$

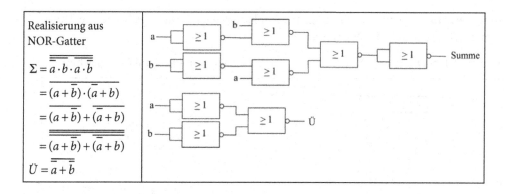

| Realisierung aus |
| NOR-Gatter |
| $\Sigma = \overline{\overline{a \cdot b} \cdot \overline{a \cdot \overline{b}}}$ |
| $= \overline{(a + \overline{b}) \cdot (\overline{a} + b)}$ |
| $= \overline{(a + \overline{b})} + \overline{(\overline{a} + b)}$ |
| $= \overline{\overline{(a + \overline{b})} + \overline{(\overline{a} + b)}}$ |
| $\ddot{U} = \overline{\overline{a} + \overline{b}}$ |

Aufgabe 2.14 Ein Zweibit-Volladdierer addiert zweistellige Binärzahlen unter Berücksichtigung eines vorherigen Übertrages (Überlaufes, Vorgeschichte, Üa):

Wahrheitstabelle Verknüpfung: Funktionsgleichungen:

Üa	a	b	Σ	Ü
0	0	0	0	0
0	0	1	1	0
0	1	0	1	0
0	1	1	0	1
1	0	0	1	0
1	0	1	0	1
1	1	0	0	1
1	1	1	1	1

$$\Sigma := \overline{\ddot{U}a} \cdot \overline{a} \cdot b + \overline{\ddot{U}a} \cdot a \cdot \overline{b} + \ddot{U}a \cdot \overline{a} \cdot \overline{b} + \ddot{U}a \cdot a \cdot b$$

$$\Sigma = \overline{\ddot{U}a} \cdot (\overline{a} \cdot b + a \cdot \overline{b}) + \ddot{U}a \cdot (\overline{a} \cdot \overline{b} + a \cdot b)$$

$$\ddot{U} := \overline{\ddot{U}a} \cdot a \cdot b + \ddot{U}a \cdot \overline{a} \cdot b + \ddot{U}a \cdot a \cdot \overline{b} + \ddot{U}a \cdot a \cdot b$$

$$\ddot{U} := a \cdot b \cdot \underbrace{(\overline{\ddot{U}a} + \ddot{U}a)}_{=1} + \ddot{U}a \cdot (a \cdot \overline{b} + \overline{a} \cdot b)$$

$$\ddot{U} := a \cdot b + \ddot{U}a \cdot (a \cdot \overline{b} + \overline{a} \cdot b)$$

Schaltplan:

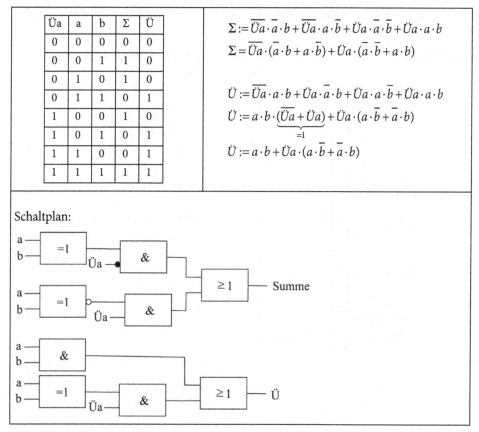

Aufgabe 2.15 Gegeben sei die folgende Funktionstabelle. Man bestimme die Funktionsgleichung nach dem KV-Diagramm.

Wahrheitstabelle: KV-Diagramm und Funktionsgleichung:

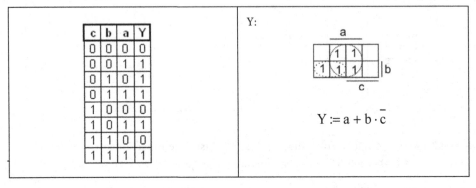

c	b	a	Y
0	0	0	0
0	0	1	1
0	1	0	1
0	1	1	1
1	0	0	0
1	0	1	1
1	1	0	0
1	1	1	1

$$Y := a + b \cdot \overline{c}$$

Aufgabe 2.16 Gegeben sei die folgende Wahrheitstabelle. Gesucht ist die Funktionsgleichung in disjunktiver Normalform DNF.

Wahrheitstabelle: KV-Diagramm und Funktionsgleichung:

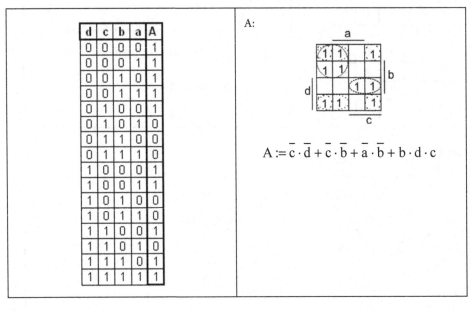

d	c	b	a	A
0	0	0	0	1
0	0	0	1	1
0	0	1	0	1
0	0	1	1	1
0	1	0	0	1
0	1	0	1	0
0	1	1	0	0
0	1	1	1	0
1	0	0	0	1
1	0	0	1	1
1	0	1	0	0
1	0	1	1	0
1	1	0	0	1
1	1	0	1	0
1	1	1	0	1
1	1	1	1	1

$$A := \overline{c} \cdot \overline{d} + \overline{c} \cdot \overline{b} + \overline{a} \cdot \overline{b} + b \cdot d \cdot c$$

Aufgabe 2.17   Zur folgenden Funktionsgleichung A soll nach dem minimierten (optimierten) Verfahren durch KV-Diagramm die weitgehend vereinfachte Schaltfunktion A bestimmt werden.

KV-Diagramm und Funktionsgleichung:

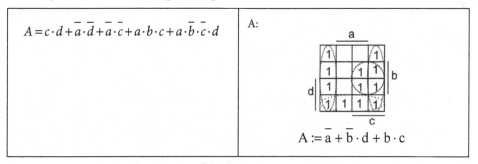

$$A = c \cdot d + \overline{a} \cdot \overline{d} + \overline{a} \cdot \overline{c} + a \cdot b \cdot c + a \cdot \overline{b} \cdot \overline{c} \cdot d$$

A:

$$A := \overline{a} + \overline{b} \cdot d + b \cdot c$$

Aufgabe 2.18   Zur angegebenen Wahrheitstabelle soll die weitgehend vereinfachte Funktionsgleichung nach dem KV-Diagramm ermittelt werden.

Wahrheitstabelle: KV-Diagramm und Funktionsgleichung:

c	b	a	A
0	0	0	1
0	0	1	0
0	1	0	1
0	1	1	0
1	0	0	1
1	0	1	0
1	1	0	1
1	1	1	1

A:

$$A := \overline{a} + b \cdot c$$

Aufgabe 2.19   Gegeben sei die folgende Logikschaltung. Es soll die Funktionsgleichung dieser Schaltung ermittelt werden. Nach den Rechenregeln soll die weitgehend vereinfachte und somit optimierte Funktionsgleichung der Logikschaltung ermittelt werden.

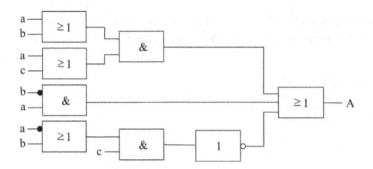

I. Vereinfachung durch Anwendung der Boole'schen Rechenregeln:

$$A := \underbrace{(a+b)\cdot(a+c)}_{a+(b\cdot c)} + (\overline{b}\cdot a) + c\cdot\overline{(a+b)}$$

$$:= a+b\cdot c+\overline{b}\cdot a+\overline{c}+\overline{(a+b)}$$

$$:= a+b\cdot c+\overline{b}\cdot a+\overline{c}+a\cdot\overline{b}$$

$$:= a+b\cdot c+\overline{b}\cdot a+\overline{c}$$

$$:= a\cdot\underbrace{(1+\overline{b})}_{=1}+b\cdot c+\overline{c}$$

$$:= a+\underbrace{b\cdot c+\overline{c}}_{a+b\cdot c=(a+b)\cdot(a+c)}$$

$$:= a+(\overline{c}+b)\cdot\underbrace{(\overline{c}+c)}_{=1}$$

$$:= a+b+\overline{c}$$

II. Vereinfachung durch Anwendung des KV-Diagramms:

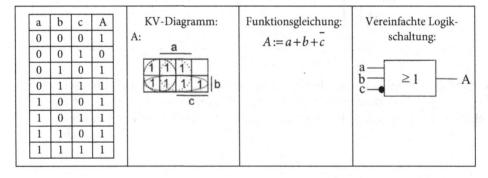

a	b	c	A
0	0	0	1
0	0	1	0
0	1	0	1
0	1	1	1
1	0	0	1
1	0	1	1
1	1	0	1
1	1	1	1

KV-Diagramm: A:

Funktionsgleichung: $A := a+b+\overline{c}$

Vereinfachte Logik-schaltung:

Aufgabe 2.20 Zur gegebenen folgenden Funktionsgleichung A soll nach dem KV-Diagramm die weitgehend vereinfachte Form der Gleichung bestimmt werden.

KV-Diagramm und Funktionsgleichung:

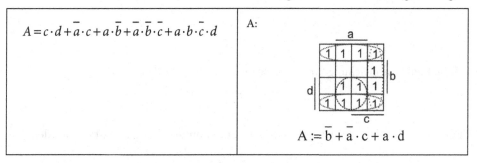

$$A = c \cdot d + \overline{a} \cdot c + a \cdot \overline{b} + \overline{a} \cdot \overline{b} \cdot c + a \cdot b \cdot \overline{c} \cdot d$$

A:

$$A := \overline{b} + \overline{a} \cdot c + a \cdot d$$

Aufgabe 2.21 Gegeben ist die folgende Logikschaltung:

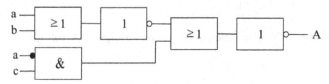

Es soll die Funktionsgleichung für den Ausgang A gebildet werden:

$$A := \overline{\overline{(a+b)} + \overline{a} \cdot c}$$

Mithilfe der Boole'schen Rechenalgebra soll die Funktionsgleichung vereinfacht werden:

$$A := \overline{\overline{(a+b)} + \overline{a} \cdot c}$$
$$A := \overline{\overline{a} \cdot \overline{b} + \overline{a} \cdot c}$$
$$A := \overline{\overline{a} \cdot (\overline{b} + c)}$$
$$A : a + \overline{(\overline{b} + c)}$$

Die Logikschaltung der vereinfachten Funktionsgleichung für den Ausgang A soll gezeichnet werden:

Aufgabe 2.22 Gegeben sei die folgende Logikschaltung:

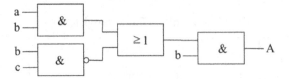

Es soll die Funktionsgleichung für den Ausgang A gebildet werden:

$$A = \left(a \cdot b + \overline{\overline{b} \cdot c}\right) \cdot b$$

Mithilfe der Boole'schen Rechenalgebra soll die Funktionsgleichung vereinfacht werden:

$$A = \left(a \cdot b + \overline{b} + \overline{c}\right) \cdot b$$
$$= a \cdot b + \overline{c} \cdot b$$
$$= b \cdot \left(a + \overline{c}\right)$$

Die Logikschaltung der vereinfachten Funktionsgleichung für den Ausgang A soll gezeichnet werden:

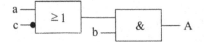

Die Funktionsgleichung für den Ausgang A soll nur aus NAND-Gatter realisiert werden:

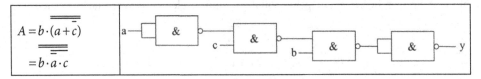

Die Funktionsgleichung für den Ausgang A soll nur aus NOR-Gatter realisiert werden:

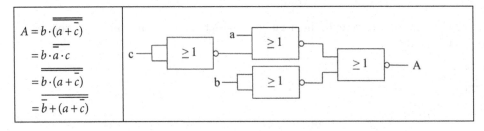

Aufgabe 2.23 Die folgenden logischen Verknüpfungen sollen schaltungsmäßig nur aus NAND-Gatter realisiert werden.

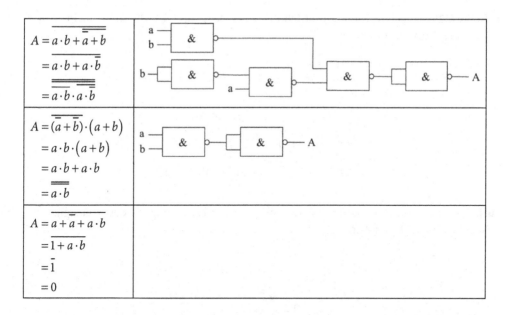

$A = \overline{a \cdot b + \overline{a + b}}$	
$= \overline{a \cdot b + \overline{a} \cdot \overline{b}}$	
$= \overline{\overline{a \cdot b} \cdot \overline{\overline{a} \cdot \overline{b}}}$	
$A = \overline{(\overline{a} + b) \cdot (a + b)}$	
$= \overline{a \cdot b \cdot (a + b)}$	
$= \overline{a \cdot b + a \cdot b}$	
$= \overline{\overline{a \cdot b}}$	
$A = \overline{a + \overline{a} + a \cdot b}$	
$= \overline{1 + a \cdot b}$	
$= \overline{1}$	
$= 0$	

Aufgabe 2.24 Gegeben sei die folgende Wahrheitstabelle. Für die Ausgänge X, W und Y sollen die Funktionsgleichungen für eine logische Verknüpfung von nur NOR-Gattern ermittelt werden.

Wahrheitstabelle:

c	b	a	X	W	Y
0	0	0	0	0	0
0	0	1	0	0	1
0	1	0	0	0	1
0	1	1	1	0	1
1	0	0	0	1	0
1	0	1	0	1	0
1	1	0	1	1	0
1	1	1	1	0	0

$X = a \cdot b \cdot \overline{c} + \overline{a} \cdot b \cdot c + a \cdot b \cdot c$

$= a \cdot b \cdot (\overline{c} + c) + \overline{a} \cdot b \cdot c$

$= \overline{\overline{b \cdot (a + \overline{a} \cdot c)}}$

$= \overline{\overline{b} + \overline{(a + \overline{a} \cdot c)}}$

$= \overline{\overline{b} + \overline{a \cdot (a + c)}}$

$= \overline{\overline{b} + \overline{a} \cdot \overline{c}}$

$= \overline{b \cdot a \cdot c}$

$= \overline{\overline{b \cdot (a + c)}}$

$= \overline{\overline{b} + \overline{(a + c)}}$

$W = \overline{a} \cdot \overline{b} \cdot c + a \cdot \overline{b} \cdot c + \overline{a} \cdot b \cdot c$

$= \overline{a} \cdot c \cdot (\overline{b} + b) + a \cdot \overline{b} \cdot c$

$= \overline{\overline{c \cdot (\overline{a} + a \cdot \overline{b})}}$

$= \overline{\overline{c} + \overline{(\overline{a} + a \cdot \overline{b})}}$

$= \overline{\overline{c} + (a \cdot \overline{a} \cdot \overline{b})}$

$= \overline{\overline{c} + a \cdot (\overline{a} + b)}$

$= \overline{\overline{c} + a \cdot b}$

$= \overline{\overline{c} \cdot \overline{a \cdot b}}$

$= \overline{\overline{c \cdot (\overline{a} + \overline{b})}}$

$= \overline{\overline{c} + (\overline{a} + \overline{b})}$

$Y = a \cdot \overline{b} \cdot \overline{c} + \overline{a} \cdot b \cdot \overline{c} + a \cdot b \cdot \overline{c}$

$= a \cdot \overline{c} \cdot (\overline{b} + b) + \overline{a} \cdot b \cdot \overline{c}$

$= \overline{\overline{\overline{c} \cdot (a + \overline{a} \cdot b)}}$

$= \overline{c + \overline{(a + \overline{a} \cdot b)}}$

$= \overline{c + \overline{a} \cdot \overline{\overline{a} \cdot b}}$

$= \overline{c + \overline{a} \cdot (a + \overline{b})}$

$= \overline{c + \overline{a} \cdot \overline{b}}$

$= \overline{c + \overline{(a + b)}}$

Aufgabe 2.25 Folgende Funktionsgleichung soll allein aus NAND- und allein aus NOR-Gattern realisiert werden:

$$A = a \cdot \bar{b} \cdot c + \bar{a} \cdot c$$

$$\overline{\overline{= a \cdot \bar{b} \cdot c + \bar{a} \cdot c}}$$

$$= \overline{\overline{a \cdot \bar{b} \cdot c} \cdot \overline{\bar{a} \cdot c}} \quad \text{-> nur NAND-Gatter}$$

$$= \overline{(\overline{a + b + \bar{c}}) \cdot (a + \bar{c})}$$

$$= \overline{\overline{(a + b + \bar{c})} + \overline{(a + \bar{c})}} \quad \text{-> nur NOR-Gatter}$$

Aufgabe 2.26 Welche Funktion hat die folgende Logikschaltung an den abhängigen Ausgangsgrößen A1 und A2?

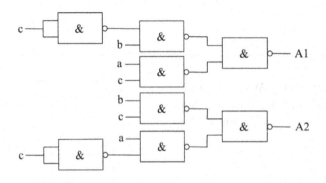

Mit den unabhängigen Eingangsvariablen a, b und c existieren ($2^3 = 8$) mögliche Bitkombinationen der Logikschaltung:

Wahrheitstabelle: KV-Diagramme und Funktionsgleichungen:

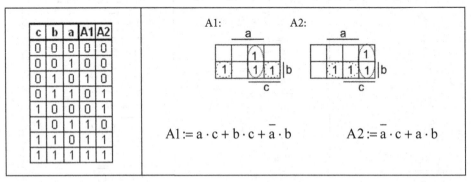

c	b	a	A1	A2
0	0	0	0	0
0	0	1	0	0
0	1	0	1	0
0	1	1	0	1
1	0	0	0	1
1	0	1	1	0
1	1	0	1	1
1	1	1	1	1

$$A1 := a \cdot c + b \cdot c + \bar{a} \cdot b \qquad\qquad A2 := \bar{a} \cdot c + a \cdot b$$

Aufgabe 2.27 Folgende Funktionsgleichungen sollen nach dem Boole'schen Rechenalgorithmus vereinfacht werden:

$$A = a \cdot \bar{\bar{b}} + \bar{a} \cdot b + a \cdot b$$

$$= a \cdot \left(\bar{b} + b \right) + \bar{a} \cdot b$$

$$\underbrace{\phantom{\left(\bar{b} + b \right)}}_{=1}$$

$$= a + \bar{a} \cdot b \qquad \text{-> Gesetz: } a + (b \cdot c) = (a+b) \cdot (a+c)$$

$$= \underbrace{\left(a + \bar{a} \right)}_{=1} \cdot (a+b)$$

$$= \underline{a + b}$$

$$A = \underbrace{\left(\bar{a} + b \right) \cdot \left(\bar{a} + b \right)}_{=a} + \underbrace{\left(a + \bar{b} \right) \cdot (a+b)}_{=a}$$

$$= 1$$

$$A = \left(\bar{a} + b \right) \cdot a + \left(a + \bar{b} \right) \cdot a$$

$$= a \cdot b + a + a \cdot \bar{b}$$

$$= a \cdot \left(b + \bar{b} \right) + a$$

$$= a + a$$

$$= a$$

$$A = a \cdot b + a \cdot \bar{b} + \bar{a} \cdot b + \bar{a} \cdot \bar{b}$$

$$= a \cdot \left(b + \bar{b} \right) + \bar{a} \cdot \left(b + \bar{b} \right)$$

$$= a + \bar{a}$$

$$= 1$$

$$A = \bar{a} \cdot b \cdot c + a \cdot \bar{b} \cdot c + a \cdot b \cdot \bar{c} + a \cdot b \cdot c$$

$$= b \cdot c \cdot \left(\bar{a} + a \right) + a \cdot \left(\bar{b} \cdot c + b \cdot \bar{c} \right)$$

$$= b \cdot c + a \cdot \left(b \oplus c \right)$$

$$A = \overline{\overline{(a+b+c)} \cdot \overline{(a \cdot b \cdot c)}}$$

$$= (a+b+c) + a \cdot b \cdot c$$

$$= a \cdot \underbrace{\left(1 + b \cdot c \right)}_{=1} + b + c$$

$$= a + b + c$$

$$A = (a+b+c) + \left(\bar{a} + \bar{b} + \bar{c} \right) + (a+b+\bar{c}) \cdot \left(\bar{a} \cdot b \cdot \bar{c} \right) + \left(a + \bar{b} + \bar{c} \right)$$

$$= a + b + c + \bar{a} + \bar{b} + \bar{c} + a + \bar{b} + \bar{c} + (a+b+\bar{c}) \cdot \left(\bar{a} \cdot b \cdot \bar{c} \right)$$

$$= \underbrace{a + \bar{a}}_{=1} + \underbrace{b + \bar{b}}_{=1} + \underbrace{c + \bar{c}}_{=1} + (a+b+\bar{c}) \cdot \left(\bar{a} \cdot b \cdot \bar{c} \right)$$

$$= 1$$

Aufgabe 2.28 Anhand der gegebenen KV-Diagramme sollen die vereinfachten Funktionsgleichungen bestimmt werden:

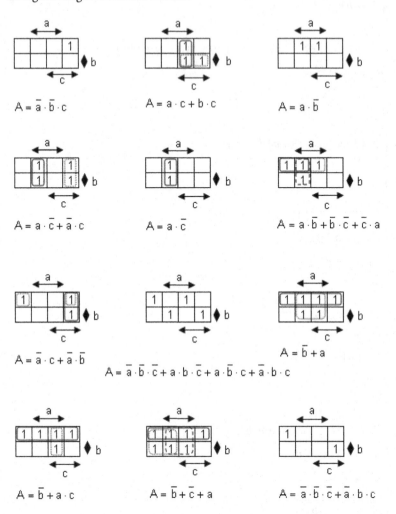

$A = \overline{a} \cdot \overline{b} \cdot c$

$A = a \cdot c + b \cdot c$

$A = a \cdot \overline{b}$

$A = a \cdot \overline{c} + \overline{a} \cdot c$

$A = a \cdot \overline{c}$

$A = a \cdot \overline{b} + \overline{b} \cdot \overline{c} + \overline{c} \cdot a$

$A = \overline{a} \cdot c + \overline{a} \cdot \overline{b}$

$A = \overline{a} \cdot \overline{b} \cdot \overline{c} + a \cdot b \cdot \overline{c} + a \cdot \overline{b} \cdot c + \overline{a} \cdot b \cdot c$

$A = \overline{b} + a$

$A = \overline{b} + a \cdot c$

$A = \overline{b} + \overline{c} + a$

$A = \overline{a} \cdot \overline{b} \cdot \overline{c} + \overline{a} \cdot b \cdot c$

Aufgabe 2.29 Gegeben sei die folgende Wahrheitstabelle für $y = f(a;b;c)$. Gesucht ist die Funktionsgleichung in minimierter Form.

a	b	c	y
0	0	0	0
0	0	1	0
0	1	0	1
0	1	1	0
1	0	0	1
1	0	1	0
1	1	0	1
1	1	1	0

Lösung:

$$y := \overline{a} \cdot b \cdot \overline{c} + a \cdot \overline{b} \cdot \overline{c} + a \cdot b \cdot \overline{c}$$

$$:= \overline{c} \cdot \left(\overline{a} \cdot b + a \cdot \overline{b} + a \cdot b \right)$$

$$:= \overline{c} \cdot \left[\underbrace{b \cdot \left(\overline{a} + a \right)}_{1} + a \cdot \overline{b} \right] \Rightarrow \text{Anwendung des distributiven Gesetzes}$$

$$:= \overline{c} \cdot (b + a) \cdot \underbrace{\left(b + \overline{b} \right)}_{1}$$

$$:= \overline{c} \cdot (a + b)$$

Wendet man das KV-Diagramm an: Funktionsgleichung:

y:	Funktionsgleichung:
	$$y := a \cdot \overline{c} + \overline{c} \cdot b$$ $$= \overline{c} \cdot (a + b)$$

Aufgabe 2.30 Es ist eine Schaltung zu entwerfen, die den Vergleich zweier einstelliger Dualzahlen a und b ermöglicht und am Ausgang den Funktionswert y = 1 liefert, wenn a gleich b ist. Sonst ist y = 0. Realisieren Sie die Schaltung auch aus nur NAND- bzw. aus nur NOR-Gattern.

Lösung:

a	b	y
0	0	1
0	1	0
1	0	0
1	1	1

Funktionsgleichung: $y := \overline{a} \cdot \overline{b} + a \cdot b$

Funktionsplan:

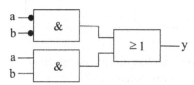

Realisierung aus NAND-Gattern: $y := \overline{a} \cdot \overline{b} + a \cdot b = \overline{\overline{\overline{a} \cdot \overline{b}} \cdot \overline{a \cdot b}}$

Funktionsplan:

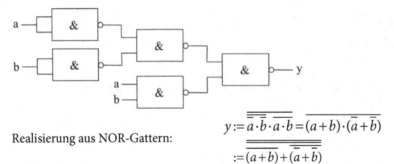

Realisierung aus NOR-Gattern:

$$y := \overline{\overline{\overline{a \cdot b} \cdot \overline{a \cdot b}}} = \overline{(a+b) \cdot (\overline{a}+\overline{b})}$$

$$:= \overline{\overline{(a+b)} + \overline{(\overline{a}+\overline{b})}}$$

Funktionsplan:

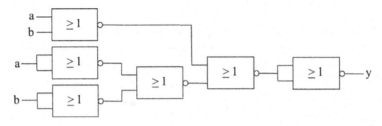

Aufgabe 2.31 Bestimmen Sie zur folgenden Funktion y das KV-Diagramm und ermitteln Sie weitgehend vereinfachte Schaltungsfunktion y mittels KV-Diagramm.

$$y := c \cdot d + \overline{a} \cdot \overline{d} + \overline{a} \cdot \overline{c} + a \cdot b \cdot c + a \cdot \overline{b} \cdot \overline{c} \cdot d$$

Lösung:

KV-Diagramm: Funktionsgleichung:

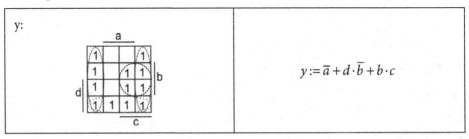

$$y := \overline{a} + d \cdot \overline{b} + b \cdot c$$

Aufgabe 2.32 Zeichnen Sie zu der folgenden Schaltfunktion, ohne sie zu vereinfachen, die Logikschaltung. Vereinfachen Sie anschließend die Funktionsgleichung weitgehend.

$$y := (a+b) \cdot (a+c) + a \cdot \overline{b} + c \cdot \overline{(\overline{a}+b)}$$

Lösung:

Funktionsplan ohne Vereinfachung:

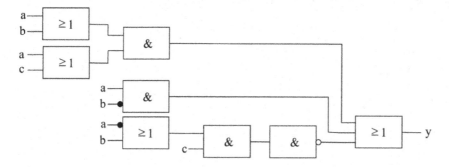

Vereinfachung der Funktionsgleichung nach Boole'schen Gesetzen:

$$y := \underbrace{(a+b)\cdot(a+c)}_{a+b\cdot c} + a\cdot\overline{b} + \underbrace{\overline{c\cdot(\overline{a}+b)}}_{\underbrace{\overline{c}+\overline{(\overline{a}+b)}}_{\overline{c}+a\cdot\overline{b}}}$$

$$:= a+b\cdot c + a\cdot\overline{b} + \overline{c} + a\cdot\overline{b}$$

$$:= a+b\cdot c + a\cdot\overline{b} + \overline{c}$$

$$:= a\cdot\underbrace{\left(1+\overline{b}\right)}_{1} + b\cdot c + \overline{c}$$

$$:= a+b\cdot c + \overline{c}$$

$$:= a+(b+c)\cdot(c+\overline{c})$$

$$:= a+b+c$$

Vereinfachter Funktionsplan:

Aufgabe 2.33 Gegeben sei folgender Funktionsplan:

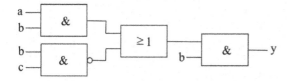

a) Bestimmen Sie die logische Funktion der Schaltung.

b) Vereinfachen Sie die Funktionsgleichung mit Hilfe der Boole'schen Algebra.

c) Zeichnen Sie den Funktionsplan der vereinfachten Ausgangsfunktion y.

d) Realisieren Sie die Ausgangsfunktion y nur aus NAND-Gattern.

e) Realisieren Sie die Ausgangsfunktion y nur aus NOR-Gattern.

Lösung:

a)

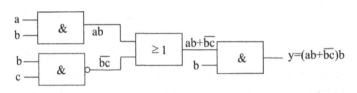

b)

$$y := \left(a \cdot b + \overline{b \cdot c}\right) \cdot b \Rightarrow \text{Anwendung des distributiven Gesetzes}$$

$$:= a \cdot b + \overline{b \cdot c} \cdot b$$

$$:= a \cdot b + \left(\overline{b} + \overline{c}\right) \cdot b \Rightarrow \text{Anwendung des distributiven Gesetzes}$$

$$:= a \cdot b + \underbrace{b \cdot \overline{b}}_{0} + b \cdot \overline{c}$$

$$:= b \cdot \left(a + \overline{c}\right)$$

c)

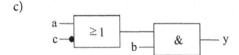

d) $$y := \overline{\overline{b \cdot (a + \overline{c})}} = \overline{\overline{b} + \overline{(a + \overline{c})}} = \overline{\overline{b} + \overline{a} \cdot c} = \overline{b \cdot \overline{\overline{a} \cdot c}}$$

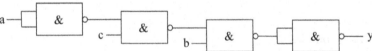

e) $$y := \overline{\overline{b \cdot (a + \overline{c})}} = \overline{\overline{b} + \overline{(a + \overline{c})}}$$

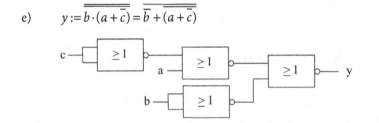

Aufgabe 2.34 Befinden sich Vater, Mutter und Kind im Wagen, soll die Klimaanlage nur durch Vater oder Mutter eingeschaltet werden können. Befinden sich die Familienangehörigen nicht im Wagen, dann soll die Klimaanlage nur noch durch Vater eingeschaltet (Fernsteuerung) werden können. Die Betätigung der Fernsteuerungstaste durch Mutter oder Kind zum Einschalten der Klimaanlage hat dann keine Wirkung.

- Erstellen Sie die Wahrheitstabelle für die Ein- und Ausgangsvariablen.
- Leiten Sie die Funktionsgleichung in nicht optimierter Form aus der Wahrheitstabelle ab.
- Bilden Sie den Funktionsplan der nicht optimierten Funktionsgleichung mit gewöhnlichen Übertragungsgattern.
- Optimieren (minimieren) Sie die Funktionsgleichung nach dem KV-Diagramm oder durch Anwendung der Boole'schen Gesetze.
- Bilden Sie den Funktionsplan der optimierten Funktionsgleichung mit gewöhnlichen, bekannten Gattern.
- Realisieren Sie den Funktionsplan ausschließlich aus NAND-Gattern.
- Realisieren Sie den Funktionsplan ausschließlich aus NOR-Gattern.

Lösung:

a) Wahrheitstabelle:

Im Wagen (W)	Vater (V)	Mutter (M)	Klima (K)
0	0	0	0
0	0	1	0
0	1	0	1
0	1	1	1
1	0	0	0
1	0	1	1
1	1	0	1
1	1	1	1

(W = 0 bedeutet, sie befinden sich nicht im Wagen)

b) Funktionsgleichung:

$$K := \overline{W} \cdot V \cdot \overline{M} + \overline{W} \cdot V \cdot M + W \cdot \overline{V} \cdot M + W \cdot V \cdot \overline{M} + W \cdot V \cdot M$$

c) Funktionsplan:

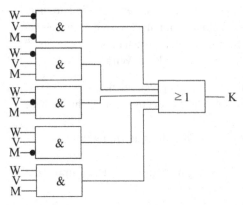

d) K:

Funktionsgleichung: $K := V + W \cdot M$

e) Funktionsplan:

Funktionsgleichung aus NAND-Gattern: $K := \overline{\overline{V + W \cdot M}} = \overline{\overline{V} \cdot \overline{W \cdot M}}$

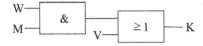

Funktionsgleichung aus NOR-Gattern:

$$K := \overline{\overline{V + W \cdot M}} = \overline{\overline{V} \cdot \overline{W \cdot M}} = \overline{\overline{V} \cdot \left(\overline{W} + \overline{M}\right)} = V + \overline{\left(\overline{W} + \overline{M}\right)}$$

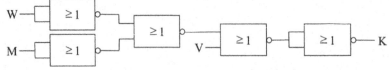

Aufgabe 2.35   Gegeben sei folgender Schaltungsaufbau

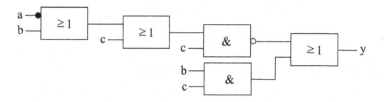

- Es soll die Wahrheitstabelle für den Zusammenhang zwischen den Ein- und Ausgangsvariablen obiger Verknüpfung erstellt werden.
- Leiten Sie die minimierte Form der Funktionsgleichung für y nach dem KV-Diagramm ab.
- Zeichnen Sie den minimierten (optimierten) Schaltungsaufbauten auf, aus gewöhnlichen Gattern, nur aus NAND- und nur aus NOR-Gattern.

Lösung:

Es ist immer vorteilhaft, wenn man in den Schaltungsaufbauten Zwischenvariablen berücksichtigt:

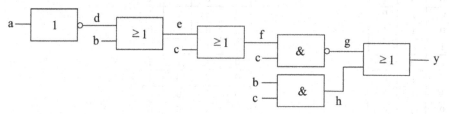

Wahrheitstabelle: KV-Diagramm:

a	b	c	d	e	f	g	h	y
0	0	0	1	1	1	1	0	1
0	0	1	1	1	1	0	0	0
0	1	0	1	1	1	1	0	1
0	1	1	1	1	1	0	1	1
1	0	0	0	0	0	1	0	1
1	0	1	0	0	1	0	0	0
1	1	0	0	1	1	1	0	1
1	1	1	0	1	1	0	1	1

y:

Funktionsgleichung: $y := b + \overline{c}$

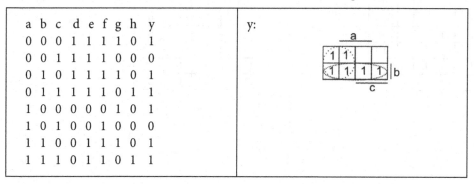

$$y := \overline{\overline{b} + \overline{c}} \Rightarrow \text{NOR-Verknüpfung}$$

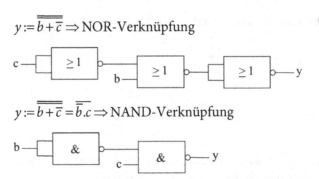

$$y := \overline{\overline{b} + \overline{c}} = \overline{\overline{b} \cdot \overline{c}} \Rightarrow \text{NAND-Verknüpfung}$$

Aufgabe 2.36 Gesucht ist ein Decoder zur Umwandlung von 4-Bit-Binär-(Dual-)Code in 4-Bit-Gray-Codes.

Lösung:

Binär-(Dual-)Code

a	b	c	d
0	0	0	0
0	0	0	1
0	0	1	0
0	0	1	1
0	1	0	0
0	1	0	1
0	1	1	0
0	1	1	1
1	0	0	0
1	0	0	1
1	0	1	0
1	0	1	1
1	1	0	0
1	1	0	1
1	1	1	0
1	1	1	1

Gray-Code

A	B	C	D
0	0	0	0
0	0	0	1
0	0	1	1
0	0	1	0
0	1	1	0
0	1	1	1
0	1	0	1
0	1	0	0
1	1	0	0
1	1	0	1
1	1	1	1
1	1	1	0
1	0	1	0
1	0	1	1
1	0	0	1
1	0	0	0

KV-Diagramme:

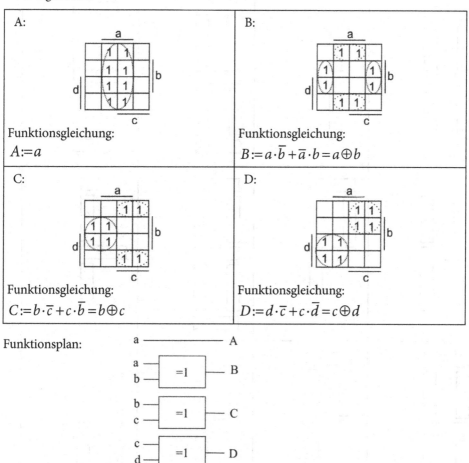

A:

Funktionsgleichung:
$A := a$

B:

Funktionsgleichung:
$B := a \cdot \bar{b} + \bar{a} \cdot b = a \oplus b$

C:

Funktionsgleichung:
$C := b \cdot \bar{c} + c \cdot \bar{b} = b \oplus c$

D:

Funktionsgleichung:
$D := d \cdot \bar{c} + c \cdot \bar{d} = c \oplus d$

Funktionsplan:

Aufgabe 2.37 Es ist ein Codierer zu entwerfen, der das 4-Bit-BCD kodierte Zahlen in einen „7-Segment-Code" umwandelt. Die Ziffern sollen wie folgt dargestellt werden.

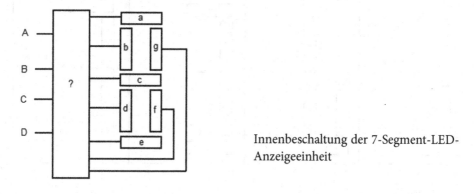

Innenbeschaltung der 7-Segment-LED-Anzeigeeinheit

a b g d f e
g f
a g c d e
a g c f e
b g c f
a b c f e
a b c d f e
a g c f
a b g c d f e
a b g c f e
c d f e
b c d f e
c d e
g c d f e
a b c d e
a b c d

Lösung:

Wahrheitstabelle:

A	B	C	D		a	b	c	d	f	g	h
0	0	0	0		1	1	0	1	1	1	1
0	0	0	1		0	0	0	0	0	1	1
0	0	1	0		1	0	1	1	1	0	1
0	0	1	1		1	0	1	0	1	1	1
0	1	0	0		0	1	1	0	0	1	1
0	1	0	1		1	1	1	0	1	1	0
0	1	1	0		1	1	1	1	1	1	0
0	1	1	1		1	0	1	0	0	1	1
1	0	0	0		1	1	1	1	1	1	1
1	0	0	1		1	1	1	0	1	1	1
1	0	1	0		0	0	1	1	1	1	0
1	0	1	1		0	1	1	1	1	1	0
1	1	0	0		0	0	1	1	1	0	0
1	1	0	1		0	0	1	1	1	1	1
1	1	1	0		1	1	1	1	1	0	0
1	1	1	1		1	1	1	1	0	0	0

KV-Diagramme:

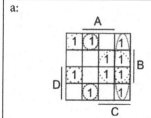

a:

Funktionsgleichung:

$$a := \overline{A} \cdot C + B \cdot C + \overline{B} \cdot \overline{C} \cdot \overline{D} +$$
$$+ A \cdot \overline{C} \cdot \overline{B} + B \cdot D \cdot \overline{A}$$

b:

Funktionsgleichung:

$$b := \overline{B} \cdot \overline{C} \cdot \overline{D} + B \cdot \overline{A} \cdot \overline{C} + A \cdot C \cdot B$$
$$+ A \cdot D \cdot \overline{B} + B \cdot C \cdot \overline{D}$$

c:

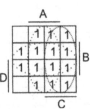

Funktionsgleichung:

$c := B + A + C$

d:

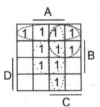

Funktionsgleichung:

$d := A \cdot C + \bar{B} \cdot \bar{D} + A \cdot B + C \cdot \bar{D}$

e:

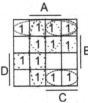

Funktionsgleichung:

$e := \bar{B} \cdot \bar{D} + A \cdot \bar{C} + C \cdot \bar{D} + \bar{B} \cdot C + D \cdot B \cdot \bar{C}$

f:

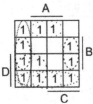

Funktionsgleichung:

$f := \bar{A} \cdot \bar{C} + \bar{B} \cdot D + A \cdot \bar{B} + \bar{A} \cdot B + \bar{C} \cdot D$

g:

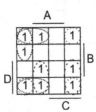

Funktionsgleichung:

$g := \bar{B} \cdot \bar{C} + \bar{A} \cdot \bar{C} \cdot \bar{D} + A \cdot \bar{C} \cdot D + \bar{A} \cdot C \cdot D + \bar{A} \cdot \bar{B} \cdot C$

Funktionsplan:

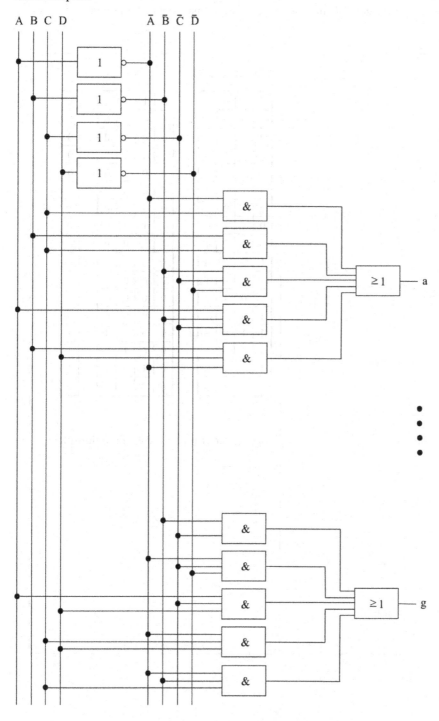

Aufgabe 2.38 Gesucht wird die zu der im folgenden Funktionsplan gegebenen Verknüpfung die zugehörige Wahrheitstabelle und die Funktionsgleichung nach dem KV-Diagramm.

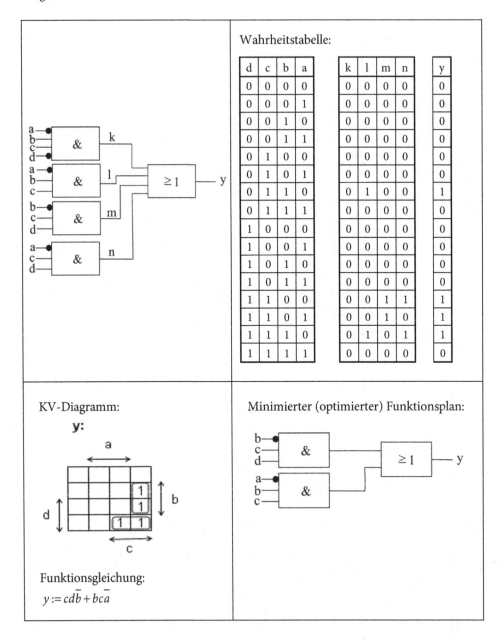

Wahrheitstabelle:

d	c	b	a		k	l	m	n		y
0	0	0	0		0	0	0	0		0
0	0	0	1		0	0	0	0		0
0	0	1	0		0	0	0	0		0
0	0	1	1		0	0	0	0		0
0	1	0	0		0	0	0	0		0
0	1	0	1		0	0	0	0		0
0	1	1	0		0	1	0	0		1
0	1	1	1		0	0	0	0		0
1	0	0	0		0	0	0	0		0
1	0	0	1		0	0	0	0		0
1	0	1	0		0	0	0	0		0
1	0	1	1		0	0	0	0		0
1	1	0	0		0	0	1	1		1
1	1	0	1		0	0	1	0		1
1	1	1	0		0	1	0	1		1
1	1	1	1		0	0	0	0		0

KV-Diagramm:

y:

Funktionsgleichung:

$$y := cd\overline{b} + bc\overline{a}$$

Minimierter (optimierter) Funktionsplan:

Aufgabe 2.39 Für den folgenden Funktionsplan einer Steuerung soll die Wahrheitstabelle dieser Verknüpfung als Zusammenhang zwischen den Ein- und Ausgangsvariablen bestimmt und nach dem KV-Diagramm die Funktionsgleichung für die Ausgangsgrößen abgeleitet wird.

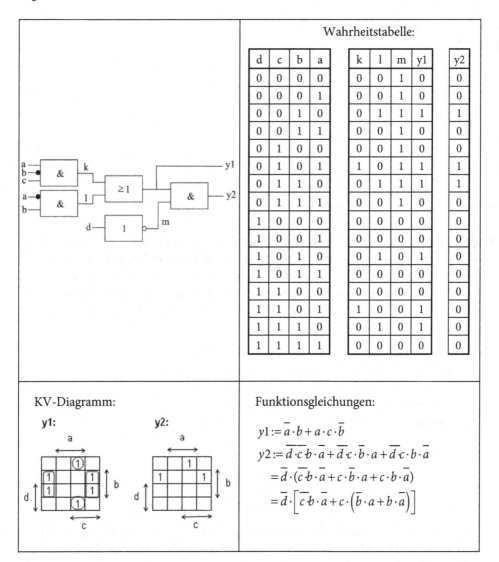

Wahrheitstabelle:

d	c	b	a	k	l	m	y1	y2
0	0	0	0	0	0	1	0	0
0	0	0	1	0	0	1	0	0
0	0	1	0	0	1	1	1	1
0	0	1	1	0	0	1	0	0
0	1	0	0	0	0	1	0	0
0	1	0	1	1	0	1	1	1
0	1	1	0	0	1	1	1	1
0	1	1	1	0	0	1	0	0
1	0	0	0	0	0	0	0	0
1	0	0	1	0	0	0	0	0
1	0	1	0	0	1	0	1	0
1	0	1	1	0	0	0	0	0
1	1	0	0	0	0	0	0	0
1	1	0	1	1	0	0	1	0
1	1	1	0	0	1	0	1	0
1	1	1	1	0	0	0	0	0

KV-Diagramm:

y1:

y2:

Funktionsgleichungen:

$$y1 := \overline{a} \cdot b + a \cdot c \cdot \overline{b}$$

$$y2 := \overline{d} \cdot c \cdot b \cdot \overline{a} + \overline{d} \cdot c \cdot \overline{b} \cdot a + \overline{d} \cdot c \cdot b \cdot \overline{a}$$

$$= \overline{d} \cdot (c \cdot b \cdot \overline{a} + c \cdot \overline{b} \cdot a + c \cdot b \cdot \overline{a})$$

$$= \overline{d} \cdot \left[c \cdot b \cdot \overline{a} + c \cdot \left(\overline{b} \cdot a + b \cdot \overline{a} \right) \right]$$

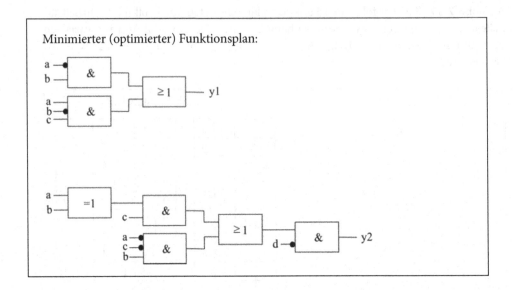

Minimierter (optimierter) Funktionsplan:

Aufgabe 2.40 In einem Gehäuse eines Rechners sind drei Lüfter installiert. Im Innen-
raum des Rechners befinden sich an verschiedenen Stellen drei Temperatursensoren.
Meldet ein Temperatursensor mit einem „1"-Signal die überschrittene Lokaltemperatur,
so muss Lüfter L1 laufen. Wenn zwei beliebige Temperatursensoren Signal geben, dann
sind Lüfter L1 und L2 einzuschalten. Wenn alle drei Temperatursensoren Signal geben,
so müssen alle drei Lüfter L1, L2 und L3 laufen.

Zuordnungstabelle:
Eingangsvariablen: Logische Zuordnung:
Temperatursensor T1   spricht an T1 = 1
Temperatursensor T2   spricht an T2 = 1
Temperatursensor T3   spricht an T3 = 1

Ausgangsvariablen:
Lüfter L1   läuft L1 = 1
Lüfter L2   läuft L2 = 1
Lüfter L3   läuft L3 = 1

Stellen Sie die Wahrheitstabelle auf. Ermitteln Sie aus der Wahrheitstabelle die Funktionsgleichung in disjunktiver Normalform, durch Anwendung des KV-Diagramms.
Zeichnen Sie den Funktionsplan auf.

Wahrheitstabelle:

T3	T2	T1	L3	L2	L1
0	0	0	0	0	0
0	0	1	0	0	1
0	1	0	0	0	1
0	1	1	0	1	1
1	0	0	0	0	1
1	0	1	0	1	1
1	1	0	0	1	1
1	1	1	1	1	1

Funktionsplan (minimiert, optimiert):

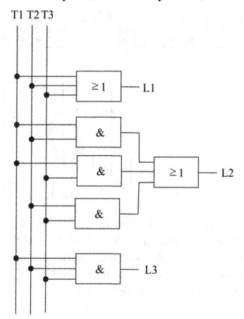

KV-Diagramm:

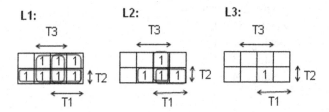

Funktionsgleichung:

$$L1 := T1 + T2 + T3$$
$$L2 : T1 \cdot T2 + T1 \cdot T3 + T2 \cdot T3$$
$$L3 := T1 \cdot T2 \cdot T3$$

Aufgabe 2.41 Mit 9 Anzeigeleuchtdioden a-i sollen die Würfelzahlen 1-9 wie folgt angezeigt werden.

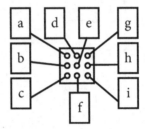

Die vier binärcodierten Schalter steuern die einzelnen Würfelzahlen an.

a) Stellen Sie die Zuordnungstabelle und die Wahrheitstabelle auf.

b) Ermitteln Sie aus der Wahrheitstabelle die optimierte (minimierte) Funktionsgleichung in disjunktiver Normalform (DNF).

c) Zeichnen Sie den Funktionsplan auf.

Lösung:

  a)   Zuordnungstabelle:

Eingangsvariablen:	Logische Zuordnung:
Schalter 1	betätigt S1 = 1
Schalter 2	betätigt S2 = 1
Schalter 3	betätigt S3 = 1
Schalter 4	betätigt S4 = 1

Ausgangsvariablen:	
Leuchtdiode a	Leuchtdiode an a = 1
Leuchtdiode b	Leuchtdiode an b = 1
Leuchtdiode c	Leuchtdiode an c = 1
Leuchtdiode d	Leuchtdiode an d = 1
Leuchtdiode e	Leuchtdiode an e = 1
Leuchtdiode f	Leuchtdiode an f = 1
Leuchtdiode g	Leuchtdiode an g = 1
Leuchtdiode h	Leuchtdiode an h = 1
Leuchtdiode i	Leuchtdiode an i = 1

Wahrheitstabelle:

Binär-Code

S4	S3	S2	S1		a	b	c	d	e	f	g	h	i
0	0	0	0		0	0	0	0	0	0	0	0	0
0	0	0	1		0	0	0	0	1	0	0	0	0
0	0	1	0		1	0	0	0	0	0	0	0	1
0	0	1	1		0	0	1	0	1	0	1	0	0
0	1	0	0		1	0	1	0	0	0	0	1	1
0	1	0	1		1	0	1	0	1	0	1	0	1
0	1	1	0		1	1	1	0	0	0	1	1	1
0	1	1	1		0	1	1	1	1	1	1	1	0
1	0	0	0		1	1	1	1	0	1	1	1	1
1	0	0	1		1	1	1	1	1	1	1	1	1
1	0	1	0		0	0	0	0	0	0	0	0	0
1	0	1	1		0	0	0	0	0	0	0	0	0
1	1	0	0		0	0	0	0	0	0	0	0	0
1	1	0	1		0	0	0	0	0	0	0	0	0
1	1	1	0		0	0	0	0	0	0	0	0	0
1	1	1	1		0	0	0	0	0	0	0	0	0

b) KV-Diagramme:

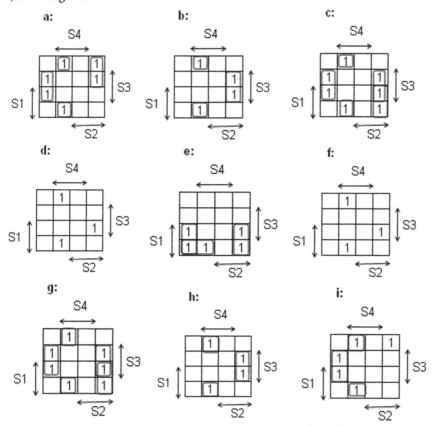

Funktionsgleichungen:

$$a := S3 \cdot \overline{S4} \cdot \overline{S2} + S2 \cdot \overline{S4} \cdot \overline{S1} + S4 \cdot \overline{S2} \cdot \overline{S3}$$

$$b := S2 \cdot S3 \cdot \overline{S4} + S4 \cdot \overline{S2} \cdot \overline{S3}$$

$$c := S3 \cdot \overline{S4} + S4 \cdot \overline{S2} \cdot \overline{S3} + S1 \cdot S2 \cdot \overline{S4}$$

$$d := S4 \cdot \overline{S2} \cdot \overline{S3} + S1 \cdot S2 \cdot S3 \cdot \overline{S4}$$

$$e := S1 \cdot \overline{S4} + S1 \cdot \overline{S3} \cdot \overline{S2}$$

$$f := d$$

$$g := S3 \cdot \overline{S4} + S1 \cdot S2 \cdot \overline{S4} + S4 \cdot \overline{S2} \cdot \overline{S3}$$

$$h := S3 \cdot S2 \cdot \overline{S4} + S4 \cdot \overline{S2} \cdot \overline{S3}$$

$$i := S3 \cdot \overline{S2} \cdot \overline{S4} + S4 \cdot \overline{S2} \cdot \overline{S3} + \overline{S1} \cdot S2 \cdot \overline{S3} \cdot \overline{S4}$$

c) Funktionsplan:

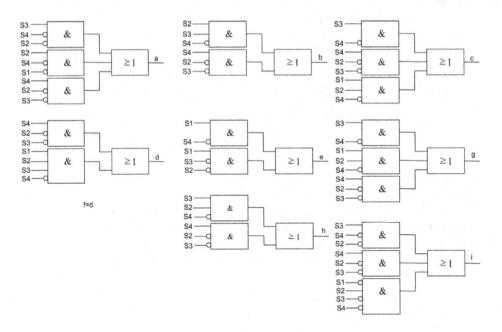

Aufgabe 2.42 In einer Großflächenbüro-Etage werden vier Lüfter L1, L2, L3 und L4 installiert. Die Leistungswerte der Lüfter sind wie folgt angegeben:

Die Lüfter verfügen über Signalgeber S1, S2, S3 und S4, die einer Steuerung melden, dass die Lüfter laufen.

Drei Meldeleuchtdioden Q1, Q2 und Q3 zeigen den geschalteten Leistungsstand optisch wie folgt an:

Für den Leistungsstand 20...70 kW   leuchtet   Q1 auf
Für den Leistungsstand 80 kW   leuchtet   Q2 auf
Für den Leistungsstand ≥ 90   leuchtet   Q3 auf

Bestimmen Sie die Wahrheitstabelle für die Ein- und Ausgangsgrößen, die optimierte Funktionsgleichung und den Funktionsplan der Ansteuerung für die Melde-Leuchtdioden.

Lösung:

Wahrheitstabelle:

20 kW	30 kW	30 kW	40 kW
L4	L3	L2	L1
0	0	0	0
0	0	0	1
0	0	1	0
0	0	1	1
0	1	0	0
0	1	0	1
0	1	1	0
0	1	1	1
1	0	0	0
1	0	0	1
1	0	1	0
1	0	1	1
1	1	0	0
1	1	0	1
1	1	1	0
1	1	1	1

>=90 kW	80 kW	20...70 kW
Q3	Q2	Q1
0	0	0
0	0	1
0	0	1
0	0	1
0	0	1
0	0	1
0	0	1
1	0	0
0	0	1
0	0	1
0	0	1
1	0	0
0	0	1
1	0	0
0	1	0
1	0	0

KV-Diagramme:

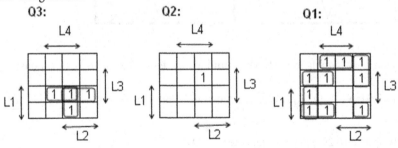

Funktionsgleichungen:

$$Q3 := L3L1L4 + L3L1L2 + L2L4L1$$

$$Q2 := \overline{L1}L2L3L4$$

$$Q1 := L2\overline{L4L1} + L4\overline{L1L3} + L2\overline{L4L3} + L3\overline{L1L2} + L1\overline{L4L2} + L1\overline{L3L2}$$

Funktionsplan:

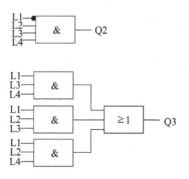

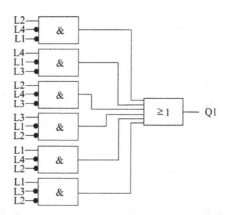

Aufgabe 2.43 Ein Akkumulator ist maximal mit 12 A belastbar.
Anschaltbar sind Scheibenwischermotor (SW) mit 2 A, Standheizung (SH) mit 4A,
Klimaanlage (KA) mit 6 A und Musikanlage (MA) mit 8 A. Alle anschaltbaren Einheiten
sind mit Wächter SW-Wa, SH-Wa, KA-Wa und MA-Wa ausgerüstet, die bei Betrieb
einer Einheit ein 0-Signal an die Steuerung liefern. Bei allen möglichen (zulässigen) Be-
triebskombinationen soll eine Leuchtdiode Q aufleuchten.

Es ist eine Wahrheitstabelle aufzustellen. Aus der Wahrheitstabelle soll die minimierte
(optimierte) Funktionsgleichung für die Leuchtdiode Q in disjunktiver Normalform
(DNF) angegeben werden.

Lösung:

Wahrheitstabelle: KV-Diagramm:

Q:

(2A)	(4A)	(6A)	(8A)	(12A)
SW	SH	KA	MA	Q
0	0	0	0	1
0	0	0	1	1
0	0	1	0	0
0	0	1	1	1
0	1	0	0	0
0	1	0	1	1
0	1	1	0	1
0	1	1	1	1
1	0	0	0	0
1	0	0	1	1
1	0	1	0	1
1	0	1	1	1
1	1	0	0	0
1	1	0	1	1
1	1	1	0	1
1	1	1	1	1

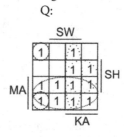

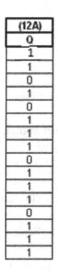

Funktionsgleichung: $Q := MA + KA \cdot SW + KA \cdot SH + \overline{KA} \cdot \overline{SW} \cdot \overline{SH}$

Funktionsplan:

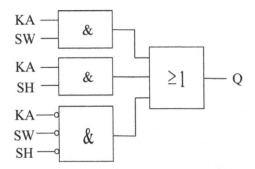

Aufgabe 2.44 Zwei Vorratsbehälter mit den Signalmeldern S3 und S4 für die Vollmeldung und S1 und S2 für die Meldung „weniger als Halbvoll" werden in beliebiger Reihenfolge entleert (Bild unten).

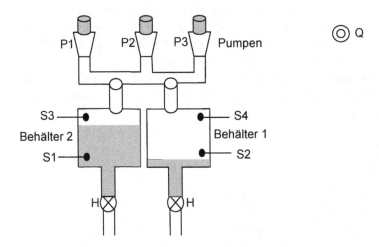

Die Füllung der Vorratsbehälter wird abhängig vom Füllstand durch die Pumpen P1, P2 und P3 vollzogen.

Meldet entweder **kein Signalgeber oder nur ein Signalgeber** einen erreichten Füllstand, so sollen alle drei Pumpen P1, P2 und P3 laufen.

Melden **zwei Signalgeber** einen entsprechenden Füllstand, so sollen zwei Pumpen die Füllung übernehmen.

Melden **drei Signalgebern** einen entsprechenden Füllstand, genügt es, wenn nur eine Pumpe die Füllung übernimmt.

Melden **alle vier Signalgeber**, so heißt es, dass die beiden Vorratsbehälter gefüllt sind. Alle Pumpen bleiben ausgeschaltet.

Tritt ein **Fehler** auf, der von einer widersprüchlichen Meldung der Signalgeber herrührt, so soll dieses eine Meldeleuchte Q anzeigen und keine Pumpe laufen.

a) Bestimmen Sie die **Zuordnungstabelle** der Ein und Ausgangsvariablen.
b) Entwickeln Sie die **Wahrheitstabelle** für die Steuerungsaufgabe.
c) Minimieren Sie die **Funktionsgleichung** der Ausgänge durch das KV-Diagramm.
d) Zeichnen Sie den **Funktionsplan** der minimierten Funktionsgleichung auf.

Lösung:

a) Zuordnungstabelle:

Eingangsvariablen:		Logische Zuordnung:	
Halbvollmeldung Beh. 1		Behälter 1 halbvoll	$S1 = 1$
Halbvollmeldung Beh. 2		Behälter 2 halbvoll	$S2 = 1$
Vollmeldung Beh. 1		Behälter 1 voll	$S3 = 1$
Vollmeldung Beh. 2		Behälter 2 voll	$S4 = 1$

Ausgangsvariablen:			
Pumpe 1		Pumpe 1 an	$P1 = 1$
Pumpe 2		Pumpe 2 an	$P2 = 1$
Pumpe 3		Pumpe 3 an	$P3 = 1$

b) Wahrheitstabelle:

S4	S3	S2	S1		P3	P2	P1	Q
0	0	0	0		1	1	1	0
0	0	0	1		1	1	1	0
0	0	1	0		1	1	1	0
0	0	1	1		1	1	0	0
0	1	0	0		0	0	0	1
0	1	0	1		1	1	0	0
0	1	1	0		0	0	0	1
0	1	1	1		0	0	1	0
1	0	0	0		0	0	0	1
1	0	0	1		0	0	0	1
1	0	1	0		0	1	1	0
1	0	1	1		0	0	1	0
1	1	0	0		0	0	0	1
1	1	0	1		0	0	0	1
1	1	1	0		0	0	0	1
1	1	1	1		0	0	0	0

c) KV-Diagramme und Funktionsgleichungen:

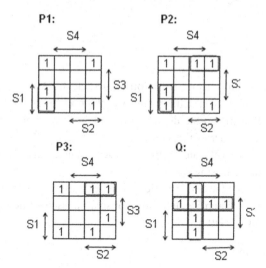

$$P1 := \overline{S4S3} + S1S2S4$$

$$P2 := \overline{S3S4} + S1S2S4 + \overline{S2}S1S3$$

$$P3 := \overline{S2}S3\overline{S1} + \overline{S2S4}S3 + S1S2\overline{S3}S4 + \overline{S4}S1S2S3$$

$$Q := S4\overline{S2} + S3\overline{S1}$$

d) Funktionsplan:

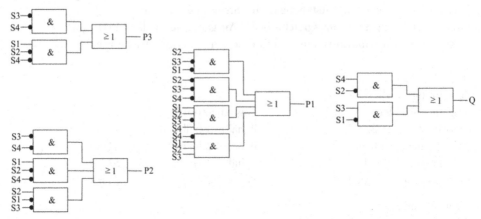

Aufgabe 2.45

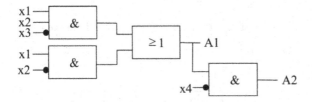

Der obenstehende Funktionsplan stellt die Abhängigkeit der beiden Ausgangsvariablen A1 und A2 von den Eingangsvariablen x1 bis x4 dar.

a) Bestimmen Sie den Zusammenhang zwischen der Ein- und Ausgangsvariablen mithilfe einer Wahrheitstabelle.

b) Entwickeln Sie mithilfe des KV-Diagramms die minimierte Funktionsgleichung für den Ausgang A1.

c) Geben Sie den Funktionsplan der minimierten Funktionsgleichung an.

d) Realisieren Sie den Funktionsplan ausschließlich mit NAND- und ausschließlich mit NOR-Gattern.

Lösung:

a) Hinzufügen von Zusatzvariablen:

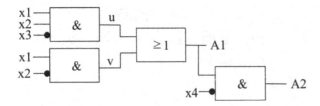

Wahrheitstabelle: KV-Diagramm:

x4	x3	x2	x1	u	v	A1	A2
0	0	0	0	0	0	0	0
0	0	0	1	0	1	1	1
0	0	1	0	0	0	0	0
0	0	1	1	1	0	1	1
0	1	0	0	0	0	0	0
0	1	0	1	0	1	1	1
0	1	1	0	0	0	0	0
0	1	1	1	0	0	0	0
1	0	0	0	0	0	0	0
1	0	0	1	0	1	1	0
1	0	1	0	0	0	0	0
1	0	1	1	1	0	1	0
1	1	0	0	0	0	0	0
1	1	0	1	0	1	1	0
1	1	1	0	0	0	0	0
1	1	1	1	0	0	0	0

A1:

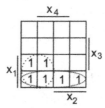

A2:

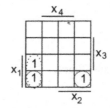

b) Die minimierte Funktionsgleichung:

$$A1 := x1 \cdot (\overline{x3} + \overline{x2})$$

$$A2 := \overline{x4} \cdot A1 = \overline{x4} \cdot x1 \cdot (\overline{x3} + \overline{x2})$$

Funktionsplan:

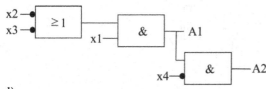

d)

$$A1 := x1 \cdot (\overline{x2} + \overline{x3}) = \overline{\overline{x1} + \overline{(\overline{x2} + \overline{x3})}} \quad \Rightarrow \text{NOR-Verknüpfung}$$

$$A1 := \overline{\overline{x1} + \overline{(\overline{x2} + \overline{x3})}} = \overline{\overline{x1} + (x2 \cdot x3)} = x1 \cdot \overline{(x2 \cdot x3)} \quad \Rightarrow \text{NAND-Verknüpfung}$$

$$A2 := \overline{x4} \cdot A1 = \overline{x4} \cdot x1 \cdot (\overline{x3} + \overline{x2})$$

$$A2 := \overline{x4} \cdot x1 \cdot \overline{(x3 + x2)}$$

$$:= \overline{\overline{x4} \cdot x1 \cdot \overline{x3} \cdot \overline{x2}} \quad \Rightarrow \text{NAND-Verknüpfung}$$

$$:= \overline{x4 + \overline{x1} + x3 \cdot x2}$$

$$:= \overline{x4 + \overline{x1} + \overline{\overline{x3} + \overline{x2}}} \quad \Rightarrow \text{NOR-Verknüpfung}$$

Aufgabe 2.46   Gegeben sei folgender Funktionsplan:

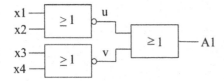

a) Bestimmen Sie mithilfe der Wahrheitstabelle den Zusammenhang zwischen den Eingängen x1...x4 und dem Ausgang A1.
b) Bestimmen Sie die vereinfachte Funktionsgleichung für den Ausgang A1.
c) Zeichnen Sie den Funktionsplan.

Lösung:

a) Zwischenvariablen hinzugefügt:

Wahrheitstabelle:

x4	x3	x2	x1	u	v	A1
0	0	0	0	1	1	1
0	0	0	1	0	1	1
0	0	1	0	0	1	1
0	0	1	1	0	1	1
0	1	0	0	1	0	1
0	1	0	1	0	0	0
0	1	1	0	0	0	0
0	1	1	1	0	0	0
1	0	0	0	1	0	1
1	0	0	1	0	0	0
1	0	1	0	0	0	0
1	0	1	1	0	0	0
1	1	0	0	1	0	1
1	1	0	1	0	0	0
1	1	1	0	0	0	0
1	1	1	1	0	0	0

KV-Diagramm:

A1:

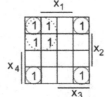

b) Funktionsgleichung:

$$A1 := \overline{x1} \cdot \overline{x2} + \overline{x3} \cdot \overline{x4}$$

c) Funktionsplan:

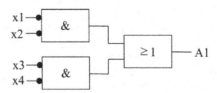

Schaltnetze und Schaltwerke (sequenzielle Schaltungen)

Schaltnetze

Schaltnetze sind statische, d. h. ungetaktete Schaltungen logischer Funktionen, die Ausgangssignale erzeugen, die nur von den Belegungen der Eingangssignale abhängig sind.

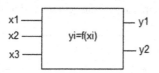

Sie weisen keine Rückkopplung auf und haben deswegen die sog. „Baumstruktur".

Die Schaltnetze werden durch

- Wahrheitstabellen
- Funktionsdiagramme (KV-Diagramme)
- Funktionsgleichungen $y_i = f(x_i)$

beschrieben.

Schaltwerke

Schaltwerke sind Schaltungen die logisch aufgebaut sind und Speicherverhalten aufweisen (Speichern einer binären Variablen). Anders als bei den Schaltnetzen, erzeugen die Schaltwerke Ausgangssignale, die von den Belegungen der Eingangssignale und vom jeweiligen Zustand des Netzwerkes (Vorgeschichte) abhängig sind. Sie kennzeichnen sich dadurch, dass sie Rückkopplungen aufweisen.

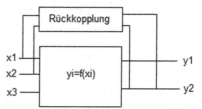

Durch die Rückkopplung weisen sie eine Schleifenstruktur auf.

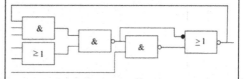

Die Schaltwerke werden durch

- Übergangstabellen, entsprechend der Wahrheitstabelle, allerdings unter Berücksichtigung der Vorgeschichte (vorangehenden Zustand)

C. Karaali, *Grundlagen der Steuerungstechnik*, https://doi.org/10.1007/978-3-658-16137-8_3

	• Funktionsdiagramme (KV-Diagramme)
	• Impulsdiagramme (stellt den zeitlichen Verlauf der Eingangs- und Ausgangssignale dar)
	• Übergangsfunktionen $y_i^t = f(x_i, y_i)$. Das hochgestellte t charakterisiert den Zustand des Schaltwerkes, nach dem durch x_i bewirkten Übergang
	• Zustandsfunktionen $y_i = f(x_i, z_i)$ mit z_i als Zustandsvariable beschrieben.

Bei den bisher behandelten logischen Verknüpfungen hängt der Ausgangssignalwert einer Funktionsschaltung ausschließlich von der momentanen Belegungskombination der Eingangssignale ab (Schaltnetze). Das Speichern einer binären Variablen ist hier nicht möglich. Bei Schaltwerken ist der Signalzustandswert des Ausganges noch zusätzlich von dem inneren Zustand, d. h. von der Vorgeschichte abhängig. Schaltwerke verfügen über Speicherverhalten. Der Beweis hierfür soll anhand eines Beispiels erläutert werden.

Die Garagenleuchte Q soll durch kurzzeitiges Betätigen des S-Tasters ein- und durch kurzzeitiges Betätigen des R-Tasters ausgeschaltet werden. Der Ausgangssignalwert Q kann nicht mehr allein durch die Kombination der beiden Taster angegeben werden.

Ein (S)	Aus (R)	Garagenleuchte (Q)
0	0	0, wenn R vorher betätigt wurde 1, wenn S vorher betätigt wurde R | R L ⊗ Q ⊗ Q=0 Zitat: Q ist von der Vorgeschichte S | S L des Schaltwerkes abhängig ⊗ Q ⊗ Q=1
0	1	0
1	0	1
1	1	0, wenn Ausschalten dominant (erst S dann R) 1, wenn Einschalten dominant (erst R dann S)

Es ist einleuchtend, dass man nur dann eine vollständig ausgefüllte Wahrheitstabelle angeben kann, wenn man für die Vorgeschichte des Schaltwerkes eine zusätzliche neue Variable, die Zustandsvariable q einführt. Es ist zu beachten, dass diese Zustandsvariable q den inneren Signalzustand des Schaltwerkes beschreibt. Das ist der Zustand, den das Schaltwerk vor dem Anlegen der jeweiligen Belegung der Eingangskombinationswerte hatte.

Wahrheitstabelle:

q S R   Q
0 0 0   0
0 0 1   0
0 1 0   1
0 1 1   0 ---→ Festlegung: Werden S und R gleichzeitig gedrückt, so soll Q unabhängig von der Vorgeschichte gleich 0 sein (R-dominant)
1 0 0   1
1 0 1   0
1 1 0   1
1 1 1   0 ---→ Festlegung: Werden S und R gleichzeitig gedrückt, so soll Q unabhängig von der Vorgeschichte gleich 0 sein (R-dominant)

Der Ausgangssignalwert Q des Schaltwerkes ist demnach von der Belegung des Eingangssignalwertes S und R und der der Zustandsvariablen q abhängig: $Q = f(S, R, q)$. Vergleicht man die Belegungszustände in den Spalten 1 für q und 4 für Q miteinander, so stellt man fest, dass die beiden Spalten identisch sind. In der dritten Zeile der Wahrheitstabelle ist für die Belegung der Eingangsvariablen q=0, S=1 und R=0, die Wirkung Q=1. In der siebenten Zeile gilt für die Kombination q=1, S=1 und R=0 auch Q=1. Das bedeutet, dass der Zustand von q für die Bestimmung des Ausgangszustandes nicht relevant ist. q kann hier den Wert 0 oder 1 belegen, und trotzdem weist Q einen stabilen Zustand Q=1 auf. Die gleiche Vorgehensweise kann auch für die Zeilen 2 und 6 angewendet werden. Damit ist bewiesen, dass die Spalten 1 und 4 der Wahrheitstabelle übereinstimmen. Der Beweis ermöglicht die Rückkopplung von Netzwerken. Zusammenfassend kann behauptet werden, dass bei sequenziellen Schaltungen, die Belegung des Signalzustandes der Zustandsvariable q mit dem Belegungswert der Ausgangsvariablen Q übereinstimmt. Somit erhalten wir die Funktionsgleichung der Ausgangsvariable Q unter Anwendung des KV-Diagramms wie folgt:

Q: Funktionsgleichung:

$$Q := q \cdot \overline{R} + S \cdot \overline{R}$$
$$:= \overline{R} \cdot (q + S)$$

Man erkennt, dass die Ausgangsvariable zweimal in der Wahrheitstabelle auftaucht, jedoch mit unterschiedlicher Bedeutung:

Die Variable steht bei den Eingangsvariablen und stimmt überein mit dem Ausgangssignalwert Q vor Belegen der Eingangskombination. Die Variable erscheint als Ausgangsvariable Q am Ausgang des Schaltwerkes, nachdem der Signalwert der Eingangskombination belegt ist.

Funktionsplan:

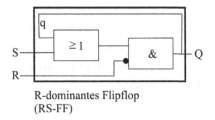

R-dominantes Flipflop
(RS-FF)

3.1   Gegenüberstellung

R-dominante Speicherfunktion	S-dominante Speicherfunktion
Wahrheitstabelle:	Wahrheitstabelle:
q S R Q	q S R Q
0 0 0 0	0 0 0 0
0 0 1 0	0 0 1 0
0 1 0 1	0 1 0 1
0 1 1 0	0 1 1 1
1 0 0 1	1 0 0 1
1 0 1 0	1 0 1 0
1 1 0 1	1 1 0 1
1 1 1 0	1 1 1 1

KV-Diagramm: KV-Diagramm:

Q: Q:

Funktionsgleichung:

$$Q := q \cdot \bar{R} + S \cdot \bar{R}$$

$$:= \bar{R} \cdot (q + S)$$

Funktionsgleichung:

$$Q := S + q \cdot \bar{R}$$

Funktionsplan:

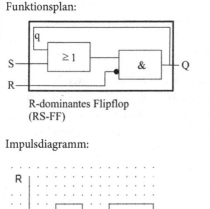

R-dominantes Flipflop
(RS-FF)

Impulsdiagramm:

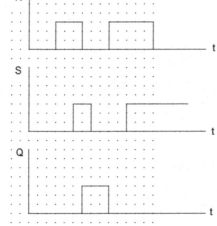

Funktionsplan:

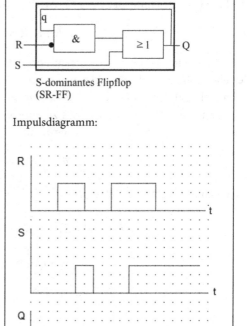

S-dominantes Flipflop
(SR-FF)

Impulsdiagramm:

Erläuterung:
Speicherfunktion mit vorrangigem Rücksetzen bedeutet, dass bei gleichzeitiger Belegung von Signalwert „1" am Setz- S und Rücksetzeingang R, die Speicherfunktion zurückgesetzt wird (R dominant).
Das RS-FF wird dann gesetzt, d. h. sein Ausgang Q wird 1, wenn an seinem R-Eingang die Belegung 0 anliegt und S mit 1 belegt ist. Führt danach der Eingang S den logischen Zustand 0, dann bleibt Q=1 (Speicherverhalten). Wenn sein R-Eingang den Belegungswert 1 hat, wird der RS-FF zurückgesetzt.

Erläuterung:
Speicherfunktion mit vorrangigem Setzen bedeutet, dass bei gleichzeitiger Belegung von Signalwert „1" am Setz- S und Rücksetzeingang R, die Speicherfunktion gesetzt wird (S dominant)
Das SR-FF wird dann gesetzt, d. h. sein Ausgang Q wird 1, wenn an seinem S-Eingang die Belegung 1 anliegt. Führt danach der Eingang S den logischen Zustand 0, dann bleibt Q=1 (Speicherverhalten). Wenn sein R-Eingang den Belegungswert 1 hat und sein S-Eingang den Belegungswert 0, wird der SR-FF zurückgesetzt.

Entsprechend der Aufgabenstellungen werden für deren Lösungen RS- oder SR-FF eingesetzt. Möchte man ein RS-FF mit SR-Verhalten, oder umgekehrt, entwickeln, so müssen die Eingänge des RS-FFs durch zusätzliche äußere Beschaltung ergänzt werden. Die algebraische Vorgehensweise für die Entwicklung dieser Schaltung lässt sich wie folgt systematisieren:

Die Funktionsgleichungen beider FF-Arten werden gleichgesetzt.

$$S \cdot \bar{R} + q \cdot \bar{R} = S + q \cdot \bar{R}$$

Diese Beziehung in der vorgesehenen Form wäre falsch, wenn auf der rechten Seite der Beziehung die gleichen Bezeichnungen der Eingangsvariablen verwendet würden. Denn es handelt sich um zwei verschiedenartige FFs mit verschiedenen Schaltbedingungen. Deswegen werden die Eingänge des zu entwickelnden FFs mit S^* und R^* bezeichnet. Das sind dann die zu bestimmende Größen.

$$S \cdot \bar{R} + q \cdot \bar{R} = S^* + q \cdot \overline{R^*}$$

Nach den Boole'schen Gesetzen gilt:

$$S \cdot \bar{R} + q \cdot \bar{R} = S^* + q \cdot \overline{R^*} = \left(S^* + q\right) \cdot \left(S^* + \overline{R^*}\right)$$

$$\bar{R} \cdot (S + q) = \left(S^* + q\right) \cdot \left(S^* + \overline{R^*}\right)$$

$$\left(0 + \bar{R}\right) \cdot (S + q) = \left(S^* + q\right) \cdot \left(S^* + \overline{R^*}\right)$$

Führt man den Koeffizientenvergleich durch, so erhält man

$$\left(0 + \bar{R}\right) \cdot (S + q) = \left(S^* + q\right) \cdot \left(S^* + \overline{R^*}\right)$$

$$0 + \bar{R} \equiv S^* + \overline{R^*}$$

$$S + q \equiv S^* + q$$

Damit erhält man das Verhalten eines SR-FFs, wenn einem RS-FF an seinen Eingängen die Signale

$$\bar{R} \equiv S^* + \overline{R^*} \Rightarrow R \equiv \overline{S^* + \overline{R^*}} = \overline{S^*} \cdot R^*$$

$$S \equiv S^*$$

zugeführt werden.

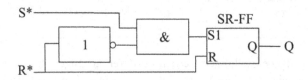

Nach dem gleichen Verfahren lässt sich grundlegend ein SR-FF entwickeln, das die Eigenschaf eines RS-FF wiedergibt.

$$S + q \cdot \overline{R} = S^* \cdot \overline{R^*} + q \cdot \overline{R^*}$$

$$S \cdot \overline{0} + q \cdot \overline{R} = S^* \cdot \overline{R^*} + q \cdot \overline{R^*}$$

$$S \cdot \overline{0} = S \cdot 1 = S \equiv S^* \cdot \overline{R^*}$$

$$q \cdot \overline{R} \equiv q \cdot \overline{R^*}$$

$$R \equiv R^*$$

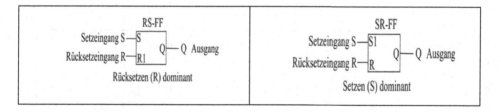

3.2   Schaltzeichen für Funktionsbausteine

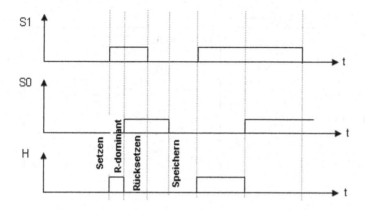

Impulsdiagramme:

Rücksetzen dominant:

Setzen dominant:

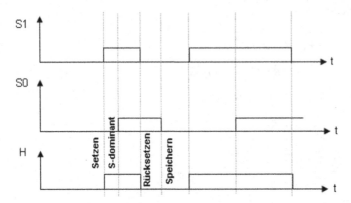

3.3   Warum ist in der Digitaltechnik beim Einsatz eines RS/SR-FF dessen Zustand S=R=1 nicht erlaubt?

Analyse:

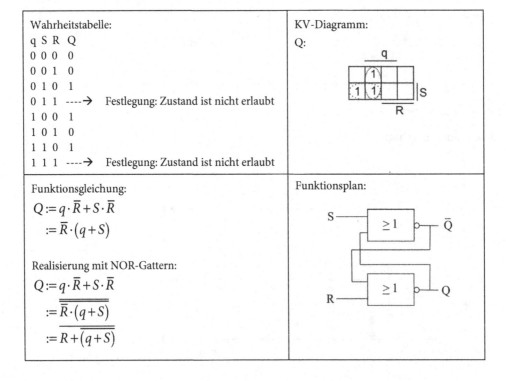

Wahrheitstabelle:

q	S	R	Q
0	0	0	0
0	0	1	0
0	1	0	1
0	1	1	----→ Festlegung: Zustand ist nicht erlaubt
1	0	0	1
1	0	1	0
1	1	0	1
1	1	1	----→ Festlegung: Zustand ist nicht erlaubt

KV-Diagramm:

Q:

Funktionsgleichung:

$$Q := q \cdot \bar{R} + S \cdot \bar{R}$$
$$\quad := \bar{R} \cdot (q + S)$$

Realisierung mit NOR-Gattern:

$$Q := q \cdot \bar{R} + S \cdot \bar{R}$$
$$\quad := \overline{\overline{\bar{R} \cdot (q + S)}}$$
$$\quad := \overline{R + \overline{(q + S)}}$$

Funktionsplan:

Das FF besitzt zwei komplementäre Ausgänge Q und $\overline{Q}$:

Beweis:
$$Q := \overline{\overline{Q} + R}$$
$$\overline{Q} := \overline{Q + S}$$

Fall a) S=0, R=1:
$$Q := \overline{\overline{Q} + R} = \overline{\overline{Q} + 1} = \overline{1} = 0 \quad \text{(Boole'sches Gesetz: } a + 1 = 1\text{)}$$
$$\overline{Q} := \overline{Q + S} = \overline{0 + 0} = 1$$

Fall b) S=1, R=0:
$$\overline{Q} := \overline{Q + S} = \overline{0 + 1} = \overline{1} = 0 \quad \text{(Boole'sches Gesetz: } a + 1 = 1\text{)}$$
$$Q := \overline{\overline{Q} + R} = \overline{0 + 0} = \overline{0} = 1$$

Fall 1:	Fall 2:
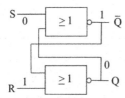	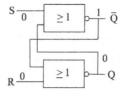
Stabiler Zustand	Stabiler Zustand: Ausgangszustand bleibt erhalten (Speicherverhalten).
Fall 3:	Fall 4:
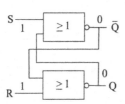	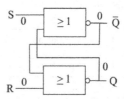
Stabiler Zustand: Beide Ausgänge sind gleichzeitig Null. Die beiden Ausgänge können aber nur Komplementäre Zustände annehmen!	Fall a): Oberer NOR-Gatter schaltet seinen Ausgang schneller als der untere NOR-Gatter.
	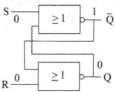
	Fall b): Unterer NOR-Gatter schaltet seinen Ausgang schneller als der obere NOR-Gatter.
	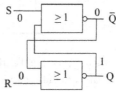
	Fazit: Der Ausgangszustand ist nicht mehr definierbar.

Aufgrund unterschiedlich dotierten Gatter (Herstellungsprozess), Alterungseffekten der Bauteile, unterschiedlichen Strukturaufbauten im Inneren der Gatter usw. weisen die Gatter unterschiedliche Signallaufzeiten (Impulsverzögerungszeit) auf. Dadurch ändern sich die Ausgangsbelegungswerte der eingesetzten Gatter beim gleichzeitigen Aktivieren ihrer Eingänge mit unterschiedlichen Verzögerungszeiten. Dieser Effekt ist durch die folgenden Darstellungen schematisiert. Daher ist in der Digitaltechnik der Belegungszustand für $S=R=1$ nicht zulässig.

3.4   Das getaktete RS/SR-Flipflop

Schaltzeichen:

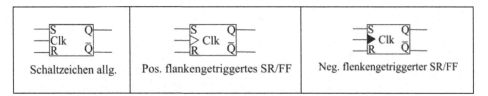

| Schaltzeichen allg. | Pos. flankengetriggertes SR/FF | Neg. flenkengetriggerter SR/FF |

Übergangstabelle für Q:

R	S	Clk	Q^t	Operation
0	0	0 → 1	Q	Speichern
0	1	0 → 1	1	Setzen
1	0	0 → 1	0	Rücksetzen
1	1	0 → 1	0	Wenn R dominant
			1	Wenn S dominant

Impulsdiagramm:

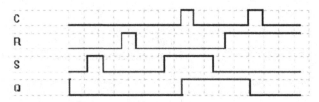

Hierbei bestimmt die positive Taktflanke den genauen Zeitpunkt des Umsteuerns. An dem Punkt des Taktsignalüberganges von 0 auf 1 werden die Eingangssignale abgefragt und ausgewertet.

Solange $S=R=0$ ist, sorgt die Rückkopplung für die Erhaltung des stabilen Zustands.

3.5   Das JK-FF

Die Wahrheitstabelle des JK-FF unterscheidet sich von der des RS- bzw. SR-FFs nur in der Spalte R=1, S=1 (J=1, K=1). Für das JK-FF bedeutet es, dass bei der gleichzeitigen Belegung der J- und K-Eingänge mit 1, der Ausgang Q seinen Zustand wechselt (Kippen). Neben den Eingängen J und K verfügt das JK-FF zusätzlich noch über den Takteingang T.

Man unterscheidet zwischen positiv- oder negativflankengetriggerten (Übergang des Taktimpulses von 0 auf 1 oder umgekehrt) JK-FFs. Das bedeutet, dass der Ausgangszustand Q des JK-FF nur zu den Zeitpunkten der negativen bzw. positiven Flanke seines Taktsignals seine Belegung wechselt. Die Änderungen der Zustände am J- bzw. K-Eingang innerhalb von zwei positiven bzw. zwei negativen Flanken werden ganz ignoriert.

Schaltzeichen:

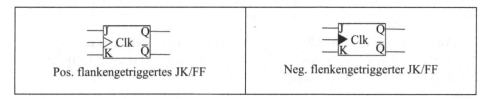

| Pos. flankengetriggertes JK/FF | Neg. flenkengetriggerter JK/FF |

Übergangstabelle:

K	J	Clk	Q^t	Operation
0	0	0 → 1	Q	Speichern
0	1	0 → 1	1	Setzen
1	0	0 → 1	0	Rücksetzen
1	1	0 → 1	0 → 1 1 → 0	Wechseln

Impulsdiagramm:

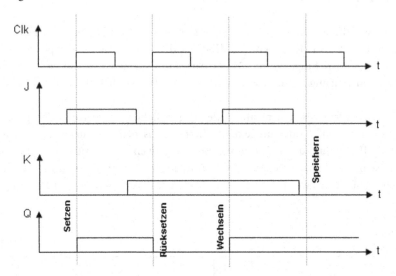

Aus der vorherigen Übergangstabelle des JK-Flipflops kann dessen vollständige Wahrheitstabelle folgende Bezeichnungen erhalten:

Wahrheitstabelle:

q	J	K	Q
0	0	0	0
0	0	1	0
0	1	0	1
0	1	1	1
1	0	0	1
1	0	1	0
1	1	0	1
1	1	1	0

Aus der Wahrheitstabelle lässt sich die folgende Funktionsgleichung für das JK-FF bilden:

$$Q := \overline{q} \cdot J \cdot \overline{K} + \overline{q} \cdot J \cdot K + q \cdot \overline{J} \cdot \overline{K} + q \cdot J \cdot \overline{K}$$
$$:= \overline{q} \cdot J \cdot \underbrace{\left(\overline{K} + K \right)}_{=1} + q \cdot \overline{K} \cdot \underbrace{\left(\overline{J} + J \right)}_{=1}$$
$$:= \overline{q} \cdot J + q \cdot \overline{K}$$

Durch Anwendung der A-Tabelle (die A-Tabelle wird im folgenden Kapitel erläutert) bzw. des KV-Diagramms lässt sich die obige Beziehung genauso ableiten:

A-Tabelle:

| | Eingangselemente | | | |
| | J K | | | |
Zustand q	0 0	0 1	1 1	1 0	
0	0	0	1	1	Wirkung
1	1	0	0	1	Q

Funktionsgleichung: $Q := q \cdot \overline{K} + \overline{q} \cdot J$

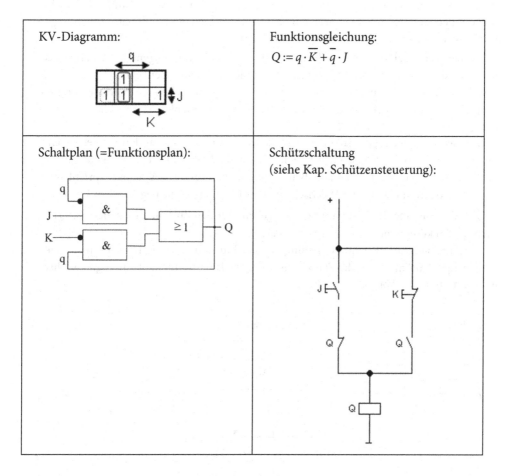

KV-Diagramm:	Funktionsgleichung: $Q := q \cdot \overline{K} + \overline{q} \cdot J$
Schaltplan (=Funktionsplan):	Schützschaltung (siehe Kap. Schützensteuerung):

Auch das Speicherelement JK-FF ist eine sequenzielle Logik, welche zwei verschiedene Dualwerte annehmen kann, welche jeden dieser Werte aufrechterhält, solange nicht ein von außen einführender Umschaltvorgang erfolgt. Kombiniert man mehrere solcher Speicherelemente in einer bestimmten Systematik miteinander, so stellen sich mehr als zwei verschiedene Zustände sequenziell ein, weil verschiedene Kombinationen der Zustände eines einzigen Speichers als verschiedene Zustände der kombinierten Gesamtschaltung gewertet werden sollen.

Wie in den vorherigen Abschnitten erwähnt, während die Werte der Ausgangsgrößen von Schaltnetzen nur von den Größen der Eingangsvariablen abhängig sind, ist der Zustand der sequenziellen Schaltung (Speicherelement) außer von den Größen der Eingangsvariablen auch noch von den Speicherzuständen (Vorgeschichte) während des vorangegangenen Zeitabschnittes (als vor dem Umschalten) abhängig. Die Schaltnetze werden dadurch auf die Schaltwerke zurückgeführt, dass man die Speichergrößen während des vorangegangenen Zeitintervalls als zusätzliche Variablen einführt, die zusammen mit den anderen Eingangsvariablen nach den Gesetzen der kombinatorischen Logik die Größen der abhängigen Ausgangsvariablen bestimmt.

Da man bei Schaltwerken jeweils zwischen zwei aufeinanderfolgenden Zuständen zu unterscheiden hat, die während zweier aufeinanderfolgender Zeitspannen $(\Delta t)^n$ und $(\Delta t)^{n+1}$ bestehen, sollen die während dieser Zeitspanne geltenden Variablengrößen ebenfalls durch die hochgestellten Indices (nicht Exponenten!) „n" bzw. „n+1" unterschieden werden.

C ist der Takteingang des JK-FF. Das FF kann seinen Zustand nur dann ändern, wenn ein Taktimpuls bzw. wenn die erforderliche Taktsignalflanke anliegt. Taktsignalflanke ist ein Belegungswechsel eines Signals. Beim Wechsel von $0 \rightarrow 1$ des Signals spricht man von einer positiven Flanke, der Wechsel von $1 \rightarrow 0$ ist folglich die negative Flanke.

Q ist der Ausgang des JK-FF und ist maßgebend für den Zustand des Speichers. $\overline{Q}$ bezeichnet den komplementären Ausgang von Q.

Die Eingänge J und K sind die Bedingungsanschlüsse des JK-FF. Die an ihnen anliegenden Signalzustände und die Flanke des Taktsignals bestimmen, ob ein Signalwechsel an Q eintreten soll (Abb. 3.1).

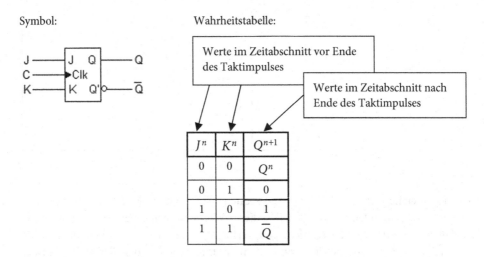

Abb. 3.1 JK-FF mit Erläuterung seiner Wahrheitstabelle

Die in der Wahrheitstabelle aufgelisteten Eigenschaften des JK-FF bringt man in eine analytische Form, indem man die boolesche Gleichung $Q^{n+1} := Q^{n+1}\left(J^n, K^n, Q^n\right)$ in bekannter Weise aufstellt. Man erhält aus der Wahrheitstabelle:

$$Q^{n+1} := \overline{J^n} \cdot \overline{K^n} \cdot Q^n + J^n \cdot \overline{K^n} + J^n \cdot K^n \cdot \overline{Q^n}$$

$$:= \overline{K^n} \cdot \left(\overline{J^n} \cdot Q^n + J^n\right) + J^n \cdot K^n \cdot \overline{Q^n}$$

$$:= \overline{K^n} \cdot \left(Q^n + J^n\right) + J^n \cdot K^n \cdot \overline{Q^n}$$

$$:= \overline{K^n} \cdot Q^n + J^n \cdot \underbrace{\left(\overline{K^n} + K^n \cdot \overline{Q^n}\right)}_{\substack{\text{Boolesches Gesetz} \\ \text{a+b·c=(a+b)·(a+c)}}}$$

$$:= \overline{K^n} \cdot Q^n + J^n \cdot \left(\overline{K^n} + \overline{Q^n}\right)$$

$$:= \overline{K^n} \cdot Q^n + J^n \cdot \overline{Q^n} + J^n \cdot \overline{K^n}$$

$$:= \overline{K^n} \cdot Q^n + J^n \cdot \overline{Q^n} + \underbrace{J^n \cdot \overline{K^n} \cdot Q^n + J^n \cdot \overline{K^n} \cdot \overline{Q^n}}_{\text{erweitert}}$$

$$:= \overline{K^n} \cdot Q^n + J^n \cdot \overline{Q^n}$$

Mittels KV-Diagramms ergibt sich auch nach Abb. 3.2:

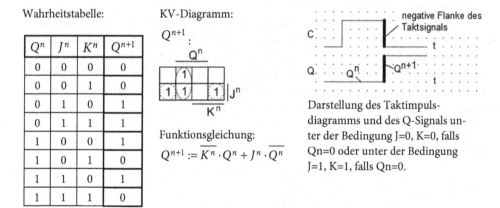

Wahrheitstabelle:

Q^n	J^n	K^n	Q^{n+1}
0	0	0	0
0	0	1	0
0	1	0	1
0	1	1	1
1	0	0	1
1	0	1	0
1	1	0	1
1	1	1	0

KV-Diagramm:

Q^{n+1}:

Funktionsgleichung:

$$Q^{n+1} := \overline{K^n} \cdot Q^n + J^n \cdot \overline{Q^n}$$

negative Flanke des Taktsignals

Darstellung des Taktimpulsdiagramms und des Q-Signals unter der Bedingung J=0, K=0, falls Qn=0 oder unter der Bedingung J=1, K=1, falls Qn=0.

Abb. 3.2 Analyse von JK-FF mit KV-Diagramm

3.5.1 Schaltungsanalyse

Als Nächstes wird das Verhalten von kombinatorischen Schaltungen mit zwei JK-FF analysiert (Abb. 3.3).

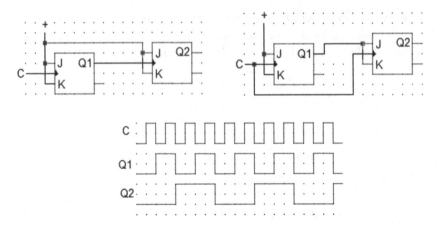

Abb. 3.3 Schaltungsanalyse von JK-FF

Es wird angenommen, dass zu Beginn der Analyse alle Q-Ausgänge den Wert 0 haben. Im Impulsdiagramm ist zunächst in der obersten Zeile rechteckförmige Taktimpulse gezeichnet, die am C-Eingang des FF zeitlich hintereinander anliegen. Vor Eintreffen der ersten negativen Flanke des Taktsignals C ist Q1=0 und Q2=0. Bei der weiteren Analyse der Schaltung ist stets den Vorgang zu berücksichtigen, dass der n-te Taktimpuls den (n+1)-ten Schaltungszustand hervorruft.

Unterhalb der Taktimpulszeile sind die Zeilen mit den Ausgangswerten Q1 und Q2 der hintereinander geschalteten JK-FF gezeichnet. Diese Impulsdiagramme resultieren sich dadurch, dass zu jeder negativen Flanke des Taktsignals die Schaltzustände an den Eingängen J und K berücksichtigt werden und dann entsprechend der Wahrheitstabelle des JK-FF entschieden wird, ob eine Zustandsänderung der Ausgänge Q1 und/oder Q2 stattfinden soll oder nicht.

Beispiel

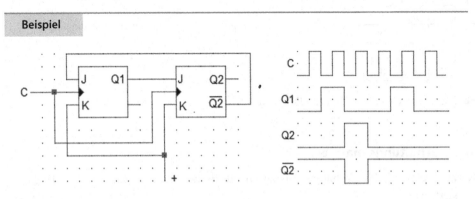

Abb. 3.4 Anwendungsbeispiel von JK-FF

3.5.2   Schaltungssynthese als Beispiel

Gegeben sei ein Impulsdiagramm (Abb. 3.5) für den Takteingang C sowie Q-Ausgangs-impulse von vier JK-FF. Die vier Ausgänge Q1, Q2, Q3 und Q4 von vier JK-FF sollen die im Impulsdiagramm bestimmten Zustandsänderungen vollenden und die vier JK-FF durch einen gemeinsamen Taktimpuls angeregt werden.

Abb. 3.5 Schaltungssynthese
mit JK-FF

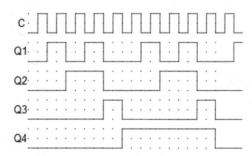

Vorgehensweise beim Entwurf der Folgeschaltung:

- Man ermittelt aus dem gegebenen Impulsdiagramm die Bedingungen der Eingangs-größen für den Umschaltvorgang der einzelnen JK-FF.
- Man realisiert eine geeignete externe Schaltung als Funktion der Bedingungseingänge von den JK-FF-Ausgängen, um dadurch diese Bedingungen durch geeignete Kopp-lung herzustellen.

Synthese in einzelnen Schritten:

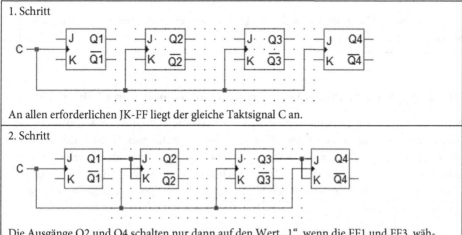

1. Schritt

An allen erforderlichen JK-FF liegt der gleiche Taktsignal C an.

2. Schritt

Die Ausgänge Q2 und Q4 schalten nur dann auf den Wert „1", wenn die FF1 und FF3 wäh-rend des schaltenden Taktes den Wert „1" haben. Bietet man den beiden FF2 und FF4 genau in diesen Intervallen die Bedingung J=K=1 an, welche von den Ausgängen Q1 und Q3 geliefert wird, ist dann die Bedingung erfüllt.

3. Schritt

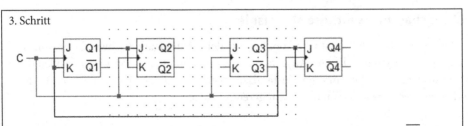

Q1 schaltet immer dann auf den Wert „1“, wenn Q3=0 ist. Damit könnte Q3=1 oder $\overline{Q3}=0$ das Umschalten von JK-FF1 durch Wahrnehmen der Bedingung J=K=0 vom FF1 verhindern. Das Rückschalten von Q1 auf „0“ laut Impulsdiagramm wird durch diese Verbindung ebenfalls bewerkstelligt.

4. Schritt

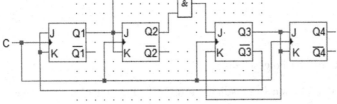

Der Ausgang Q3 schaltet nur dann auf „1“, wenn Q1 und Q2 gleich „1“ sind; und schaltet beim folgenden Takt wieder auf Q3=0. Das Umschalten von „0“ auf „1“ wird durch J3=1 und K3=0 ermöglicht. Gemäß der ersten Bemerkung kann man J3=1 durch $Q1 \cdot Q2 = J3$ herstellen. K3=0 kann durch Q3=K3 geliefert werden.

Das Umschalten von „1“ auf „0“ wird durch J3=0 und K=1 ermöglicht. Da gemäß Impulsdiagramm auf den Zustand $Q1 \cdot Q2 = 1$ der Zustand $Q1 \cdot Q2 = 0$ folgt, ist also die vorgesehene Verbindung $Q1 \cdot Q2 = J3$ in Ordnung. Die Verbindung K3=Q3 entspricht auch der Bedingung.

Das obenstehende Bild zeigt die Gesamtschaltung, die entsprechend des Impulsdiagramms alle Bedingungen erfüllt.

3.5.3   Bemerkungen zu dem synchronen und asynchronen Zähler

In den Schaltungen der „synchronen“ Zähler verfügen die Takteingänge sämtlicher JK-FF über einen gemeinsamen Taktanschluß.   Beim „asynchronen“ Zähler werden die einzelnen JK-FF nicht alle vom demselben Taktsignal versorgt. Besondere ungewünschte Eigenschaft zeigen die asynchronen Zähler durch ihre physikalisch bedingte Laufzeiten der Gattersignale hervorgerufene „Nichtgleichzeitigkeit“ bei der Umschaltung der einzelnen JK-FF (Abb. 3.6).

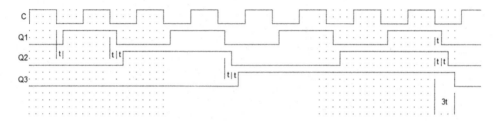

Abb. 3.6 Laufzeiten von Gattersignale

Diese Eigenschaft tritt nur bei asynchronen Zählern auf. Zwischen dem Zeitpunkt der abfallenden Flanke des Taktsignals C und den dadurch bewirkten Umschaltflanke des betroffenen JK-FF entsteht die Zeitspanne t. Am Ende des 8. Impuls im Impulsdiagramm am Ausgang Q3 summiert sich diese Zeitverzögerung auf 3t.

Diese Verzögerung kann bei einer weiteren Verarbeitung der Datensignale in einem System zu erheblichen Komplikationen führen. Spricht man von einem asynchronen Binärzähler bis zu einer sehr hohen Zweierpotenz, dann ist die Anwendung dieser Zähler, die diesen durch Nichtgleichzeitigkeit hervorgerufene Umschaltverzögerungen aufweisen, kaum einzusetzen.

In einem synchronen Zähler haben alle Umschaltungen auch eine Verzögerung um die Zeit t gegenüber der abfallenden Flanke des Taktsignals C; alle JK-FF hätten aber die gleiche Zeitverzögerung, und lassen sich nicht bei eingesetzten JK-FF summieren, wie dies bei den asynchronen der Fall ist.

Beispiel

Zählerentwurf (Bauhoff)

8-Bit-Synchronzähler

Bei dem synchronen Zähler haben alle im dazugehörigen Schaltungsaufbauten vorgesehen JK-FF einen gemeinsamen Takteingang C. Darüber hinaus müssen alle Bedingungseingänge der JK-FF gemäß vorgegebenem Impulsdiagramm und der Wahrheitstabelle des JK-FF beschaltet werden. Die unten beschriebene Vorgehensweise dient für die Analyse und den Entwurf eines 8-Bit-Synchronzählers (Abb. 3.7).

Impulsdiagramm:

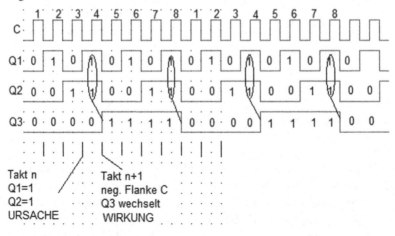

Abb. 3.7 Impulsdiagramm 8-Bit-Synchronzähler

a) Analyse vom Q1-Zustand:

Q1 wechselt seinen Wert bei jeder negativen Flanke des Taktsignals. Man spricht von einem 1:2-Frequenzteiler. Gemäß der Wahrheitstabelle des JK-FF wechselt das JK-FF bei jeder negativen Flanke des Taktsignals nur dann, wenn J=K=1 ist. Damit ist die Beschaltung des 1. JK-FF vollständig (Abb. 3.8).

Abb. 3.8   Analyse vom 1. JK-FF

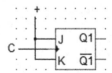

b) Analyse vom Q2-Zustand:

Aus dem Impulsdiagramm ist zu entnehmen, dass Q2 bei jedem 2.Taktimpuls seinen Zustand wechselt. D.h. Q2 seinen Zustand halb so oft wie Q1 wechselt. Verknüpft man den Ausgang Q1 mit den beiden Eingängen J2 und K2 des 2.JK-FF, dann können nur die Zustände J2=K2=0 oder J2=K2=1 auftreten (Abb. 3.9). Laut Wahrheitstabelle für JK-FF heißt es dann:

J2=K2=0   Alten Zustand beibehalten, speichern ($Q^n = Q^{n+1}$). Q2 schaltet nicht um.

J2=K2=1   Wechseln, d. h. Q2 wechselt bei jeder negativen Flanke des Taktsignals und bei jedem Q1=1-Zustand.

Abb. 3.9   Analyse vom 2. JK-FF

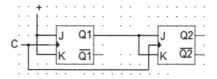

c) Analyse vom Q3-Zustand:

Der Ausgang Q3 wechselt seinen Zustand nur dann, wenn Q1=1; Q2=1 und die nächste negative Flanke des Taktsignals erscheint. Hierfür koppelt man die logische UND-Verknüpfung von $Q1 \cdot Q2$ mit den J3 und K3 des 3. JK-FF. Gemäß dem gegebenen Impulsdiagramm ist die Umschaltfrequenz von 3. JK-FF gegenüber der von 2. JK-FF um Faktor 2 untersetzt (Abb. 3.10).

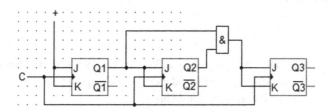

Abb. 3.10   Analyse vom 3. JK-FF und vollständiger Schaltungsaufbau des 8-Bit-Synchronzählers

3.5.4   16-Bit-Synchronzähler

Berücksichtigt man die Vorgehensweise für die Analyse des 8-Bit-Synchronzählers, stellt man fest, dass der 4. JK-FF zusätzlich die logische UND-Verknüpfung von $Q1 \cdot Q2 \cdot Q3$ erfordert, deren Ausgang mit dem J4 und K4 des 4. JK-FF gekoppelt werden soll (Abb. 3.11).

Impulsdiagramm:

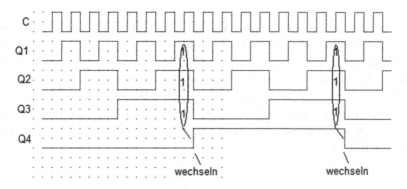

Abb. 3.11   Impulsdiagramm eines 16-Bit-Synchronzählers

Schaltungsaufbau

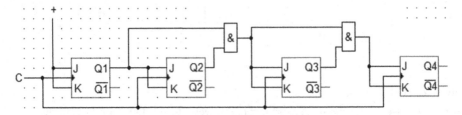

Abb. 3.12 16-Bit-Synchronzähler

3.6 Anwendungen

Beispiel

Das JK-FF stellt einen einfachen 1:2-Frequenzteiler dar. Das heißt im unteren Bild wird das Ausgangssignal A die doppelte Periodendauer des Taktsignals aufweisen, wenn die JK-Eingänge des FF auf „1"-Potenzial liegen (Abb. 3.13).

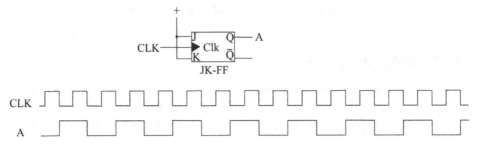

Abb. 3.13 JK-FF als Frequenzteiler

Wenn man nun das Ausgangssignal jenes FFs mit dem Takteingang des nächsten zur Ansteuerung verwendet (Abb. 3.14), so ist die Ausgangssignalsfolge des nachfolgenden FFs wieder im Verhältnis 1:2 gegenüber seinem Eingangssignal (Takteingang) unterteilt. Gegenüber dem Taktsignal des ersten FFs besteht jetzt ein Tastverhältnis von 1:4.

Durch Hintereinanderschalten von beliebig vielen FFs kann eine Taktimpulsfolge beliebig oft halbiert werden. Somit erscheinen an den Ausgängen der nacheinander geschalteten FFs, bezogen auf das Taktsignal, folgende Taktverhältnisse: 1:2, 1:4, 1:8, 1:16,…,1:2n, mit n=1,2,3,…

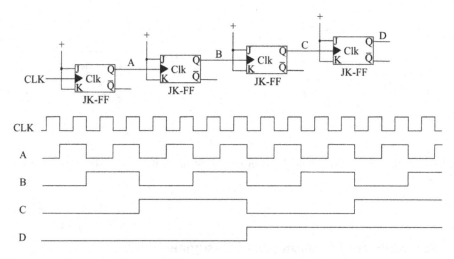

Abb. 3.14 16 Frequenzteiler mit JK-FF

Vierstufiger Vorwärts-Dualzähler mit negativ flankengetriggerten JK-FFs. Die Ausgänge der Schaltwerke werden jeweils in den Takteingang des nachfolgenden Schaltwerkes eingespeist.

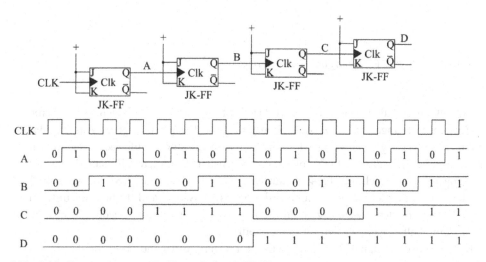

Abb. 3.15 Erzeugung von 4-Bit-Binär-Code mit JK-FF

Die Bitkombination an den Ausgängen A, B, C und D bildet einen Vier-Bit-Binär (=Dual)-Code und zwar von 0000 bis 1111, also Dezimal von 0 bis 16 (Abb. 3.15).

Die vorherige Aufgabe, für die ein Codierer zur Steuerung von 7-Segment-Anzeige entwickelt wurde, kann somit wie folgt ergänzt werden (Abb. 3.16):

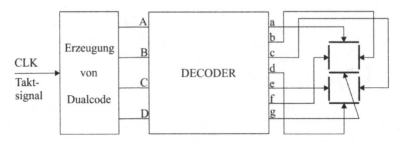

Abb. 3.16 Erzeugung von Dual-Code als Ergänzungsblock für die Beispielaufgabe „Steuerung von 7-Segment-Anzeigen"

3.7   Schaltbild zur Erzeugung des Taktsignals

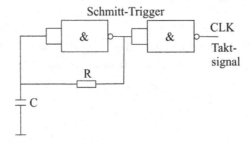

Abb. 3.17 Taktsignal-Erzeugung mit Schmitt-Trigger

Ein Oszillator mit dem Schmitt-Trigger-Typ lässt sich einfach aufbauen, wenn keine großen Anforderungen an die Frequenzkonstanz gestellt werden. Liegt am Ausgang des ersten Schmitt-Triggers eine log. „1", wird der Kondensator C aufgeladen, bis dessen Spannung die Schwelle des high-Potenzials erreich hat. In diesem Moment kippt der Ausgang des ersten Schmitt-Trigger-Bausteins (NAND-Gatter, als Inverter geschaltet) auf log. „0" und der Kondensator wird über den Widerstand R bis zur unteren Schwellspannung des low-Potenzials entladen, wo dann der Ausgang wieder umschaltet. Dieser Umschaltvorgang wiederholt sich periodisch.

Da das Ausgangssignal des ersten Schmitt-Triggers durch die große Belastung des RC-Gliedes stark verzerrt ist, ist es zu empfehlen, dem eigentlichen Oszillator noch einen weiteren Schmitt-Trigger als Impulsformer nachzuschalten, an dessen Ausgang dann ein störungsfreies TTL-Signal entsteht.

Variable Frequenzen lassen sich aus der obigen Schaltung dadurch ableiten, wenn R als Potentiometer oder wenn C variabel gewählt wird (Beispiel: C = 1μF, R=330 Ω -> f=5 kHz).

Die vorherige Aufgabe, für die ein Codierer und der Dual-Code zur Steuerung von 7-Segment-Anzeige entwickelt wurde, kann somit endgültig durch Hinzufügen der Schaltung für die Generierung vom Taktsignal steuertechnisch wie folgt ergänzt werden (Abb. 3.18):

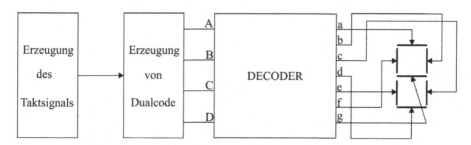

Abb. 3.18 Taktsignal-Erzeugung als letzter Block der Steuerungsaufgabe

3.7.1 Master-Slave-Flipflop

Es wurden in den vorherigen Abschnitten Flipflops behandelt, die positiv oder negativ flankengetriggert ihren Ausgangszustand in Abhängigkeit der logischen Zustände am Eingang ändern. In vielen Anwendungen wird der Wunsch geäußert, dass die Information am Eingang des Flipflops nicht unmittelbar am Ausgang erscheint, sondern erst zu einem bestimmten Zeitpunkt des Anwenders. Dazu wird das Master-Slave-Flipflop eingesetzt.

Beim Master-Slave-Flipflop handelt es sich um zwei hintereinander geschalteten, statisch taktgesteuerten Flipflop (z. B. JK-FF, RS-FF, D-FF, …), bei denen das erste als Master und das nachgeschaltete als Slave-Flipflop zu bezeichnen ist. Die Ausgänge des ersten Master-Flipflops sind auf die Eingänge des Slave-Flipflops geschaltet. Sie werden durch ein Taktsignal C komplementär zueinander verriegelt gesteuert. Das heißt das Master-Flipflop wird auf die eine und das Slave-Flipflop auf die andere Flanke des Taktsignals reagieren (Invertierung der Takteingänge beider Flipflops). Die besonders zu erwähnende Eigenschaft von Master-Slave-Flipflop ist, dass der an den Ausgängen liegende logische Zustand, von der an den Eingängen anliegenden Dateninformation entkoppelt ist. Das ist die Eigenschaft einer Speicherfunktion. Berücksichtigt man z. B. ein Master-Slave-Flipflop aus zwei JK-FF entwickelt, das durch das Taktsignal am Eingang statisch flankengesteuert (je nachdem welcher Art von JK-FF angewendet wird) ist, so wird bei ansteigender Flanke des Taktsignals das Slave-FF von dem Master-Flipflop entkoppelt und die an den Eingängen anliegenden Daten durch das Master-Flipflop übernommen. Bei abfallender Flanke des Taktsignals wird das Master-Flipflop von den Eingängen entkoppelt. Die Daten werden dann an das Slave-Flipflop und damit an den Ausgang weitergeleitet. Damit ist gewährleistet, dass die Dateninformation am Ausgang nur bei der negativen Flanke des Taktsignals erscheint (Abb. 3.19).

Abb. 3.19 Funktionsschaltbild
eines JK-Master-Slave-Flipflops

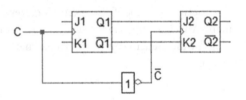

Symbol:

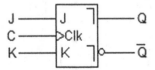

3.7.2   Entwicklung des JK-Master-Slave-Flipflops

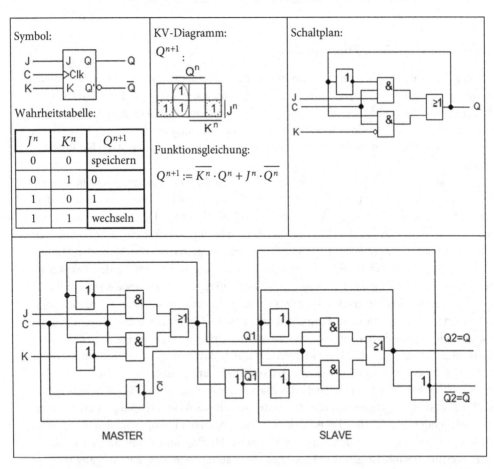

Abb. 3.20 JK-Master-Slave-Flipflop

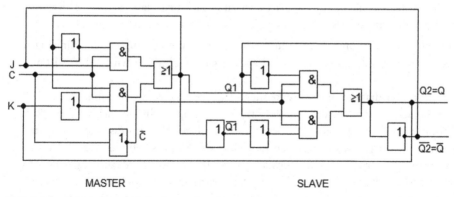

Abb. 3.21 Master-Slave-JK-Flipflop mit Rückkopplung

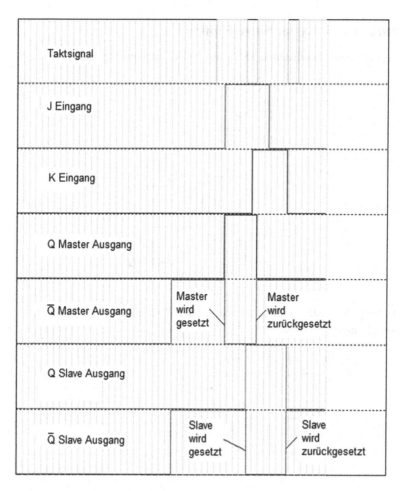

Abb. 3.22 Impulsdiagramm des Master-Slave-JK-Flipflops

Aus der Wahrheitstabelle für das JK-FF ist zu entnehmen, dass bei J=K=1 der Ausgang Q wechselt (toggle). Die Möglichkeit besteht, dass durch Rückkopplung der komplementären Ausgänge von Q und $\overline{Q}$ und gleichzeitige Verknüpfung mit den Eingängen J und K des Flipflops der Wechselzustand am Ausgang verhindert wird (Abb. 3.19 und 3.20).

Aus dem Impulsdiagramm ist zu erkennen, dass ein Wechselzustand am Ausgang Q, durch die Rückkoppelschleife des Master-Slave-JK-Flipflops verhindert wird (Abb. 3.21)

Während der positiven Flanke für den Master ändern sich nur dessen logische Ausgänge. Am Ende des positiven logischen Zustandes des Masters befindet sich dieser wieder im vorherigen ursprünglichen Zustand, d. h. JK-Flipflop wird zurückgesetzt. Zu diesem Zeitpunkt erhält der Slave seinen positiven logischen Zustand. Weil der Ausgang des Masters dann im zurückgesetzten Zustand beharrt, ändert sich der Ausgang des Slaves nicht.

3.7.3 Entwicklung des RS-Master-Slave-Flipflops

Funktionsgleichung des rücksetzdominanten RS-FF aus NOR-Gattern (Abb. 3.23):

$$Q := S \cdot \overline{R} + q \cdot \overline{R}$$
$$:= \overline{\overline{R} \cdot \overline{(S+q)}}$$
$$:= \overline{R + \overline{(S+q)}}$$

Abb. 3.23 RS-FF aus NOR-Gatter entwickelt

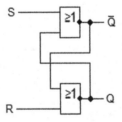

Für komplementäre Eingangszustände R=0 und S=1, oder R=1 und S=0 nehmen die beiden Ausgänge komplementäre Zustände an.

$$\overline{Q} := \overline{S + Q} = \overline{1 + Q} = 0$$
$$Q := \overline{R + \overline{Q}} = \overline{0 + \overline{Q}} = \overline{0 + 0} = 1$$

$$\overline{Q} := \overline{S + Q} = \overline{0 + 0} = 1$$
$$Q := \overline{1 + \overline{Q}} = \overline{1} = 0$$

Anwendung der booleschen Gesetze für die Bildung von NAND-Gattern aus NOR-Gattern:

$$\overline{Q} := \overline{S+Q} \Rightarrow Q := \overline{\overline{S+Q}} = \overline{\overline{S} \cdot \overline{Q}}$$

$$Q := \overline{R+\overline{Q}} \Rightarrow \overline{Q} := \overline{\overline{R+\overline{Q}}} = \overline{\overline{R} \cdot Q}$$

Berücksichtigt man den zusätzlichen Takteingang C am Eingang und koppelt man ihn mit den Eingangsvariablen S und R, so wird das RS-FF nur zu einer bestimmten Zeit auf den Zustand am Eingang reagieren (Abb. 3.24).

Abb. 3.24 RS-FF statisch getaktet und mit NAND-Gatter entwickelt

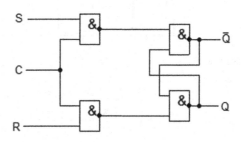

Schaltet man zwei statisch getaktete RS-FF hintereinander, indem die Ausgänge des ersten RS-FF mit den Eingangsvariablen des zweiten RS-FF verbindet und Komplementäre Takteingänge anlegt, dann ergibt sich ein Master-Slave-RS-Flipflop (Abb. 3.25).

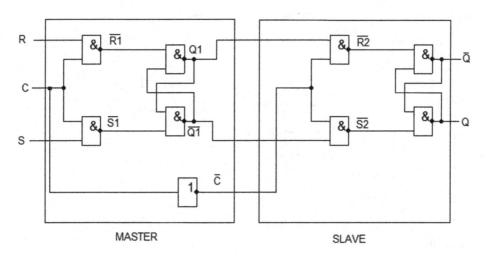

Abb. 3.25 Master-Slave-RF-Flipflop

3.8   Das D-FF

Das D-FF ist dadurch charakterisiert, dass es ein Datenwert am D-Eingang abtastet und ihn solange speichert, bis der nächste Taktimpuls da ist. Es verfügt über einen D- und einen Takteingang.

Wahrheitstabelle:	KV-Diagramm:	Funktionsgleichung:	Blockschaltbild:
q D Q	Q:	$Q := D$	

KV-Diagramm entries:

q

| 1 | 1 | D

Wahrheitstabelle:

q	D	Q
0	0	0
0	1	1
1	0	0
1	1	1

Blockschaltbild: D-FF, Eingänge D, T, Ausgang Q

Impulsdiagramm:

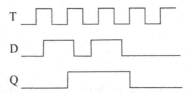

Als getaktetes Flipflop hat das D-FF die Aufgabe, einen 1Bit-Datenwert D abzutasten und bis zur nächsten Flanke des Taktsignals zu speichern.

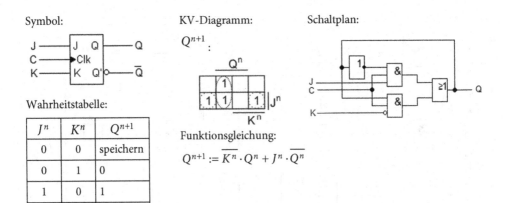

Symbol:

Wahrheitstabelle:

J^n	K^n	Q^{n+1}
0	0	speichern
0	1	0
1	0	1
1	1	wechseln

KV-Diagramm:

Q^{n+1}:

Q^n

| | 1 | | |
| 1 | 1 | | 1 | J^n

K^n

Funktionsgleichung:

$$Q^{n+1} := \overline{K^n} \cdot Q^n + J^n \cdot \overline{Q^n}$$

Schaltplan:

Abb. 3.26 JK-Flipflop

Möchte man aus dem JK-FF durch zusätzliche externe Schaltung das D-FF entwickeln, so nimmt man die Wahrheitabelle des JK-FF zur Hand. Es ist in der Wahrheitstabelle zu erkennen, dass der Ausgang $Q^{n+1} = J$ wird, wenn man die komplementären Eingangszustände für J und K anlegt und C=1 oder C=0 macht (je nachdem, ob es sich dabei um negativ- oder positivflankengetriggertes FF handelt) (Abb. 3.26). Das ist aus den Zeilen zwei und drei der Wahrheitabelle zu erkennen. Die Schaltung des JK-FF ist dann durch die weitere Verknüpfung J=D und $K = \overline{D}$ zu ergänzen. Für C=0 bleibt der Ausgangszustand gespeichert. Damit besitzt die Schaltung nur einen einzigen Dateneingang. Die damit entstehende Schaltung wird als D-FF bezeichnet.

Das D-FF wird damit aus dem JK-FF durch Zuschaltung eines Inverters gebildet (Abb. 3.27).

Schaltungsaufbau: Symbol:

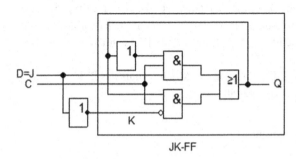

JK-FF

Abb. 3.27 D-FF

Aus der Funktionsgleichung des JK-FF ergibt sich unter Vernachlässigung des Taktsignals C:

$$Q^{n+1} := \overline{K^n} \cdot Q^n + J^n \cdot \overline{Q^n}$$
$$J = D$$
$$\overline{K} = J$$
$$\overline{K} = \overline{D}$$

Damit lautet die Funktionsgleichung des D-FF:

$$Q^{n+1} := \overline{K^n} \cdot Q^n + J^n \cdot \overline{Q^n}$$
$$Q^{n+1} = D \cdot Q^n + D \cdot \overline{Q^n}$$
$$Q^{n+1} = D$$

Das Impulsdiagramm unter Berücksichtigung der ansteigenden Flanke des Taktsignals C ist in Abb. 3.28 aufgeführt.

Abb. 3.28 Impulsdiagramm D-FF

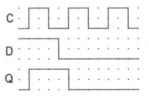

3.9 Das T-FF

Das T-FF ändert seinen Zustand am Ausgang bei jeder Flanke des Taktimpulses (je nachdem, ob positiv- oder negativflankengetriggert) (Abb. 3.29). Berücksichtigt man die Wahrheitstabelle des JK-FF, dann heißt es, dass das T-FF als JK-FF für den Eingangszustand J=K=1 zu realisieren ist.

Als getaktetes Schaltwerk ist das T-FF einzusetzen. Möchte man das T-FF als statisches Flipflop anwenden, dann wird es zum Oszillator.

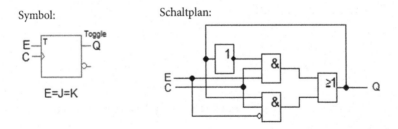

Abb. 3.29 Das T-Flipflop

Das Impulsdiagramm unter Berücksichtigung der ansteigenden Flanke des Taktsignals C ist in Abb. 3.30 aufgeführt.

Abb. 3.30 Impulsdiagramm T-FF
(die positive Flanke des Taktsignals
berücksichtigt)

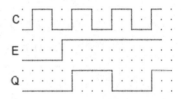

3.10 Funktionsbausteine in der Steuerungstechnik

3.10.1 Timer pulse, Pulsgeber

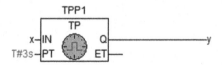

Mit diesem Baustein werden Impulsdauern gewünschter Länge erzeugt. Der Timer startet, wenn an seinem Start-Eingang IN der logische Signalwert 1 anliegt. Am PT-Eingang wird die Zeit für die Impulsdauer festgelegt. Mit dem Start-Eingangssignalwert 1 am IN-Eingang wird zum gleichen Zeitpunkt am Ausgang Q des Timers der Signalwert 1 erscheinen. Dieser Signalwert bleibt trotzdem erhalten, wenn der logische Zustand am Eingang IN rückgesetzt wird (den logischen Zustand 0 annimmt). Der ET-Ausgang des Timers visualisiert die momentan abgelaufene Zeit, seitdem der Start-Eingang IN aktiviert wurde. Ist die vorgesehene Impulsdauer vollzogen, dann bleibt der Signalwert am Ausgang ET auf diesen Wert konstant. Mit dem Rücksetzen des logischen Zustandes am IN-Eingang wird der Ausgang ET ebenfalls rückgesetzt.

Impulsdiagramm:

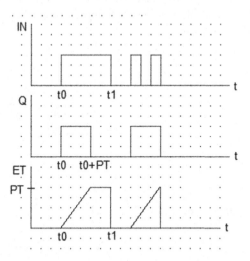

Der Baustein erzeugt mit der positiven Flanke an seinem IN-Eingang, an dessen Q-Ausgang einen Impuls konstanter Dauer (Abb. 3.31). Die Impulsdauer ist an seinem TP-Eingang festgelegt. Selbst wenn innerhalb dieser Dauer das IN-Eingangssignal seinen Zustand ändern würde ($1 \rightarrow 0$), wird unabhängig davon der zu erzeugende Impuls bis zum Erreichen seiner Dauer fortgesetzt. Erst dann wird der Ausgang Q=0.

Puls-Zeitglied TP: Impulsdiagramm:

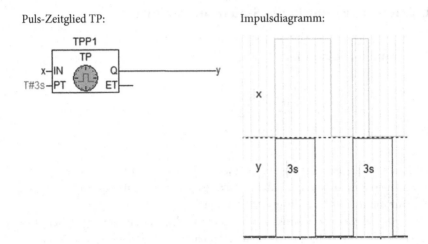

Abb. 3.31 Puls-Zeitglied TP

Anwendungsbeispiel

Möchte man innerhalb der vorgesehenen Zeitdauer von 3s (im Beispiel Abb. 3.32 a
und b) eine bestimmte Anzahl von Gegenständen sortiert einbündeln lassen, die eine
bestimmte Größe pro Bündel repräsentieren, dann lässt sich mit dem Puls-Zeitglied TP
die Zeitdauer festlegen, in der die Anzahl der Gegenstände (Pulsfolgen) die XOR-
Verknüpfung an ihr Ausgang y liefert.

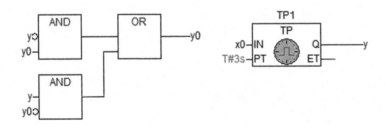

Abb. 3.32a) XOR-Verknüpfung mit dem Puls-Zeitglied TP

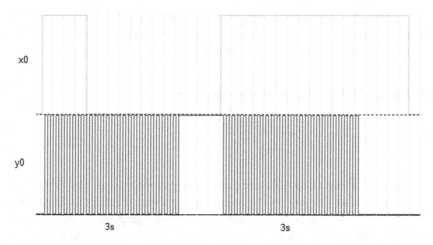

Abb. 3.32b) Impulsdiagramm

3.10.2 Timer on-delay, Einschaltverzögerung

Mit diesem Baustein werden Impulspausen gewünschter Länge erzeugt. Der Timer startet wenn an seinem Start-Eingang IN der logische Signalwert 1 anliegt. Am PT-Eingang
wird die verzögerte Zeit (Impulspause) festgelegt. Nachdem die am PT-Eingang festgelegte Zeit vollzogen ist, wechselt der logische Zustand am Ausgang Q von 0 auf 1.

Impulsdiagramm:

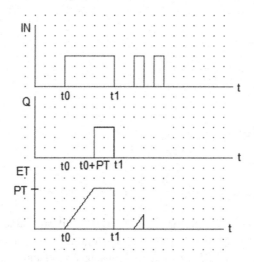

Der ET-Ausgang des Timers visualisiert die momentan abgelaufene Zeit, seitdem der Start-Eingang IN aktiviert wurde. Mit dem Rücksetzen des logischen Zustandes am IN-Eingang werden die Ausgänge Q und ET ebenfalls rückgesetzt.

3.10.3 Timer off-delay, Ausschaltverzögerung

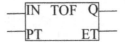

Mit diesem Baustein werden Impulsdauern gewünschter Länge erzeugt. Der Timer startet wenn an seinem Start-Eingang IN der logische Signalwert 0 anliegt und legt dann seinen Ausgang auf den logischen Signalwert 1. Am PT-Eingang wird eine Zeitdauer festgelegt. Der ET-Ausgang des Timers visualisiert die momentan abgelaufene Zeit, seitdem der Start-Eingang IN seinen logischen Zustand 0 hat. Der Ausgang Q wechselt seinen logischen Zustand von 1 auf 0 nur dann, wenn der IN-Eingang des Timers den logischen Zustand 0 hat und die vorgesehene Zeitspanne am PT-Eingang vollzogen ist.

Impulsdiagramm:

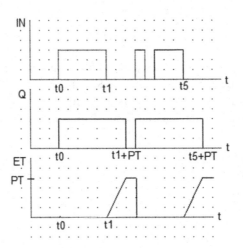

3.10.4 Aufwärtszähler

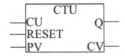

Der PV-Eingang verfügt über den gewünschten Wert des Aufwärtszählers, den der Zähler aufwärts zählen soll. Der RESET-Eingang hat den logischen Wert 1. Der Eingang CU ist flankengetriggert. Liegt am CU-Eingang eine ansteigende Flanke an, wird der Wert am PV-Eingang um Eins inkrementiert. Sind die Anzahl der ansteigenden Flanken am CU-Eingang größer als den Wert, der am PV-Eingang festgelegt ist, dann ändert der Q-Ausgang seinen logischen Zustand von 0 auf 1.

Anwendungsbeispiel

Der Aufwärtszähler zählt nur dann vorwärts wenn sein RESET-Eingang mit logisch „0"-Potential belegt ist. Mit RESET=1 kann der Vorwärtszähler gestoppt werden. Die steigenden Flanken ($0 \rightarrow 1$) des Taktsignals an seinem Eingang CU werden gezählt. Die Anzahl der Impulse, die der Vorwärtszähler zählen soll, werden als Dezimalgröße an seinem PN-Eingang eingegeben. Nach dem „Zählen" der Impulse liefert der Ausgang Q das logische Dauersignal „1". Das Anwendungsbeispiel (Abb. 3.33) verdeutlich die Funktion des Vorwärtszählers.

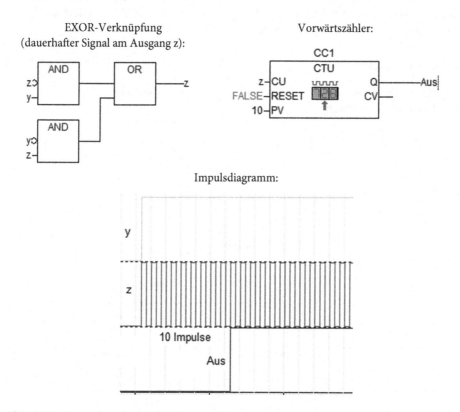

Abb. 3.33 Anwendungsbeispiel Aufwärtszähler

Der Aufwärtszähler zählt nur dann vorwärts, wenn sein RESET-Eingang mit logisch „0"-Potential belegt ist. Mit RESET=1 kann der Vorwärtszähler gestoppt werden. Die steigenden Flanken ($0 \rightarrow 1$) des Taktsignals an seinem Eingang CU werden gezählt. Die Anzahl der Impulse, die der Vorwärtszähler zählen soll, werden als Dezimalgröße an seinem PN-Eingang eingegeben. Nach dem „Zählen" der Impulse liefert der Ausgang Q das logische Dauersignal „1".

3.10.5 Abwärtszähler

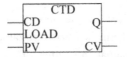

Der PV-Eingang verfügt über den gewünschten Wert des Abwärtszählers, den er abwärts zählen soll. Der Eingang CU ist flankengetriggert. Wenn der LOAD-Eingang den logischen Wert 1 hat und am CU-Eingang eine ansteigende Flanke anliegt, wird der Wert am PV-Eingang um Eins dekrementiert. Sind die Anzahl der ansteigenden Flanken am CD-Eingang kleiner als den Wert, der am PV-Eingang festgelegt ist, dann ändert der Q-Ausgang seinen logischen Zustand von 0 auf 1.

Anwendungsbeispiel

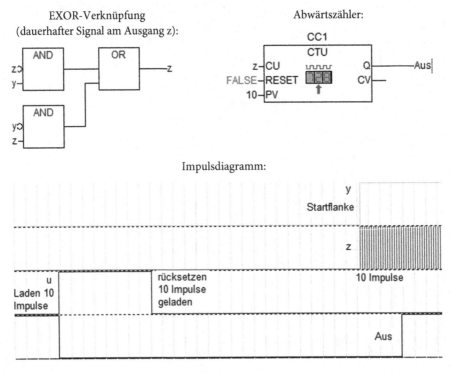

Abb. 3.34 Anwendungsbeispiel Abwärtszähler

Beim Abwärtszähler müssen zunächst die abwärts zu zählenden Impulse am LOAD-Eingang (u) geladen werden. Die 10 Impulse am PV-Eingang werden geladen, wenn am LOAD-Eingang die positive Flanke erscheint. Danach soll dieser Eingang auf logisch „0" gesetzt werden, damit das „Abwärtszählen" mit der positiven Flanke am y-Eingang gestartet werden kann. Nachdem die 10 Impulse rückwärts gezählt worden sind, schaltet der Q-Ausgang (Aus) auf logisch „1" (Abb. 3.34)

3.10.6 Auf- und Abwärtszähler CTUD

Der Auf- und Abwärtszähler CTUD lässt sich durch die Konfiguration seiner Eingänge als Auf- oder Abwärtszähler einsetzen (Bild). Die Bediensvorgänge sind die gleichen wie bei den vorherigen getrennten Zählerarten Aufwärtszähler und Abwärtszähler (Abb. 3.35).

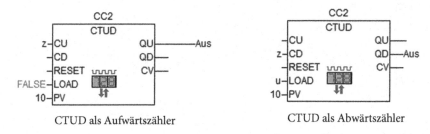

CTUD als Aufwärtszähler   CTUD als Abwärtszähler

Abb. 3.35 Belegung der Eingänge für den Auf- und Abwärtszähler

3.10.7 Signalflankenerkenner

Steigende Signalflankenerkenner

```
   R_TRIG
—CLK     Q—
```

Der Signalwert am Q-Ausgang wechselt von 0 auf 1 erst dann, wenn an seinem CLK-Eingang der Signalwert von 0 auf 1 wechselt (positive Flankentriggerung). Der logische Zustand Q=1 bleibt solange erhalten, bis der Flankenerkenner ein zweites Mal aufgerufen wird und Q seinen Wert von 1 auf 0 wechselt.

Einfluss der Funktion des R_TRIG-Bausteins

Aus der Wahrheitabelle der logischen EXOR-Verknüpfung ist zu entnehmen, dass der logische Zustand der Ausgangsvariable y nur dann den Wert „1" annehmen kann, wenn einer der beiden Eingangsvariablen den logischen Wert „1" aufweisen (Abb. 3.36). Aus der Funktionsgleichung ist zu erkennen, dass zwei Einschaltbedingungen existieren und der Zustand der Ausgangsvariablen ausschließlich aus der Bitkombination der Eingangsvariablen abhängig ist.

Wahrheitstabelle:

a1	a2	y
0	1	1
1	0	1
1	1	0
0	0	0

Funktionsgleichung:

$$y := \overline{a1} \cdot a2 + a1 \cdot \overline{a2}$$
(EXOR-Verknüpfung)

Impulsdiagramm:

Funktionsplan:

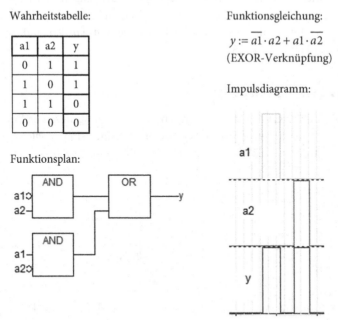

Abb. 3.36 EXOR-Verknüpfung

Möchte man die Ausgangsvariable y rückkoppeln und durch eine der Eingangsvariablen ersetzen, dann ist der logische Zustand der Ausgangsvariable y(neu) eine Funktion von $y(neu) := \overline{y(alt)} \cdot a1 + y(alt) \cdot \overline{a1}$. y(alt) ist der Zustand der Variable y, bevor die Änderung von y(neu) erfolgt, also die Vorgeschichte. Damit ergibt sich eine Beziehung für die Funktionsgleichung y(neu), die einerseits von dem logischen Zustand a1 und andererseits von der Vorgeschichte y(alt) abhängig ist. Aufgrund der komplementären Eingangsbelegung der beiden UND-Verknüpfungen wird am Ausgang y der Schaltung eine Signalfolge bilden, konstanter Impulsdauer und -pause. Diese Dauer ist von der Gatterlaufzeit abhängig (Abb. 3.37).

Der R_TRIG-Baustein liefert an einem Ausgang einen Impuls, sobald dessen CLK-Eingang betätigt wird. Die Impulsdauer beträgt eine Zykluszeit der SPS-Anlage. Nach dieser Dauer wird der Q-Ausgang des R_TRIG-Bausteins auf „0" gesetzt. Koppelt man den Q-Ausgang des Bausteines mit dem a1-Eingang der rückgekoppelten EXOR-Verknüpfung, so wird der y-Ausgang der EXOR-Verknüpfung seinen gesetzten Ausgang für diese Zykluszeit behalten, da der Q-Ausgang des R_TRIG-Bausteins nach der Zykluszeitdauer auf logisch „0" zurückschaltet. Dieser zurückgesetzte Zustand verhindert die Änderung des y-Ausganges.

Wahrheitstabelle:

	y(alt)	a	y(neu)
(1)	0	1	1
(2)	1	0	1
(3)	1	1	0
(4)	0	0	0

Funktionsgleichung:

$$y(neu) := \overline{y(alt)} \cdot a + y(alt) \cdot \overline{a}$$

(EXOR-Verknüpfung rückgekoppelt)

Impulsdiagramm:

Funktionsplan:

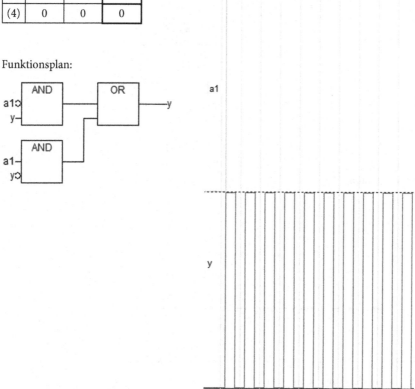

Abb. 3.37 EXOR-Verknüpfung rückgekoppelt

Der Vorgang in einzelnen Schritten in bestimmter Reihenfolge beschrieben: Wird a betätigt, d. h. auf logisch „1" gesetzt, ist dann der Ausgang y der Steuerschaltung auf logisch „1" geschaltet. Wird a zurückgesetzt, d. h. auf logisch „0" rückgesetzt, behält der Ausgang y seinen Wert bei. Wird a wieder betätigt (logisch „1"), dann wird der Ausgang y der Steuerschaltung rückgesetzt (logisch „0"). Wird wieder der a1 zurückgesetzt (logisch „0"), bleibt der alte Zustand der Ausgangsgröße im ausgeschalteten Zustand (logisch „0"), usw. (Abb. 3.38).

Wahrheitstabelle:

	y(alt)	a	y(neu)
(1)	0	1	1
(2)	1	0	1
(3)	1	1	0
(4)	0	0	0

Funktionsgleichung:

$$y(neu) := \overline{y(alt)} \cdot a + y(alt) \cdot \overline{a}$$

(EXOR-Verknüpfung)

Funktionsplan:

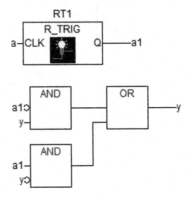

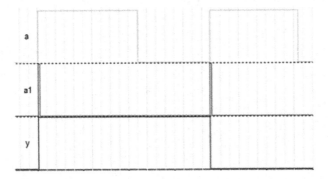

Impulsdiagramm:

Abb. 3.38 Lösung der Aufgabenstellung

Aufgrund der EXOR-Verknüpfung kann das UND-Glied im Bild nur dann seinen Ausgang aktivieren, wenn nach der ersten Betätigung des Einganges a, der Ausgang a1 seinen Impuls erzeugt und wieder rückgesetzt wird. Sonst kann der Ausgang y nicht zurückgesetzt werden.

Fallende Signalflankenerkener

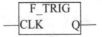

Der Signalwert am Q-Ausgang wechselt von 0 auf 1 erst dann, wenn an seinem CLK-Eingang der Signalwert von 1 auf 0 wechselt (negative Flankentriggerung). Der logische

Zustand Q=1 bleibt solange erhalten bis der Flankenerkenner ein zweites Mal aufgerufen wird und Q seinen Wert von 1 auf 0 wechselt.

Das gleiche Beispiel unter Verwendung des F_TRIG-Bausteins liefert die gleichen Ergebnisse wie bei dem R_TRIG-Baustein, mit dem Merkmal, dass der Ausgang y mit der negativen Flanke des x-Einganges seinen Wert ändert (Abb. 3.39).

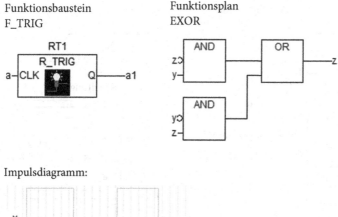

Abb. 3.39 Anwendungsbeispiel

3.11 Schaltwerk als Grundmodell von Automaten

Mit der Entwicklung der Schaltalgebra begann die technische Realisierung von Automatenmodellen. Beim logischen Entwurf einer Rechenanlage wurde die Schaltalgebra zur Beschreibung von, nach bestimmten formalen Regeln strukturierten Aufbauten herangezogen. Die boolesche Algebra stellt die Grundlage der Schaltalgebra dar.

Die Funktionsgleichungen von sequenziellen Schaltungen (Schaltwerke, Speicherschaltungen) lassen sich durch drei Funktionen bestimmen: unabhängige Eingangsvariablen (Erregungsvariablen am Eingang), abhängige Ausgangsvariablen (Wirkung auf die

existierenden Eingangsvariablen) und Zustandsvariablen (sie bestimmen mit den unabhängigen Eingangsvariablen die Ausgangsgröße) (Abb. 3.40). Mit diesen Eigenschaften
stellt sich ein Speicherbaustein als Grundmodell von Automaten dar.

Beispiel: JK-FF

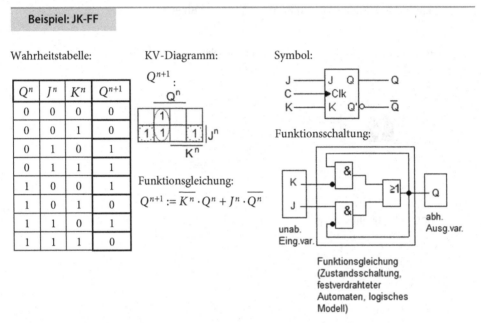

Wahrheitstabelle:

Q^n	J^n	K^n	Q^{n+1}
0	0	0	0
0	0	1	0
0	1	0	1
0	1	1	1
1	0	0	1
1	0	1	0
1	1	0	1
1	1	1	0

KV-Diagramm:

Q^{n+1}:

Funktionsgleichung:

$$Q^{n+1} := \overline{K^n} \cdot Q^n + J^n \cdot \overline{Q^n}$$

Symbol:

Funktionsschaltung:

Funktionsgleichung
(Zustandsschaltung,
festverdrahteter
Automaten, logisches
Modell)

Abb. 3.40 Schaltwerk

Mit anderen Worten ausgedrückt, wird im Allgemeinen die Ausgangsgröße nicht nur
von den anliegenden Eingangsgrößen abhängen, sondern auch von der Zustandsgröße
mitbestimmt sein, die zu einem früheren Zeitpunkt eingegeben wurde (Vorgeschichte).
Die interne Logikschaltung erfasst diesen logischen Zusammenhang durch ihre Aufbau-
struktur. Die interne Zustandsschaltung des Schaltwerkes wandelt ein gewisser logischer
Verknüpfungszustand der unabhängigen Eingangsvariablen um, um entsprechende
Aussagen über den logischen Zustand der abhängigen Ausgangsvariablen (Q) zu machen
(endliche Automaten nach Mealy). Demnach akzeptiert der Ausgang (Q) die logische
Verknüpfung mit „ja" (Kopplung erfüllt) oder „nein" (Kopplung nicht erfüllt). In der
Automatentheorie spricht man von einem „Automat mit Akzeptor". Das heißt, der Ausgang Q stellt den Zustand fest, ob die logische Kombination der Eingangsgrößen mit der
logisch aufgebauten internen Zustandsschaltung syntaktisch so aufgebaut ist, dass dieser
schaltungsmäßige Aufbau einer logisch formulierten Gleichung entspricht. Dabei ist
aber zu beachten, dass der Schaltungsaufbau mit richtig formulierten logischen Gleichungen durch Behandlung der Klammerausdrücke korrekt korrelieren muss. Die logi-

sche Verknüpfung $x_1 + x_2 \cdot x_3$ kann verstanden werden als $\underbrace{x_1 + (x_2 \cdot x_3)}_{y_1}$ oder als

$\underbrace{(x_1 + x_2) \cdot x_3}_{y_2}$ (Abb. 3.41).

x_1	x_2	x_3	$x_2 \cdot x_3$	$\underbrace{x_1 + (x_2 \cdot x_3)}_{y_1}$	$x_1 + x_2$	$\underbrace{(x_1 + x_2) \cdot x_3}_{y_2}$
0	0	0	0	0	0	0
0	0	1	0	0	0	0
0	1	0	0	0	1	0
0	1	1	1	1	1	1
1	0	0	0	1	1	0
1	0	1	0	1	1	1
1	1	0	0	1	1	0
1	1	1	1	1	1	1

Abb. 3.41 $y_1 \neq y_2$

Die Zustandsschaltung eines abstrakten Automaten stellt entsprechend der Mannigfaltigkeit von Aufgabenstellungen in Bezug auf Verhalten und Struktur der Komplexität von Algorithmentheorien, der Berechenbarkeit von logischen Funktionen usw. eine viel kompliziertere Struktur dar (Abb. 3.42).

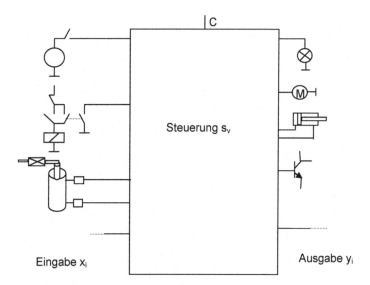

Abb. 3.42 Grunddarstellungsstruktur eines Automaten

Die allgemeine Grundstruktur eines Automaten besteht aus eingangsseitigen Betätigungselementen (Ursache), ausgabeseitigen Schaltelementen (Wirkung) und der Kopplung der beiden Einheiten als Steuerung. Jedes Betätigungselement kann einen gewünschten Zustand haben, der den entsprechenden Ausgang auslegt. Die Steuerung verfügt über eine Anzahl von internen Speicherzustandselementen, Zentralbaugruppe mit Programmspeicher, Eingabegruppen mit Zeitgliedern und Zähler, Stromversorgung und Ausgabebaugruppen. Sie bestimmt durch die Festlegung, dass der von der Eingabe x_i erfolgte Schaltzustand der Betätigungselemente und des internen gegenwärtigen Zustands s_v des Automaten, die Ausgangsgröße y_i, und stellt danach den nächsten internen Zustand s_v' fest. In der Automatentheorie spricht man von einem „endlichen" Automaten. Das zeitliche Verhalten des Automaten ist synchron zu einem Grundtakt C.

Lineare Ablaufsteuerungen

4

4.1 Grundlagen

Die zeitliche oder signalmäßige sequenzielle Folge von Ein- und Ausgangssignalen in vielen industriellen Steuerungsanlagen, z. B. die Bewegungsvorgänge einer industriellen Werkzeugmaschine, ist von größter Bedeutung. Die sequenzielle Abarbeitung der Bewegungsvorgänge vollzieht sich dadurch, dass der nächste Bewegungsvorgang erst dann eingeleitet wird, wenn der vorhergehende seinen Bewegungsvorgang zu Ende geführt hat. Für die Lösung solcher Aufgaben werden vorwiegend **Ablaufsteuerungen** eingesetzt.

Die Ablaufsteuerung stellt einen prozessdefinierten Ablauf in individuellen sequenziellen Schritten (= **Ablaufschritten**) dar, die nach Erfüllung einer definierten Bedingung, die Durchführung einer vorgegebenen Aktion erlauben. Das Weiterschalten von einem Schritt zum Nächsten hängt also von der Weiterschaltbedingung (**Transition**) des Schrittes ab, der individuell Teilabschnitt der Ablaufsteuerung ist.

Die kleinste Funktionseinheit von zu programmierenden Ablaufsteuerungen ist der Ablaufschritt, der grafisch durch ein Rechteck dargestellt wird. Steuerungstechnisch funktioniert ein Ablaufschritt als eine Speicherschaltung (z. B. RS-FF). Die unteren Blockschaltbilder stellen die **Verknüpfungslinien eines Schrittes** (hier Schritt_2) mit dessen Umgebungseinheiten dar (Abb. 4.1).

Erläuterung zu der Ablaufschrittdarstellung:

Ein Ablaufschritt wird dann als speichernd fungieren, wenn die Eingangsvariablen 1...n die Bedingung erfüllen, d. h. den aktiven logischen Zustand liefern. Bezüglich der obigen Darstellung muss dann der Schritt_1 gesetzt sein und die Eingangsvariablen 1, 2 und 3 das 1-Signal haben.

© Springer Fachmedien Wiesbaden GmbH, ein Teil von Springer Nature 2018
C. Karaali, *Grundlagen der Steuerungstechnik*, https://doi.org/10.1007/978-3-658-16137-8_4

Abb. 4.1 Schritte von
Ablaufsteuerungen

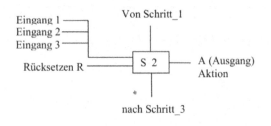

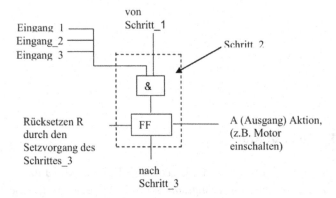

Ist Schritt_2 gesetzt, so ist dessen Ausgang (oder deren Ausgänge) aktiv. Dieser aktive Zustand wird auch dann beibehalten, wenn nach dem Setzen des Schrittes ein oder mehrere Eingänge ein 0-Signal erhalten (Speicherfunktion). Der Schritt_2 wird durch den Setzvorgang des Schritt_3 rückgesetzt.

Sind die Weiterschaltbedingungen von den prozessgeführten Signalen der anzusteuernden Anlage abhängig, so spricht man von **prozessgeführten Ablaufsteuerungen**. Verfügt eine Ablaufsteuerung über Zeitglieder und ist demnach die Weiterschaltbedingung von der einzustellenden Zeit dieser Glieder abhängig, dann beschreibt man somit die sogenannten **zeitgeführten Ablaufsteuerungen**. In der Praxis lassen sich beide Ablaufsteuerungen auch in Mischformen zur Lösung von technischen Aufgaben anwenden.

Die sequenzielle Anordnung von einzelnen Schritten und deren Transitionen sowie Aktionen kennzeichnen eine **Ablaufkette** eines Prozesses. Nach steuerungstechnischen Vorschriften ist die Arbeitsweise von Ablaufsteuerungen (-steuerungsketten) wie folgt festgelegt:

- die einzelnen Schritte einer Ablaufkette werden sequenziell abgearbeitet,
- in einer Ablaufkette darf nur ein Schritt aktiv sein, wenn dessen Weiterschaltbedingung erfüllt und der vorherige Schritt gesetzt ist,
- ein Schritt wird deaktiviert wenn der nachfolgende Schritt durchläuft,
- die einzelnen Schritte können Befehle an die Stellglieder ausgeben,
- die Weiterschaltbedingung eines Schrittes kann prozess- oder zeitabhängig sowie deren Mischform sein.

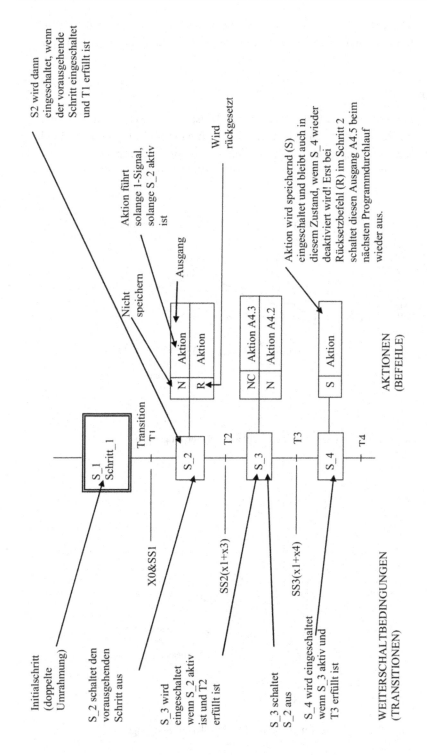

Abb. 4.2 Lineare Ablaufsteuerung

Das obere Blockschaltbild (Abb. 4.2) beschreibt eine lineare Ablaufsteuerung(-kette) mit einzelnen grundlegenden Erläuterungen der Funktionsschritten, Aktionen und Weiterschaltbedingungen.

Erläuterungen

Allgemeine Grundlagen: Jeder Ablaufschritt einer Ablaufsteuerungskette weist ein **Speicherverhalten** auf. Danach kann ein Ablaufschritt durch einen Befehl oder auch durch den Zustand 1 an dessen Eingängen gesetzt werden. Nimmt der Setzeingang wieder den Zustand 0, so bleibt der Ablaufschritt auch weiterhin gesetzt (Abb. 4.3 und 4.4).

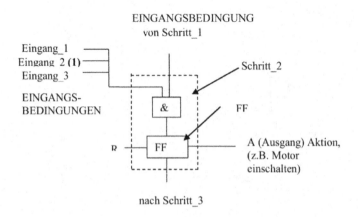

Abb. 4.3 Setzen des Ablaufschrittes durch den Befehl an allen Setzeingängen

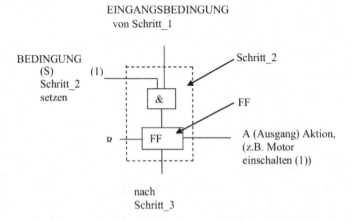

Abb. 4.4 Setzen eines Ablaufschrittes durch Zusatnd (1) an allen Setzeingängen

Die Ausgänge haben solange den Zustand 1 wie der Ablaufschritt gesetzt ist. Die Ausgänge eines Ablaufschritts können durch deren Befehle zu einer Aktion führen und über
weitere Befehle für die nachfolgenden Ablaufschritte verfügen (Abb. 4.5):

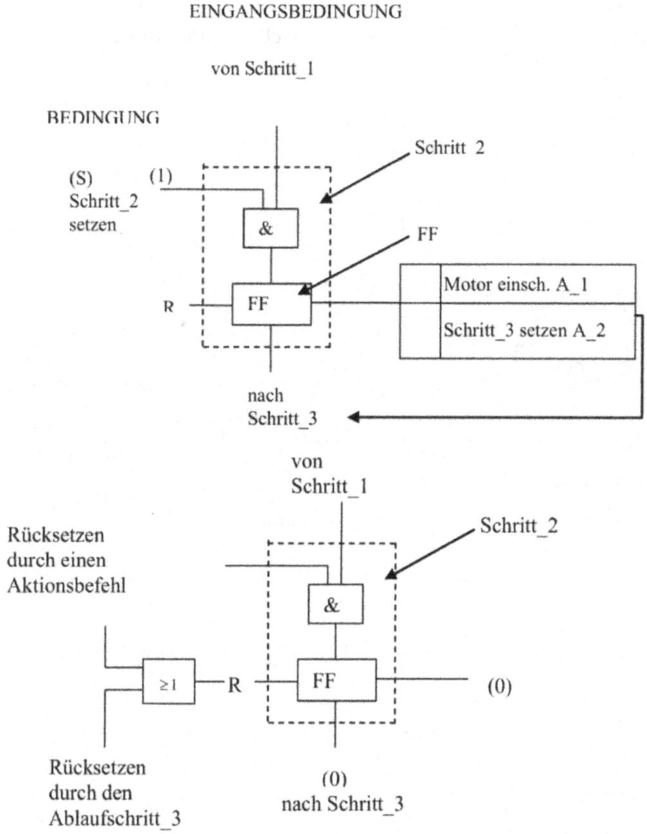

Abb. 4.5   Erläuterung der Ablaufschritte

Der aktuell gesetzte Ablaufschritt wird gewöhnlich durch den Setzvorgang des nachfolgenden Schrittes, d. h. durch den Zustand (1) am R_Eingang oder durch den Aktionsbe-
fehl eines anderen Ablaufschrittes, rückgesetzt.

4.2   Aktionsbefehle

Die Aktionen (Befehle) werden nur dann ausgeführt, wenn der dazugehörende Schritt
gesetzt und die Freigabe für eine Aktionssteuerung erteilt wird. Der Befehl für eine Aktion wird durch das Bestimmungszeichen (D, N, S, …) im Aktionsfeld eingetragen. Die

folgende Tab. 4.1 zeigt die gewöhnlichen Bestimmungszeichen und deren Aktionen im Einzelnen (Quelle: Günter Wellenreuther und Dieter Zastrow, Automatisieren mit SPS Theorie und Praxis).

Tab. 4.1   Bestimmungszeichen für Aktionen. (Quelle: Wellenreuther und Zastrow)

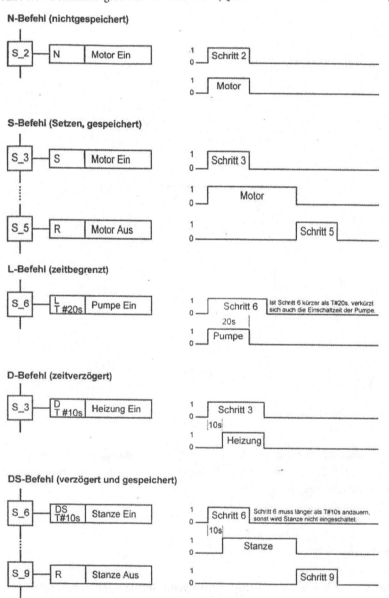

Beschreibung von Befehlen

Schaltnetze sowie Schaltwerke (sequenzielle Schaltungen) erzeugen abhängige logische Zustände an deren Ausgänge, die von ihren unabhängigen logischen Zuständen der Ein- und Zustandsgrößen abgeleitet sind. Entsprechend der Aufgabenstellung gibt die Steuerung, z. B. in Ablaufsteuerungen, Schaltbefehle aus, wodurch Anlagenteile ein- oder ausgeschaltet werden. Weitere Aufgabe der Steuerung ist die, dass die Schaltbefehle erst unter Berücksichtigung von fest definierten Verriegelungen und Sicherheitsschaltungen als Ausgabeschaltungen ausgegeben werden. Die Kurzsymbole in der Programmiersprache legen diese umfangreich bedingten Ausgabeschaltungen in einfacher Form fest und stellen die „Befehle" in der Programmiersprache dar. Einige Befehlsausgaben sind durch folgende Abkürzungen gekennzeichnet (CoDeSys-Beschreibung) (Tab. 4.2):

Tab. 4.2 Aktionsbefehle

N	Non-stored	die Aktion ist solange aktiv wie der Schritt
R	overriding Reset	die Aktion wird deaktiviert
S	Set (Stored)	die Aktion wird aktiviert und bleibt bis zu einem Reset aktiv
L	time Limited	die Aktion wird für eine bestimmte Zeit aktiviert, maximal solange der Schritt aktiv ist
D	time Delayed	die Aktion wird nach einer bestimmten Zeit aktiv, sofern der Schritt noch aktiv ist und dann solange der Schritt aktiv ist
P	Pulse	die Aktion wird genau einmal ausgeführt, wenn der Schritt aktiv wird
SD	Stored and time Delayed	die Aktion wird nach einer bestimmten Zeit aktiviert und bleibt bis zu einem Reset aktiv
DS	Delayed and Stored	die Aktion wird nach einer bestimmten Zeit aktiviert, sofern der Schritt noch aktiv ist und bleibt bis zu einem Reset aktiv
SL	Stored and time Limited	die Aktion ist für eine bestimmte Zeit aktiviert

4.2.1 Einige spezielle Makrobefehle

N-Befehl: not stored (nicht gespeichert)

Der N-Befehl besitzt kein Speicherverhalten. Wenn alle Bedingungszustände den logischen Zustand „1" aufweisen, dann wird der Befehl durch die Steuerung ausgegeben. In der Ablaufsteuerung wird der N-Befehl nicht mehr ausgegeben, wenn eine der Übergangsbedingungen den logischen Wert „0" hat (Abb. 4.6).

Die Aktion „Schalter ein" wird durchgeführt, wenn E1&E2&... den logischen Wert „1" aufweisen.

Abb. 4.6 Beispiel Ablaufsteuerung für den N-Befehl

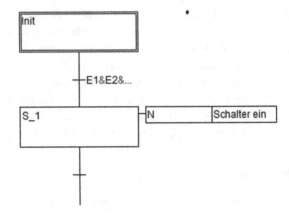

D-Befehl: not stored and delayed (nicht gespeichert und verzögert)

Der D-Befehl besitzt kein Speicherverhalten. Die Ausgabe des Befehls ist zeitlich um die Zeit t verzögert. Die Übergangsbedingungen müssen während der gesamten Zeit t die logische Größe „1" haben (Abb. 4.7).

Abb. 4.7 Beispiel Ablaufsteuerung für den D-Befehl

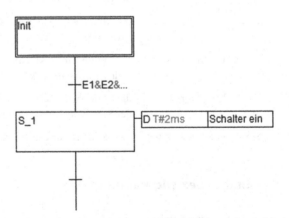

S-Befehl: stored (gespeichert)

Der S-Befehl besitzt ein Speicherverhalten. Die Befehlsspeicherung übernimmt ein Flip-flop (FF). Werden alle Übergangsbedingungen den logischen Wert „1" haben, dann wird der Speicherbefehl gesetzt. Werden nach dem „Setzen" des Befehls eine oder mehrere Übergangsbedingungen den logischen Wert „0" haben, dann wird der S-Befehl nicht gelöscht (sequenzielle Schaltungen, Schaltwerk, FF), d. h. das dazugehörige FF Speicher führt den Wert „1" weiter ab. Die Rücksetzung des Befehls geschieht durch den „reset"-Befehl (Abb. 4.8).

Das FF wird gesetzt, wenn an E1, E2, … ein logisches „1"-Signal anliegt und rückgesetzt mit dem Schritt S_x, wenn die Übergangsbedingungen X1&X2&… wahr sind (d. h. die logischen Zustände „1" haben).

Abb. 4.8   Beispiel Ablaufsteuerung
für den S-Befehl

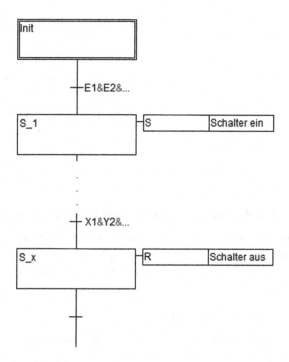

SD-Befehl: stored and delayed (gespeichert und verzögert)

Der SD-Befehl besitzt Speicherverhalten. Die Ausgabe des Befehls durch die Steuerung wird jedoch verzögert um die Zeit t durchgeführt. Während der gesamten Zeit t muss der R-Eingang den logischen Wert „0" haben. Die Rücksetzung des Befehls erfolgt bei dem logischen Wert „1" am R-Eingang. Während der Zeit t der Einschaltverzögerung darf der Speicher nicht zurückgesetzt werden. Sonst wird der Befehl nicht ausgegeben (Abb. 4.9).

Der SD-Befehl wird gesetzt, wenn die Übergangsbedingungen E1, E2,… die logischen Zustände „1" haben. Der Befehl wird erst nach Ablauf der Verzögerungszeit ausgegeben. Das Rücksetzen des Befehls wird mit dem Schritt S_x geführt, wenn die Übergangsbedingungen X1&Y2&… den logischen Wert „1" aufweisen.

Abb. 4.9 Beispiel Ablaufsteuerung
für den SD-Befehl

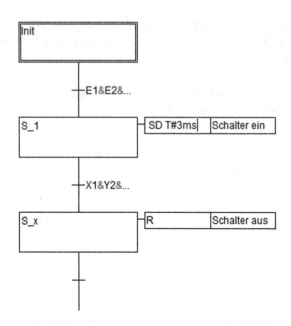

SL-Befehl: stored and with time limit (gespeichert und zeitbegrenzt)

Der SL-Befehl besitzt Speicherverhalten. Die SL-Befehlsausgabe ist zeitlich begrenzt und wird für die angegebene Zeit ausgegeben, wenn der Setzeingang von „0" auf „1" wechselt (dynamischer Vorgang). Über die Einschaltverzögerung nach der Zeit t wird der Befehl gelöscht.

R-Befehl: reset (rücksetzen)

Die Funktionen weiterer Befehle in der Ablaufsteuerung sind der obigen Tab. 4.2 zu entnehmen.

Beispiel

Die Arbeitsmaschine in der unteren Abb. 4.10 dient dazu, ein definiertes Muster auf Gegenstände einzuprägen. Der Zylinderkolben fährt nur dann aus, wenn S0 betätigt und die Grundstellung durch S1-Signal angezeigt wird.

Die Ablaufsteuerung der Arbeitsmaschine kann in drei Ablaufschritte unterteilt werden:

Ablaufschritt 1: Wird die Anfangsbedingung erfüllt, so soll der Kolben ausfahren,

Ablaufschritt 2: Hat der Kolben seine Endstellung erreicht, wird die Wartezeit gestartet,

Ablaufschritt 3: Nach Beendigung der Wartezeit soll der Kolben ausfahren.

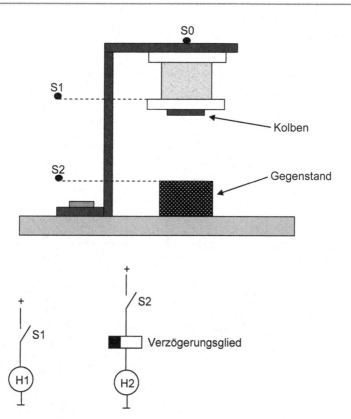

Abb. 4.10 Arbeitsmaschine

Die ausführliche Funktionsdarstellung der drei Ablaufschritte in der Ablaufsteue-rungskette zeigt die nachfolgende Abb. 4.11.

Bedingung für das Setzen des RS-FF_1 ist, dass die Starttaste S0 betätigt wird und der Kolben sich in Grundstellung befindet (H1=S1=1). Der Ausgang Q des FF_1 akti-viert den Zustand, dass der Kolben ausfährt. Wird die Endstellung S2 erreicht, so wird FF_2 durch UND_2 gesetzt und gleichzeitig FF_1 rückgesetzt sowie das Zeitglied ge-startet. H2 leuchtet dann auf, wenn die vorgesehene Zeitdauer (hier 5s) vergeht. Da-mit wird durch die UND_3 Verknüpfung FF_3 gesetzt. FF_3 bewerkstelligt folgende Aktionen: Der Kolben fährt ein und FF_2 wird zurückgesetzt. Rückgesetzt wird FF_3 erst dann, wenn wieder die Grundstellung des Kolbens erreicht wird, d. h. wenn S1=H1=1 ist (UND_4).

Abb. 4.11   Ablaufplan

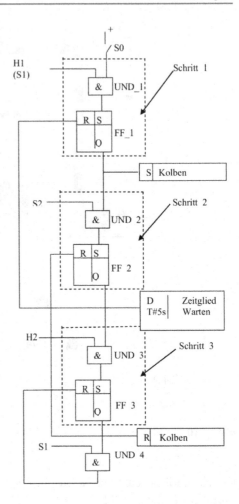

Beispiele

Ablaufsteuerung

1. Erzeugung eines einfachen Impulses mit 7 s Dauer

a) Impulsdiagramm

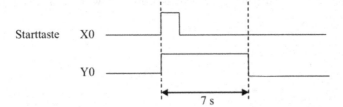

b) Ablaufplan

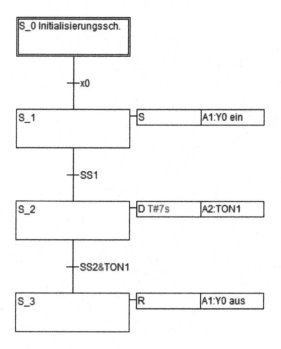

b) Ablaufkette

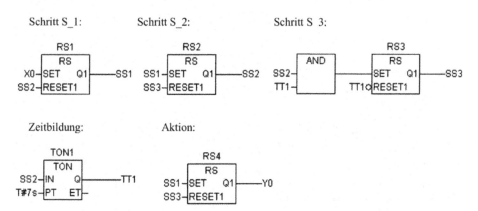

2. Erzeugung mehrerer Impulse unterschiedlicher Dauer

a) Impulsdiagramm

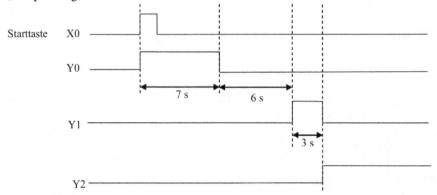

b) Ablauffunktionsplan

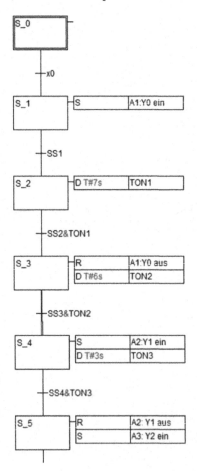

c) Ablaufkette

Schritt S_1:   Schritt S_2:   Schritt S_3:

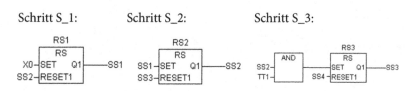

Schritt S_4:   Schritt S_5:

Zeitbildung:

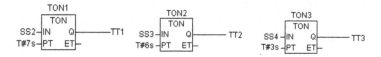

Aktionen:

3. Erzeugung von drei identischen Rechteckimpulsen
Impulsdauer: 6 s
Impulspausen: 3 s

a) Impulsdiagramm

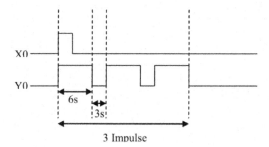

b) Ablauffunktionsplan

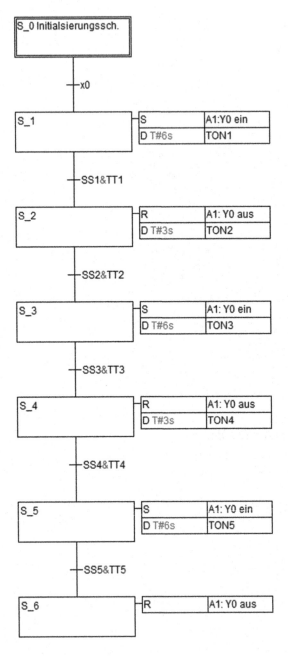

c) Ablaufketten

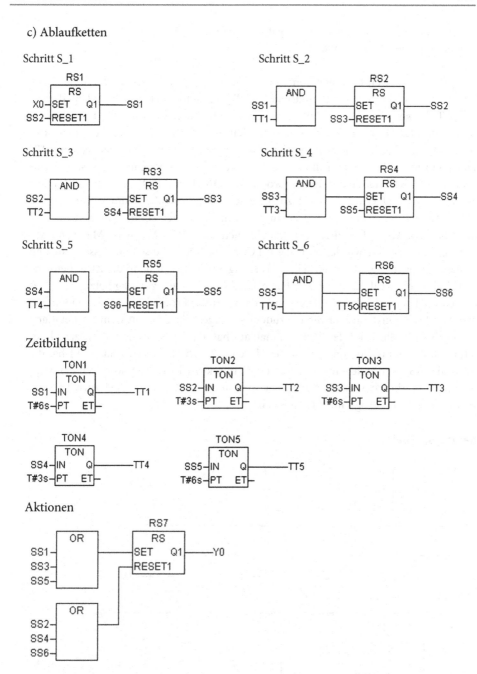

Zeitbildung

Aktionen

Alternative Lösung: Laut Aufgabenstellung soll ein Impulsgeber entworfen werden, der nach kurzem Betätigen der Taste x0 am Ausgang Y0 drei Rechteckimpulse mit unterschiedlicher Impulsdauer und unterschiedlicher Impulspause erzeugt. Der Neustart des Programms soll erst nach Ausgabe des letzten Impulses mit x0 zu ermöglichen sein. Der

Funktionsplan für die Lösung der Aufgabe kann erheblich vereinfacht werden, wenn hierfür ein Counter (CTU) eingesetzt wird.

Vorgehensweise: Durch Betätigen von x0 wird der RS_1-FF aktiviert, wodurch der Zeitbaustein TON_1, welcher die Impulspause realisiert, aktiv wird. Nach Ablauf der an dessen PT-Eingang gegebenen Zeit wird ein Signalwechsel (von 0 auf 1) an den Q-Ausgang gegeben. Dieser aktiviert den zweiten Baustein TON_2, welcher die Impulsdauer realisiert und über seinen Q-Ausgang nach der vorgesehen Zeitspanne an seinem PT-Eingang, ein log. „1"-Signal an die Zwischenvariable M1 liefert. Durch das Setzen von M1 wird der UND-Gatter deaktiviert, wodurch TON_1 und TON_2 auch deaktiviert werden, was zur Folge hat, dass M1 zurückgesetzt wird und die Bedingungen für das UND-Gatter wieder erfüllt sind. Der Impulsvorgang startet somit von neuem. Der Counterbaustein CTU_1 verfügt über den Signaleingang (CU) M1. Jedes Mal wenn M1 gesetzt und rückgesetzt wurde, zählt die CTU. Nach drei Impulsen an dessen Eingang gibt die CTU einen Signalwert an seinen Ausgang aus, mit dem dann die Zwischenvariable M2 aktiviert wird. Dies hat zur Folge, dass der Counter zurückgesetzt wird. Des Weiteren wird der RS_1-FF rückgesetzt und damit ist das Programm beendet. Durch die untere Schaltung wird darüber hinaus zudem sichergestellt, dass ein weiteres Betätigen von x0 keinen Einfluss auf den Programmablauf hat, da der Ausgang SS1 während des gesamten Programms, bis zum Rücksetzen durch M2, aktiv ist. Der Nottaster x1 hat die Aufgabe das RS_1-FF zu jedem gewünschten Zeitpunkt rückzusetzen, wodurch dann das Programm unterbrochen wird. Außerdem wird auch der Counter CTU zurückgesetzt und ein Neustart des Programms ist möglich.

Schaltungsaufbau

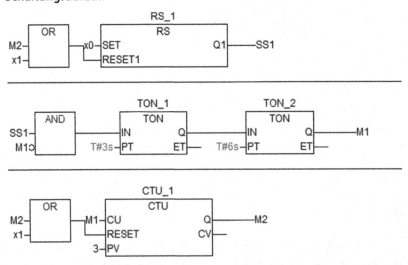

4.2.2   Übung: Bauteile auf Leiterplatten löten

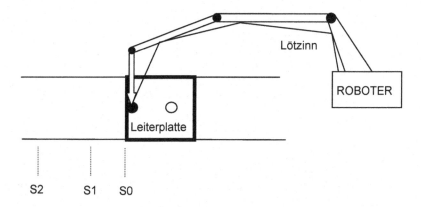

- Die Leiterplatte erreicht ihre Anfangsposition, wenn S0 betätigt wird.
- Unmittelbar danach bewegt sich der Roboterarm auf die Lötstelle.
- 1 s lang wird gelötet.
- Danach dauert es 1 s, bis der Roboterarm abhebt.
- Nach dieser Zeitspanne wird die Leiterplatte bis S1 weitergeschoben.
- Hat die Leiterplatte die Position S1 erreicht, wird eine weitere Pause von 1 s eingelegt.
- Ist die Zeit um, dann wird der Roboterarm die 2. Stelle auf der Leiterplatte 1 s lang löten.
- Nach dieser Zeit hebt sich der Roboterarm ab (Dauer 1 s).
- Danach wird die Leiterplatte am S2 positioniert.
- Hat die Leiterplatte S2 erreicht, wird eine Pause von 1 s eingelegt.
- Ist die Zeit um, wird eine neue Leiterplatte hereingeschoben (Dauer 2 s).
- Entsprechend der Aufgabenstellung soll ein Ablaufsteuerprogramm entwickelt werden.

Lösung:

Impulsdiagramm

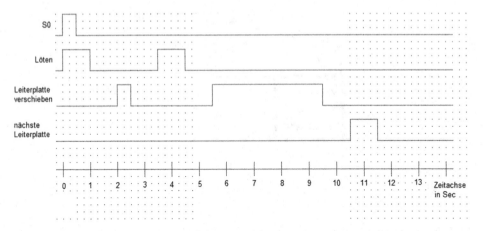

Ablaufkette:

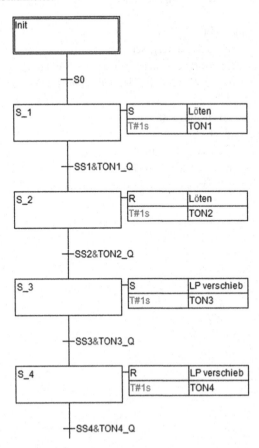

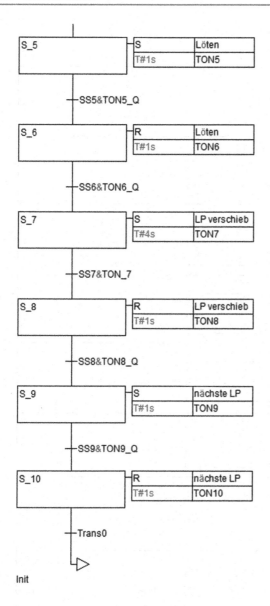

Programmierung
Schritte:

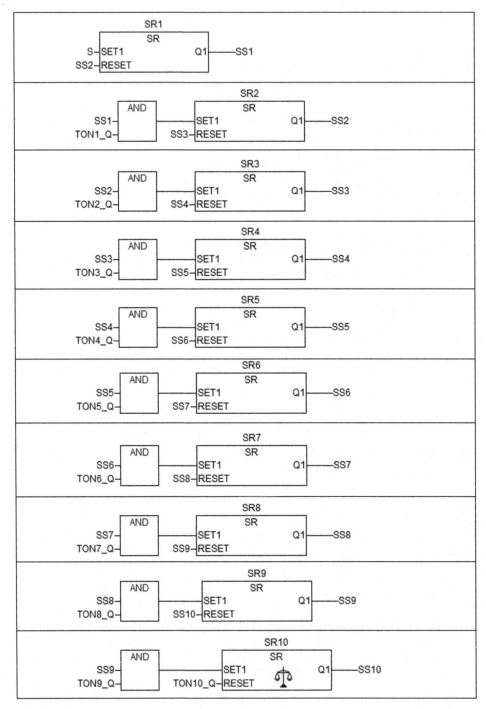

Zeitbildung:

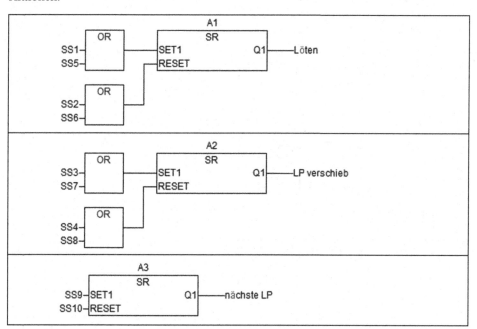

Aktionen:

4.2.3   Aufgabe: Gurt anlegen

Heutzutage in jedem Fahrzeug ist Gurt pflicht. Positioniert sich der Fahrer auf seinem Sitz (A-Taste betätigt), leuchtet die Gurtlampe (Warnsignal!) zuerst für eine gewisse Zeit dauerhaft an (M: M0: Dauerlicht ein). Fährt der Fahrer eine Zeitlang (tt1), ohne dass er sich angeschnallt hat, leuchtet M dann pulsierend mit niedriger Frequenz (M: M1: Pulsdauer lang ein). Nach einer bestimmten Anzahl von Impulsen, die durch den Counter gezählt werden können (im Beispiel 5 Impulse), leuchtet M pulsierend mit höherer Frequenz (M. M2: Pulsdauer kurz ein); und zwar so lange, bis sich der Fahrer angeschnallt hat (S=1). Die Ablaufsteuerung besteht aus drei Schritten mit drei Schaltarten der Wirkung M.

I.   Sobald die A-Taste betätigt ist und S kein Signal liefert, leuchtet M dauerhaft und ein Zeitglied wird aktiviert.

II. Ist die vorgesehene Zeit abgelaufen, wird M mit dem erzeugten Taktsignal niedriger Frequenz betrieben. Für die Anzahl der Impulse sorgt der Counter, dessen Ausgangssignal Mx nach dem Zählen der geforderten Impulse auf „high" schaltet. Mit diesem Signal wird die dritte Stufe der Steuerung gestartet (Übergangsbedingung).

III. Die dritte Stufe der Steuerung hat die Aufgabe, die Ausgangsgröße wie unter II allerdings mit höherer Frequenz anzutreiben.

Ablaufplan

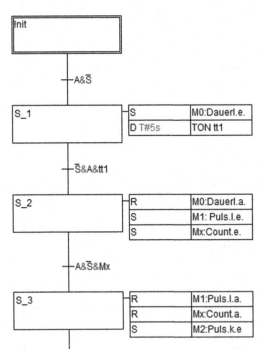

Das Blinken in der dritten Phase dauert so lange, bis der Schalter S für das „Anschnal-
len" den logischen Zustand „1" liefert.

Für die Programmierung der Aufgabenstellung ist eine Schaltung für die Erzeugung
der Taktimpulse mit entsprechender Zeitdauer und -pause erforderlich. Dazu gilt folgende Überlegung:

Mit dem Taktgenerator soll die Möglichkeit bestehen, die Impulspausen sowie -dauer
unabhängig voneinander variabel zu generieren. Dazu sollen z. B. Zeitglieder wie TON
(Einschaltverzögerung) und TOF (Ausschaltverzögerung) eingesetzt werden.

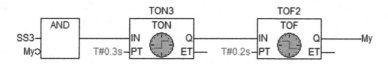

Einschaltbedingung für TON3: $\overline{SS3 \cdot My}$ (TON3 bestimmt die Impulspause)

Einschaltbedingung für TOF2: Q von TON3 (TOF2 bestimmt die Impulsdauer)
(Impulsfolge des Taktgenerators mit Impulspause beginnend)

Solange das Eingangssignal SS3 den logischen Zustand „1" hat, wird am Ausgang My
des Taktgenerators dauerhaft ein Taktsignal mit 0.3s Impulspause und 0.2s Impulsdauer
abwechselnd generiert. Sobald der Ausgang Q des Bausteins TON3 aktiv „1" ist, wird der
nachfolgende Baustein TOF2 mit diesem abgegebenen Signal erregt. Die Ausgangsgröße
My von TOF2 ist die Ursache für die Rücksetzung von TON3. Dadurch wird auch TOF2
deaktiviert. Der Arbeitszyklus wiederholt sich dementsprechend. Mit UND-Verknüpfung wird die Rückkopplungsschleife (My) von der Eingangsgröße SS3 getrennt und den
Beginn des nächst wiederholten Arbeitszyklus ermöglicht.

Ablaufketten

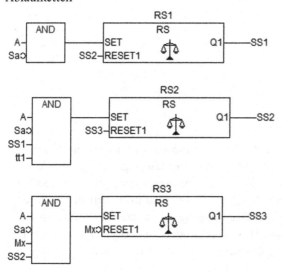

Zeitbildung

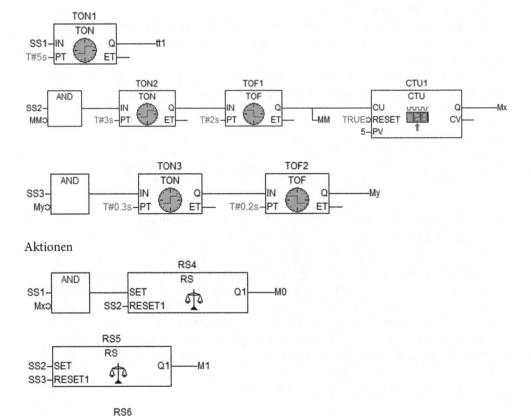

Aktionen

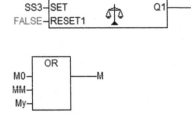

TON1 bestimmt die Zeitdauer, nachdem der Fahrer seine Position an seinem Sitz erreicht hat. Nach der vorgesehenen Zeit wird TON1 mit dem Eingangssignal SS1 rückgesetzt. Der Counter CTU1 zählt die entsprechend der Aufgabenstellung programmierten 5 Impulse niedriger Frequenz. Mit dem Ausgang My des Counters wird der nächste Taktgenerator höherer Frequenz aktiviert. Der Ausgang M ist die OR-Verknüpfung dreier Schaltzustände von M0 (Dauersignal), MM (pulsierend niedriger Frequenz) und My (pulsierend höherer Frequenz). Das Impulsdiagramm (Bild) visualisiert die erzeugte Signalfolge von M.

Impulsdiagramm (M)

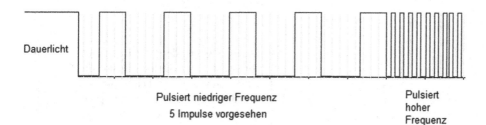

Dauerlicht

Pulsiert niedriger Frequenz
5 Impulse vorgesehen

Pulsiert
hoher
Frequenz

4.2.4 Übungen

Übung 1 Generierung eines Impulses aus einer Dauersignalquelle. Anwendung des setzdominanten S1R-FF. Start mit der ansteigenden Flanke des S-Eingangssignals.

Wahrheitstabelle:

q	S	Q
0	0	0
0	1	1
1	0	0
1	1	0

Funktionsgleichung (Setzen):

$$Q := \overline{q} \cdot S$$

Funktionsplan:

```
      AND
Q ○──┤        ├──── Q
S ───┤        │
```

KV-Diagramm (Rücksetzen):
Q:

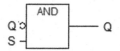

Funktionsgleichung (Rücksetzen):
(Die logischen „0" in der Wahrheits-
Tabelle wurden im KV-Diagramm als
„1" berücksichtigt.)

Wahrheitstabelle:
(S1R-FF setdominant)

q	S	R	Q
0	0	0	0
0	0	1	0
0	1	0	1
0	1	1	1
1	0	0	1
1	0	1	0
1	1	0	1
1	1	1	1

KV-Diagramm:

Funktionsgleichung (Setzen):

$$Q := S + q \cdot \overline{R}$$

$$\overline{Q} := q + \overline{S}$$

Impulsdiagramm:

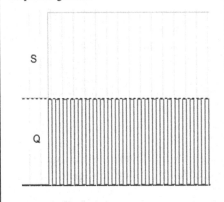

Funktionsgleichung (Rücksetzen):

$$\overline{Q} := \overline{q} \cdot \overline{S} + \overline{S} \cdot R$$

Die Impulsdauer des Ausgangssignals entspricht der „gatter transmission time". Die Schaltung erzeugt dauerhafte Takt-Signale, deren Impulsdauer und -pausen gleich lang sind, und der Gatterlaufzeit (transmission time) entspricht.
Zur Erzeugung eines einzelnen Impulses Aus diesem Dauersignal, ist die Kombi-nation mit einem Speicherglied, hier S1R-FF erforderlich (Spalte nebenan). Der Ausgang Q wird nur dann deaktiviert, wenn S=0 ist.

Koeffizientenvergleich:

a) Setzen:
$$\overline{Q} := \overline{q} \cdot \overline{S} + R$$
$$\overline{Q} := q + \overline{S}$$
$$\left[R = q \right]$$

b) Rücksetzen:
$$Q := \overline{R} \cdot S + \overline{R} \cdot q = \overline{R} \cdot (S + q)$$
$$Q := 1 \cdot (\overline{q} \cdot S + \underbrace{q \cdot \overline{q}}_{=0})$$
$$\left[S = \overline{q} \cdot S \right]$$

Funktionsplan:

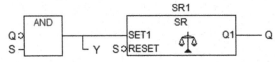

Impulsdiagramm:

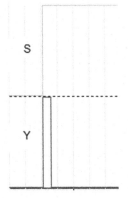

Übung 2 Generierung eines Impulses aus einer Dauersignalquelle. Anwendung des rücksetzdominanten SR1-FF. Start mit der ansteigenden Flanke des S-Eingangssignals.

Wahrheitstabelle:

q	S	Q
0	0	0
0	1	1
1	0	0
1	1	0

Funktionsgleichung (Setzen):

$$Q := \overline{q} \cdot S$$

Funktionsplan:

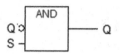

KV-Diagramm (Rücksetzen):
Q:

KV-Diagramm (Rücksetzen): Q: mit q über S

Funktionsgleichung (Rücksetzen):
(Die logischen „0" in der Wahrheits-Tabelle wurden im KV-Diagramm als „1" berücksichtigt.)

$$\overline{Q} := q + \overline{S}$$

Wahrheitstabelle:
(SR1-FF rücksetzdominant)

q	S	R	Q
0	0	0	0
0	0	1	0
0	1	0	1
0	1	1	0
1	0	0	1
1	0	1	0
1	1	0	1
1	1	1	0

KV-Diagramm:

Funktionsgleichung (Setzen):

$$Q := S \cdot \overline{R} + q \cdot \overline{R}$$

Funktionsgleichung (Rücksetzen):

$$\overline{Q} := \overline{q} \cdot \overline{S} + R$$

Impulsdiagramm:	
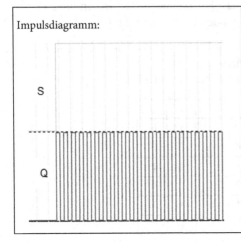	Die Impulsdauer des Ausgangssignals entspricht der „gatter transmission time". Die Schaltung erzeugt dauerhafte Takt-Signale, deren Impulsdauer und -pausen gleich lang sind, und der Gatterlaufzeit (transmission time) entspricht. Zur Erzeugung eines einzelnen Impulses Aus diesem Dauersignal, ist die Kombi-nation mit einem Speicherglied, hier SR1-FF erforderlich (Spalte nebenan). Der Ausgang Q wird nur dann deaktiviert, wenn S=0 ist.

Koeffizientenvergleich:

$$Q := \overline{R} \cdot S + \overline{R} \cdot q = \overline{R} \cdot (S + q)$$

a) Setzen: $Q := 1 \cdot (\overline{q} \cdot S + \underbrace{q \cdot \overline{q}}_{=0})$

$$\left[S = \overline{q} \cdot S \right]$$

b) Rücksetzen: $\overline{Q} := \overline{q} \cdot \overline{S} + R$

$$\overline{Q} := q + \overline{S}$$

$$\left[R = q \right]$$

Funktionsplan:

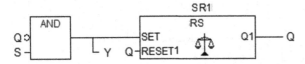

Impulsdiagramm:

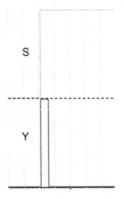

4.3   Verzweigte Schrittketten in der Ablaufsteuerung

Bisher wurden Aufgaben behandelt, für derer Lösung nur unverzweigte Schrittketten eingesetzt wurden. Eine generelle Vorgehensweise für die Lösung aller Aufgaben ist nur diese Anwendungsstruktur nicht. Vielmehr behandelt man Lösungen dadurch, dass die Steuerung auch zum Startpunkt oder aber auch überall in der Schrittkette nach einer Entscheidung von verschiedenen funktionellen Prozessalternativen verlangt (ODER-Verzweigung von zwei oder mehreren Alternativen). Dadurch spricht man anstatt einer linearen von einer verzweigten Schrittkettenstruktur.

Aus diesen Alternativen wird nur eine berücksichtigt. Es ist dabei unbedingt zu berücksichtigen, dass die Entscheidungsschritte gegenseitig verriegelt sein sollen, damit nur der gewählte Schritt gesetzt werden kann. Das heißt, es wird dabei nur eine Transitionsbedingung für einen (!) Schritt berücksichtigt und dieser Schritt wird aktiviert (Alternativ-Verzweigung, 1 aus n Verzweigung).

Betrachtet man beispieleswese zwei Aufzüge in einem Hochhaus, deren geografische Lage zu der zu befördernde Person durch Sensorik erfassbar ist, dann wird ausgehend vom Anfangszustand (Auzug A1=0 und Aufzug A2=0), die erste Aktion für den näher stehenden Aufzug erzeugt (Abb. 4.12).

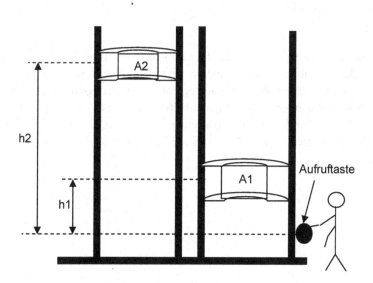

Abb. 4.12 Beispiel zur verzweigten Schrittkette

Nach dem Initialschritt S_0 ist die Verzweigung

$$h1 \langle h2 \; :\Rightarrow A2 = 1 \; (= aktiv) \; \text{ODER} \; h2 \langle h1 \; \Rightarrow A1 = 1 \; (= aktiv)$$

vorgesehen. Die folgende Ablaufkette (Abb. 4.13) zeigt die grafische Darstellung der Vorgehensweise.

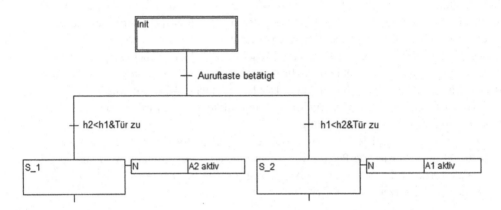

Abb. 4.13 Verzweigte Schrittkette

Sind in Alternativ-Verzweigungen beide Transitionsbedingungen der beiden Steuerzweige erfüllt, dann können schaltungsmäßige Prioritäten berücksichtigt werden. In solchen Fällen sind die beiden Steuerzweige gegenseitig zu verriegeln. Damit kann nur ein Steuerzweig seine Aktionen sequenziell abarbeiten. Die Maßnahme durch Aktivieren des RS-Flipflop-RESET-Einganges im verriegelten Steuerzweig, durch den Q-Ausgang des Flipflops des gesteuerten Steuerzweiges kann die Verriegelung eines Zustandes gegen den anderen durchsetzen.

Speicherprogrammierbare (SPS)-Steuerungen   5

5.1 Grundlagen der SPS-Steuerung

In der automatisierten Steuerungstechnik unterscheidet man zwischen **verbindungs-programmierten** und **speicherprogrammierbaren** Steuerungen (Abb. 5.1).

Sind alle Schaltelemente ein- und ausgangsseitig aufgabengemäß miteinander verdrahtet, so ist diese Steuerungsart verbindungsprogrammiert. Bei jeder nachträglichen Änderung der Steuerungsfunktion muss jedoch der gesamte Aufbau der Steuerschaltung und damit deren Verdrahtung zwangsläufig geändert werden. Dies ist vor allem bei umfangreichen Steuerungen sehr mühsam und zeitaufwendig.

Die aufgabengemäß fixierte Funktion der Schaltung liegt bei speicherprogrammierbaren Steuerungen durch ein „Programm" fest. Bei den vorgesehenen nachträglichen Änderungen bleibt der Aufbau der Schaltung erhalten, d. h. die für die Steuerung erforderlichen Geber und die zu steuernde Stellglieder bleiben am Automatisierungsgerät (SPS: speicherprogrammierbare Steuerung) angeschlossen. Es wird nur noch der Inhalt des Programmspeichers umgeschrieben. Damit ist der Vorteil dieser Steuerungsart gegenüber der vorhergehenden offensichtlich. Das Automatisierungsgerät verfügt über Prozessor, Programmspeicher und Ein-/Ausgabeeinheiten (Abb. 5.2).

© Springer Fachmedien Wiesbaden GmbH, ein Teil von Springer Nature 2018
C. Karaali, *Grundlagen der Steuerungstechnik*, https://doi.org/10.1007/978-3-658-16137-8_5

Verbindungsprogrammierte
Steuerung

Speicherprogrammierbare Steuerung

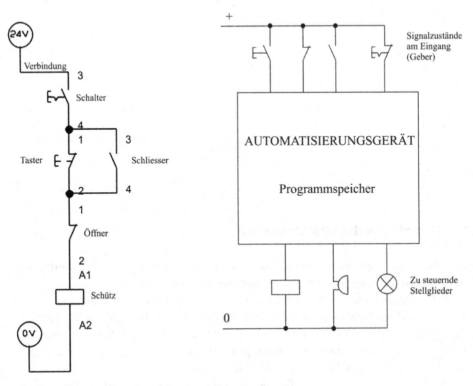

Abb. 5.1 Verbindungs- und speicherprogrammierte Steuerung

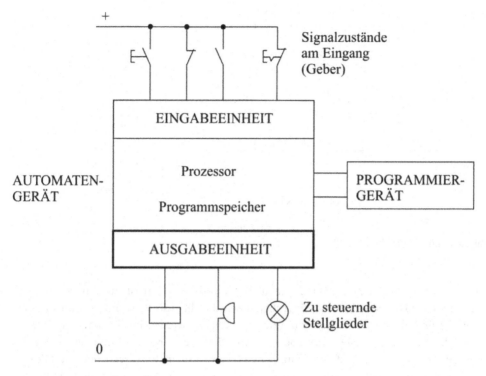

Abb. 5.2 Automatisierungsgerät SPS

Das Anwenderprogramm wird am Programmiergerät (Abb. 5.3) erstellt und im Programmspeicher abgelegt. Der Prozessor bearbeitet das Speicherprogramm und überprüft sequenziell die Zustände des Signalgebers. Abhängig von den Signalzuständen am Eingang werden die zu steuernde Stellglieder am Ausgang programmgemäß ein- und ausgeschaltet.

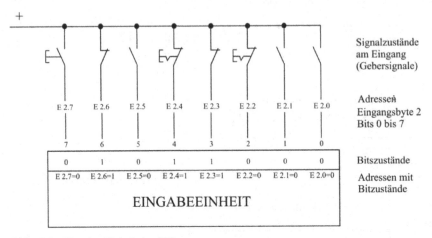

Abb. 5.3 Eingabe-Einheit der SPS

Jedes Bit verfügt über eine Nummer, die als Bit-Adresse definiert ist. Im Eingangsbyte (eine Bitfolge aus 8 Bits) hat das Bit rechts außen die Bit-Adresse 0 und das Bit links außen die Bit-Adresse 7. Die Signalzustände am Eingang werden im Eingangsbyte EB2 mit der Byte-Adresse 2 zugeordnet (Beispiel Abb. 5.4). Bei der Bezeichnung eines Eingangs oder Ausgangs folgt auf das Kennzeichen E bzw. A die Byte-Adresse und anschließend nach einem Punkt die Bit-Adresse (z. B. E 2.6 oder A 3.0). Die Byte- und die Bit-Adresse kennzeichnen allgemein jeden Ein- und Ausgang in der Ein- und Ausgabeeinheit.

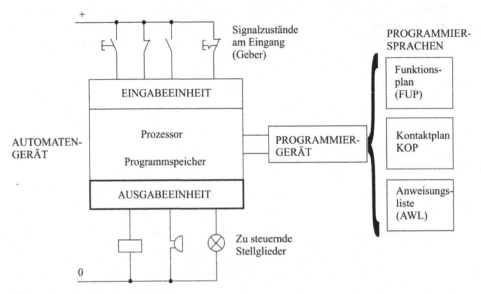

Abb. 5.4 Programmiersprachen

Diode   Thyristor   Transistor

Durchlaßzustand
bei positiver
Anodenspannung;   Durchlaßzustand bei
Stromfluß in   positiver Anodenspannung
einer Richtung   und beim Zünden des Steuer-
                         anschlußes S (positiver Zünd-
                         impuls); Stromfluß in einer Richtung
                         (Stromunterbrechung beim negati-
                         ven Zündimpuls an den Anschluß S)

Aussteuerung durch einen
Steuerstrom iB über B und E
(Speisestrom);
als Ventil ist der Transistor
entweder „voll" gesperrt oder
„voll" ausgesteuert;
Laststrom iL fließt über C und E

Gegensinnig parallel geschaltete   Stellglied für Wechselstrom
Thyristoren

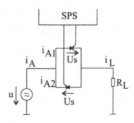

Stromführung in zwei Richtungen;
(abwechselndes Zünden auf die
Anschlüsse s1 und s2

Bei beiden gegensinnig parallel geschalteten
Thyristoren werden periodisch mit positiven
Zündimpulsen durch die Ausgangseinheit, z.B.
SPS zu bestimmten Zeitpunkten gezündet.

Abb. 5.5   Stellglieder als Ventil

Das Programmiergerät dient dazu das Anwenderprogramm einzugeben, das geschriebe-
ne Programm zu übersetzen und es in den Programmspeicher zu übertragen (Abb. 5.4).

Bevor der Anwender sein Programm erstellt, müssen am Automatisierungsgerät die
einzelnen Geber am Eingang und die Stellglieder am Ausgang definiert sein.

Die Programmiersprachen lassen sich in drei Darstellungsarten eingeben: Kontaktplan (KOP), Funktionsplan (FUP) und Anweisungsliste (AWL).

Stellglieder sind zusammengesetzte einschaltbare Halbleiterschalter, die in der End-
stufe eines Steuerungsmechanismus als Ventil eingesetzt werden. „Einschaltbar heißt,
nach Heumann, K., dass der Strom beim Positivwerden der z. B. Anodenspannung einer
Diode von selbst zu fließen beginnt." Allgemein beschreibt man die Stellglieder als welche, die dazu dienen als Leistungsverstärker die steuernde Einheit gezielt zu beeinflussen.
Man unterscheidet:

1. Mechanisch-Elektrische Stellglieder (mechanisch manuell, pneumatisch, hydraulisch oder elektrisch angesteuert) und

2. Elektromagnetische und elektronische Stellglieder (elektrisch angesteuert: Relais, Schütze, Transistor, Thyristor).

Die Stellglieder steuern den Energiefluß. Sie werden mit geringer Energie angesteuert uns schalten am Ausgang Prozesse sehr hohen Energien.

Die Darstellungen in Abb. 5.5 stellen die bekannten Ventile als Halbleierschalter dar.

5.2 Funktionsplan (FUP)

Hier handelt es sich um normgeführte Symbole, die laut Aufgabenstellung miteinander verknüpft sind. Nach der Analyse des Stromlaufplans entsprechen dort die Reihenschaltung der betroffenen Schalter einer UND- und die Parallelschaltung einer ODER-Verknüpfung im Funktionsplan. E 1.0 bis E 1.5 stellen die Funktion der Geberanschlüsse und A 3.0 die der Stellglieder dar. Sie werden als Adressen der Ein- und Ausgänge deklariert.

Beispiel

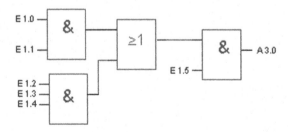

5.3 Der Kontaktplan (KOP)

Die Struktur des Kontaktplans ähnelt der des Stromlaufplans mit dem Unterschied der waagerechten Lage der einzelnen Strompfade. Die symbolischen Darstellungen im Kontaktplan | | kennzeichnen einen Eingang und ( ) einen Ausgang. Die Adressen der Ein- und Ausgänge werden über jedem Symbol angegeben.

Beispiel

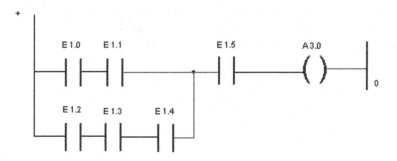

5.4   Die Anweisungsliste (AWL)

Die Anweisungsliste besteht aus sequenziell zu behandelnde Steuerungsanweisungen als Programm in der Form, wie sie auch im Programmspeicher steht. Diese anwenderspezifischen Steuerungsanweisungen werden durch den Prozessor sequenziell abgearbeitet. Bevor das Programm durchläuft, überprüft der Prozessor den Signalzustand von Eingängen (E 1.0 bis E 1.5). Eine Steuerungsanweisung (z. B. U E 1.4) besteht aus einem Operationsteil U (für UND-Verknüpfung) und einem Operandenteil E 1.4. Der Operationsteil deutet darauf hin, was zu tun ist. Der Operandenteil beantwortet die Frage „womit es zu tun ist?" Der Operandenkennzeichen E, A beschreiben einen Eingang oder Ausgang. Mit dem Parameter 1.4 wird die Byteadresse 1 und die Bitadresse 4 des Eingangs- oder Ausgangsregisters deklariert. Damit beschreibt man die Anweisung U E1.4 wie folgt: UND-Verknüpfung von Eingangsbyte 1, Bit 4.

Die AWL für den vorgegebenen Stromlaufplan lautet dann:

U E 1.0
U E 1.1
   O
U E 1.2
U E 1.3
U E 1.4
= M 1.0
U M 1.0
U E 1.5
= A 3.0

Aus den Verknüpfungen der vorhergehenden werden die Merker- und Ausgangsbyte-Anweisungen hergeleitet (=M 1.0 für Merker Byte 1 Bit 0 oder =A 3.0 Ausgangsbyte 3 Bit 0). Die Zwischenergebnisse können mit Merkern gebildet werden. Hierbei werden Merkern ähnlich wie Ausgängen logische Signalzustände zugewiesen.

Zusammenfassendes Beispiel

Der Ausgang A 2.0 einer Anlage soll nur dann auf einen Signalzustand „1" schalten,
wenn ein einziger Eingang von drei zur Verfügung stehenden Eingängen (E 1.0, E 1.1
und E 1.2) mit dem Signalzustand „1" belegt wird (Antivalenz).

Gesucht sind die Umsetzungen in FUP, KOP und AWL.

FUP:

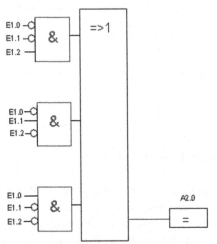

KOP:

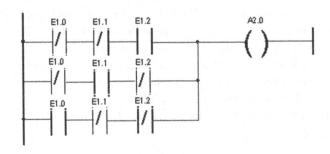

AWL:
UN E 1.0
UN E 1.1
 U E 1.2
   O
UN E1.0
 U E 1.1
UN E 1.2
   O
 U E 1.0
UN E 1.1
UN E 1.2
=A 2.0

Tab. 5.1 Operanden der Anweisungsliste (AWL). (Quelle: Siemens)

Operator	Modifizierer	Operand	Bedeutung
LD	N	Anm.1	Setz aktuelles Ergebnis dem Operanden gleich
ST	N	Anm.1	Speichert aktuelles Ergebnis auf die Operanden-Adresse
S	Anm. 2	BOOL	Setzt booleschen Operator auf 1
R	Anm. 2	BOOL	Setzt booleschen Operator auf 0 zurück
AND	N, (	BOOL	Boolesches UND
&	N, (	BOOL	Boolesches UND
OR	N, (	BOOL	Boolesches ODER
XOR	N, (	BOOL	Boolesches EXKLUSIV-ODER
ADD	(	Anm.1	Addition
SUB	(	Anm.1	Subtraktion
MUL	(	Anm.1	Multiplikation
DIV	(	Anm.1	Division
GT	(	Anm.1	Vergleich: >
GE	(	Anm.1	Vergleich: >=
EQ	(	Anm.1	Vergleich: =
NE	(	Anm.1	Vergleich: < >
LE	(	Anm.1	Vergleich: <=
LT	(	Anm.1	Vergleich: <
JMP	C, N	MARKE	Sprung zur Marke
CAL	C, N	NAME	Aufruf Funktionsbaustein (Anm. 3)
RET	C, N		Rücksprung von Funktion oder Funktionsbaustein
)			Bearbeitung zurückgestellter Operationen

Operatoren

Beispiel

Ergebnis:=Ergebnis And (%IX32.0 XOR %IX256.8)

Tab. 5.2 Übersicht über Operationslisten und AWL befehle in Step7

Funktionsart	Befehl
Binäre Verknüpfungen	U; UN; O; ON; X; XN; =
Zusammengesetzte logische Verknüpfungen	U(; UN(; O(; ON(; X(; XN(
Speicherfunktionen	R; S
Flankenauswertung	FN; FP
Zeiten	FR; L; LC; R; SI; SV; SE; SS; SA
Zähler	FR; L; LC; R; S; ZV; ZR
Veränderung des VKE	NOT; SET; CLR; SAVE
Sprungfunktionen	SPA; SPL; SPB; SPBN; SPBB; SPBNB; SPBI; SPBIN; SPO; SPS; SPZ; SPN; SPP; SPM; SPPZ; SPMZ; SPU; LOOP
Programmsteuerungsoperationen	BE; BEB; BEA; CALL; CC; UC
Datenbausteinoperationen	AUF; TDB; L DBLG; L DBNO; L DILG; L DINO
Lade- und Transferfunktionen	L; LAR1; LAR2; T; TAR; TAR1; TAR2
AKKUmulatorfunktionen	TAK; PUSH; POP; ENT; LEAVE; INC; DEC; +AR1; +AR2; BLD; NOP 0; NOP 1; TAW; TAD
Vergleichsfunktionen	= =; < >; <; >; < =, > =
Digitale Verknüpfungen	UW; OW; XOW; UD; OD; XOD
Schiebefunktionen	SSI; SSD; SLW; SRW; SLD; SRD; RLD; RRD; RLDA; RRDA
Umwandlungsfunktionen	BTI; ITB; BTD; ITD; DTB; DTR; INVI; IND; NEGI; NEGD; NEGR; TAW; TAD; RND; TRUNC; RND+; RND-
Arithmetische Funktionen	+; +I; +D; +R; -I; _D; -R; *I; *D; *R; /I; /D; /R; MOD
Numerische Funktionen	ABS; SQR; SQRT; EXP; LN; SIN; COS; TAN; ASIN; ACOS; ATAN

5.5 Simatic S7 und Step7

Aufbau

Nach DIN 61131-1 ist die Speicherprogrammierbare Steuerung (SPS) definiert:

„Ein digital arbeitendes elektronisches System für den Einsatz in industrieller Umgebung mit einem programmierbaren Speicher zur internen Speicherung der anwender-

orientierten Steuerungsanweisungen zur Implementierung spezifischer Funktionen, wie
z. B. Verknüpfungssteuerung, Ablaufsteuerung, Zeit-, Zählfunktion und arithmetische
Funktionen, um durch digitale oder analoge Eingangs- und Ausgangssignale verschiedene Arten von Maschinen oder Prozessen zu steuern." (Abb. 5.6).

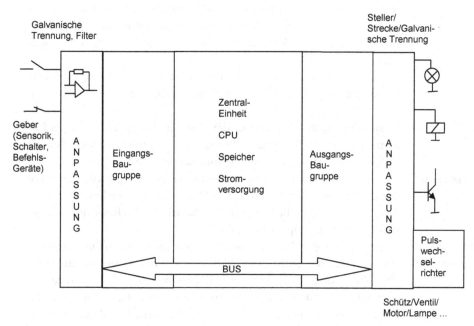

Abb. 5.6 Aufbau einer SPS

Die Zentraleinheit bearbeitet das Anwenderprogramm im Speicher zyklisch. Bei jedem
Zyklus werden die Schaltzustände der Sensorik abgefragt. Abhängig von Schaltzuständen
der Sensorik beauftragt die CPU die Ausgangsbaugruppe die auf die adressierten Anschlüssen angeschlossene Streckeneinheit über Stellglieder zu beschalten (oder stromlos
zu führen). Die CPU verfügt AKKUmulatoren als Register, in welche die Daten, die aus
dem Speicher herausgeholt wurden, aufbewahrt werden können. Die Daten in der CPU
werden in einer Gruppe von logischen Bauteilen verarbeitet, die man als Arithme-
tisch/Logische-Unit (ALU) bezeichnet. Unter anderem kann die ALU Operationen wie
Binären-Addition, boolesche Operationen, Komplementierungen sowie Verschiebungen
von Datenworten um ein Bit nach links/rechts durchführen.

   Die Steuerung der Logikelemente in der richtigen Reihenfolge, um jede erforderliche
Operation durchzuführen, übernimmt die Kontrolleinheit (Steuerwerk), (CU = control
unit). Der Inhalt des Befehlsregisters wird von der CU decodiert. Dadurch erzeugt die
CU eine Folge von Freigabesignalen (enable signals), damit sich die Daten in entsprechender Weise bewegen und die ALU-Logikelemente zur entsprechenden Zeit freigege-
ben werden.

Die Ergebnisse der ALU-Operationen werden durch Flipflops angezeigt, die als Status-Anzeigen genannt werden (status flags).

Register in der Zentraleinheit

Befehlsregister:	Dient dazu, die auszuführenden Befehle aus dem Programmspeicher aufzunehmen. Ein Befehlswort besteht aus einem Operationsteil, der angibt, welche Operation auszuführen ist, wird anhand eines Befehlsdecoders und einer Mikroprogrammsteuerung interpretiert und ausgewertet.
Befehlszähler:	Er verfügt über die Adresse für den nächsten auszuführenden Befehl, der vom Programmspeicher geholt und in das Befehlsregister geladen wird.
AKKUmulator:	Er speichert einen Operanden, der von der ALU verarbeitet werden. Man kann den AKKUmulator als Quelle für einen Operanden als auch als Speicher, in den ein Resultat gespeichert wird, betrachten.
Adressregister:	Der Adressregister mit entsprechender Adressierungsmethoden dient dazu, einen Speicher-Ansprech-Befehl auszuführen. Er liest Daten aus dem Speicher, schreibt Daten in den Speicher oder führt mit den gespeicherten Daten Operationen durch.
Arbeitsregister:	Sie sind universelle Zwischenspeicher zur Aufnahme von Operanden.
Statusregister:	Das Statusregister enthält ein Datenwort mit den Prozessor-Zustandsbits (Null, Vorzeichen, Parität, Übertrag, Überlauf, …). Die Prozessor-Zustandsbits entstehen nach der Ausführung eines Befehls und sind als Zustandsinformationen nach arithmetischen und logischen Operationen in der ALU zu beschreiben.

Alle Operationen in der CPU werden von einem quarzstabilen Takt gesteuert. Die Ausführung eines Befehls kann dann synchron mit dem Taktsignal in einer Befehls-Abrufsphase (instruction fetch) und in einer Befehls-Ausführungsphase (instruction execution) ausgeführt werden.

Die einzelnen Komponenten innerhalb sowie außerhalb der Prozessoreinheit, wie CPU, Speicher, andere Periphere Einheiten, tauschen über mehrere Sammelleitungen (Busse) Informationen aus. Man unterscheidet Daten-, Adress- und Steuerbus. Jeder Bus umfasst je nach Wortlänge des Prozessors Daten 8, 16 oder 32 paralleler Leitungen.

Die Adresse des Speicherplatzes, wo das Anwenderprogramm abgelegt ist und aus dem der Befehlscode abgeholt wird, wird von einem Register (Programmzähler) geliefert. Beim Speichern von Befehlscodes in aufeinanderfolgende Speicherplätze werden die dazugehörigen Adressen im Programmzähler aufbewahrt. Nach dem Aufruf eines Befehlscodes im Speicher, wird der Programmzähler um 1 erhöht (inkrementiert). Danach enthält der Programmzähler die neue Adresse, aus der der nächste Befehlscode zu holen ist.

Um zu einem Datenwort Zugriff bekommen zu können, muss die Adresse des Daten-speicherplatzes in einem Register (Datenzähler) aufbewahrt werden. Die Daten werden hier nicht von aufeinanderfolgenden Speicherplätzen adressiert, da sie zu einem beliebigen Zeitpunkt gelesen werden können.

Die Anpassung (Aktoren) bereitet die eingelesenen bzw. die auszugebenden Signalpegeln für die Eingangsbaugruppe bzw. für die Ansteuerung der Strecke auf.

Die Stromversorgung erzeugt aus der Netzspannung die 24-V-Spannung für Signalgeber, Stellgeräte usw.

Speicherelemente sind Schaltwerke (sequenzielle Schaltungen), die Informationen als binäres Signal speichert. Ein gespeichertes Bit in einem Schreib-/Lese-Speicher kann sowohl geändert als auch gelesen werden. Es gibt zwei Arten von RAMs (= Random Access Memory), nämlich dynamische RAMs (Daten lassen sich nur für kurze Zeit speichern und daher müssen sie ständig aufgefrischt werden) und statische RAMs (die eingeschriebenen Daten bleiben erhalten). Der Festwertspeicher (ROM) dient zur Aufnahme unveränderbare Programme und Konstanten. Die Inhaltsänderung kann lediglich durch Austausch des Bauelementes möglich. Bei Netzausfall bleibt der Speicherinhalt erhalten. Zu den Programmspeichern gehören u. a. die ROMs (= Read Only Memory), PROMs, EPROMs und EEPROMs, während die Datenspeicher als statische und dynamische RAMs ausgeführt werden.

Die Eingangs- und Ausgangsbaugruppen verfügen über Eingangs- und Ausgangsadressen, die individuell angesprochen werden können. Sie steuern den Datentransfer zwischen dem Mikroprozessor und der Prozess- und Bedienungsperipherie. Die Programmerstellung wird auf einem Rechner erfolgen, der über seine Schnittstelle mit der SPS-Anlage verknüpft ist. Das Anwender-Programm wird in den Speicher der Anlage abgelegt. Die Steuerung des Prozesses geschieht über Aktoren als Anpassung für die Signalform(-pegel)-Vorbereitung. Unter Prozess versteht man Motoren, Ventile und Lampen, die über die Ausgabeeinheit ein- und ausgeschaltet werden können.

Der System-BUS dient als parallele Daten-, Adress- und Steuerleitungen dazu, die sämtlichen Mikrocomputer-Einheiten (CPU, RAM, ROM, E/A) miteinander zu verbinden (Abb. 5.7).

Es handelt sich dabei um eine elektrische Sammelschiene, die in Daten-, Adress- und Steuerbus unterteilt ist. Der Datenbus, bestehend aus Datenleitungen für die bidirektionale Verbindung zwischen mehreren Sender und Empfänger, verfügt über Leitungszahl, die der Wortlänge des Mikrocomputers entspricht. Adressbus dient im Allgemeinen für die Übertragung zwischen einem Sender (CPU) und mehreren Empfänger (unidirektional). Der Steuerbus dient für die Übertragung von Taktsignalen, Leitungszustandssignale, Übertragungsrichtungssignale, Unterbrechungs-Anforderungs-/-Gewährungssignale usw.

Das Anwenderprogramm wird auf einem Rechner, der mit der SPS über Schnittstelle gekoppelt ist, erstellt. Über die Ausgabe-Einheit der SPS und Stellglieder wird der Prozess gesteuert (Abb. 5.8).

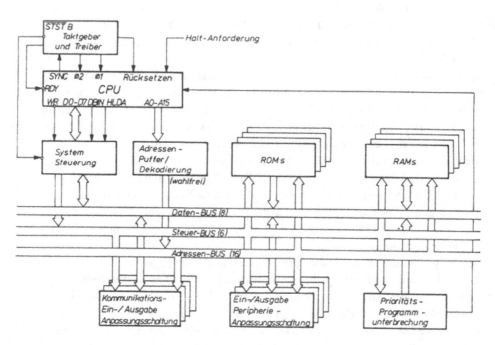

Abb. 5.7 System-BUS. (Quelle: E. Jungmann)

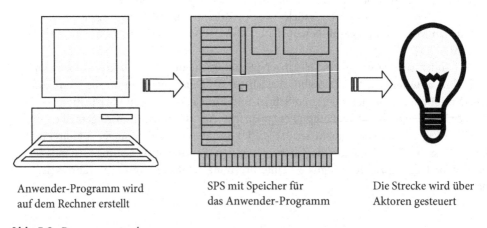

Anwender-Programm wird   SPS mit Speicher für   Die Strecke wird über
auf dem Rechner erstellt   das Anwender-Programm   Aktoren gesteuert

Abb. 5.8 Programmumgebung

Strukturierte Programmierung

In Step7 wird das Anwenderprogramm in den sog. „Bausteinen" geschrieben und sequenziell (hintereinander) abgearbeitet. Der Organisationsbaustein (OB1) als Baustein
verfügt über das Anwenderprogramm und kommuniziert mit der CPU-Einheit der SPS
und wird von der CPU-Einheit aufgefordert, das Anwenderprogramm zyklisch zu verarbeiten. Die Festlegung der Bausteine, die mit dem OB gekoppelt arbeiten sollen, wird
durch die Steuereinheit der SPS-Anlage per Bausteinaufrufbefehle erfolgen. Wie bei der
Programmiertechniken in der Informatik lassen sich auch hier bei der Abarbeitung eines
Hauptprogramms Unterbrechungsbefehle anwenden, die die Möglichkeit haben, unter-
geordnete Programme zu bedienen und erst danach mit einem Sprungbefehl wieder auf
das Hauptprogramm zurückzuspringen (Abb. 5.9). In Step7 handelt es sich um folgende
Bausteine:

FB (Funktionsbaustein):   Funktionsbausteine verfügen über Speicherbereiche. Sie ent-
                          halten Unterprogramme und werden durch OB auch mehr-
                          mals aufgerufen. Beim Aufruf eines Funktionsbausteines wird
                          ihm intern ein Datenbaustein (DB, strukturierte Datenspei-
                          cher, auf die zugegriffen werden kann) für die Speicherung
                          von Daten zugeordnet, zu denen jederzeit ein Zugriff möglich
                          ist (Speicherplatz für Anwender-Datenvariable).

FC (Funktion):   Funktionen verfügen über keine Speicherbereiche. Hier wer-
                          den lokale Daten abgelegt (Parameterübergabe), die nach der
                          Abarbeitung einer Funktion gelöscht werden (Abb. 5.9).

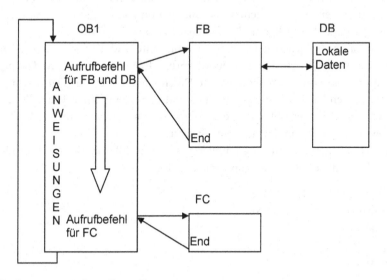

Abb. 5.9 Programmstruktur-Bausteine

Die Unterprogramme sind Teilprogramme des Hauptprogramms. Der Sinn der Unterteilung des Hauptprogramms in Teilprogramme liegt darin, dass dadurch die Lauffähigkeit des Programms besser getestet werden kann und die Strukturierung eine bessere Überschaubarkeit liefert.

IEC 61131-3 Norm

Der IEC 61131-3 (= DIN 61131-3) ist die Basis der SPS-Programmiernorm zur Entwicklung eines Anwenderprogramms mit der SPS-Anlage. Je komplizierter die Steuerungsaufgabe ist, umso mehr ist der Anwender auf mögliche einfachere Lösungsmöglichkeit angewiesen. Ohne genormte Systemlösung sind die Entwicklungskosten (Softwarekosten) sehr hoch. Nach dieser DIN-Norm entwickelt man die sogenannten „Software-Bausteine" und legt sie in eine Bibliothek ab und lässt sie dann dem Wunsch entsprechend aufrufen (auch mehrmals). Diese Software-Bausteine verfügen über logische Glieder, Zähler und Zeitglieder und sie sind per Programm aufrufbar. Dadurch entsteht eine gewisse Strukturierung bei der Entwicklung des Anwenderprogramms, die aus einer Hauptstruktur (Haupt-Programm) und unterteilten Strukturen (Unterprogramme) besteht. Das Hauptprogramm ist dann in der Lage, Unterprogramme aufzurufen, auf das Ende ihrer Abarbeitung abzuwarten und erst danach mit seinem eigenen Programm an der unterbrochenen Stelle fortzufahren. Das Hauptprogramm kann auch Zugriff auf sogenannte E/A-Variablen haben, die programmmäßig in absoluter und globaler Form fest deklariert sind. Variablen verfügen über Namen und belegen mit diesem Namen bestimmte Menge von Speicherplatz. Der Datentyp der Variable beschreibt die erforderliche Menge an Speicherplatz. In jedem Organisationsbaustein befinden sich die „globalen Variablen" und dienen zur einfachen Kommunikation von Programmen untereinander. Die „lokalen Variablen" gelten in den Codebausteinen OB, FC und FB.

Die im Programm festgelegten Datentypen, Konstante und Variablen werden nach der Programmiernorm durch den Anwender vorher festgelegt, bevor das Hauptprogramm auf diese Variablen zugreifen will. Die Datentypen dienen zur Deklaration von Variablen des Anwender-Steuerungsprogramms und verfügen in ihren Darstellungsformen über Wertebereiche der Daten und die Operationen mit denen. Einige grundlegende Datentypen sind in der Tab. 5.3 zusammengefasst.

Die Syntax und Semantik von Programmiersprachen für SPS sind in der IEC 61131-3 Norm für die Elemente der folgenden Sprache festgelegt:

- Anweisungsliste (AWL)
- Funktionsbaustein-Sprache (FBS)
- Kontaktplan (KOP)
- Ablaufsprache (AS)
- Strukturierter Text (ST)

Ein normgerechtes Programm muss unter anderem über eine normgerechte Sprache, eine Variablendeklaration verfügen. Eine normgerechte Variable besteht aus einem Prozentzeichen, einer Angabe als Eingangs- oder Ausgangsadresse als Präfix, aus der Größe (8 Bit, 16 Bit, 32 Bit, ...) und einer Bitstelle aus der Größe (Tab. 5.4).

Tab. 5.3   Grundlegende Datentypen und -größen

Datentyp	Größe
BOOL	Boolesche Variable
BYTE	8-Bit-Kombination
WORD	16-Bit-Kombination
DWORD	32-Bit-Kombination
CHAR	8-Bit-ASCII-Zeichen
INT	16-Bit-Festpunktzahl
DINT	32-Bit-Festpunktzahl
REAL	32-Bit-Reele-Zahl
TIME	32-Bit-Zeitdauer

Tab. 5.4   Adressen-Angabe-Eigenschaften

Präfix	Erläuterung
I	Eingangsadresse
Q	Ausgangsadresse
M	Merker
X	(Einzel-) Bit-Größe
B	8-Bit (Byte-)-Größe
W	16-Bit (Word-)-Größe
D	32-Bit (Doppelwort-)-Größe
L	64-Bit (Langwort-)-Größe

Beispiel

%IX32.0   Eingangsadresse, Bit-Adressierung, Byte 32, Bit 0
%QX256.8   Ausgangsadresse, Bitadressierung, Byte 256, Bit 8

Wie angedeutet, führt die Norm IEC 61131-3 Standard-Funktionen und Funktionsblöcke ein, die in der „Standard-Bibliothek" aufbewahrt sind. Sie können bestimmte Steuerugsfunktion übernehmen und dienen dazu, Ein- und Ausgänge sowie interne Variablen zu setzen. In der Tab. 5.5 sind die Standard-Funktionsblöcke nach IEC 61131-3 aufgelistet.

Tab. 5.5   Standard-Funktionsblöcke

Bistabile Funktionsblöcke	
SR/RS	Bistabiler Funktionsblock (dominant setzen/rücksetzen)
Flankenerkennung	
R_TRIG/F_TRIG	Detektor für die ansteigende/abfallende Flanke
Zähler	
CTU/CTD	Aufwärts-/Abwärtszähler
CTUD	Auf- und Abwärtszähler
Timer	
TP	Pulsgeber
TON/TOF	Timer on-delay/Timer off-delay

Schlüsselwörter der IEC 61131-3 sind Syntax-Elemente und bestehen aus Kombinationen von Zeichen wie ABS, SIN, BOOL, FALSE, TRUE, FOR, NEXT, IF, THEN, VAR, GLOBAL, DATE, TIME, FUNCTION.

Tab. 5.6   Step7-Befehlsübersicht. (Quelle: Fachhochschule für Technik und Wirtschaft Berlin)

Verknüpfungsoperationen	
Operation	Beschreibung
U/UN	UND/UND-NICHT
O/ON	ODER/ODER-NICHT
X/XN	EXKLUSIV-ODER/EXKLUSIV-ODER-NICHT
Klammeroperationen	
U(	UND-Klammer-Auf
O(	ODER-Klammer-Auf
ON(	ODER-NICHT-Klammer-Auf
X(	EXKLUSIV-ODER-Klammer-Auf
XN(	EXKLUSIV-ODER-NICHT-Klammer-Auf
)	Klammer-Zu
O	ODER-Verknüpfung
Bitoperationen mit Timern und Zählern	
U/UN	UND/UND-NICHT
O/ON	ODER/ODER-NICHT
X/XN	EXKLUSIV-ODER/EXKLUSIV-ODER-NICHT

Wort- und Doppelwortverknüpfungen

UW	UND AKKU2-L bzw. 16-Bit Konstante
OW	ODER AKKU2-L bzw. 16-Bit Konstante
XOW	EXKLUSIV-ODER AKKU2-L bzw. 16-Bit Konstante
UD	UND AKKU2 bzw. 32-Bit Konstante
OD	ODER AKKU2 bzw. 32-Bit Konstante

Flankenoperation

FP/FN	Anzeigen der steigenden/fallenden Flanke mit VKE=1. Flankenhilfsmerker ist der in der Operation adressierte Bitoperand

Speicheroperationen

S	Setze adressiertes Bit auf 1
R	Setze adressiertes Bit auf 0
=	Zuweisen des VKE

VKE-Operation

CLR	Setze VKE auf 0
SET	Setze VKE auf 1
NOT	Negiere das VKE

Zeitoperationen

SI	Starte Timer als Impuls bei Flankenwechsel von 0 nach 1
SV	Starte Timer als verlängerten Impuls bei Flankenwechsel von 0 nach 1
SE	Starte Timer als Einschaltverzögerung bei Flankenwechsel von 0 nach 1
SS	Starte Timer als speichernde Einschaltverzögerung bei Flankenwechsel von 0 nach 1
SA	Starte Timer als Ausschaltverzögerung bei Flankenwechsel von 0 nach 1
FR	Freigabe eines Timers für das erneute Starten bei Flankenwechsel von 0 nach 1
R	Rücksetzen einer Zeit

Zähleroperationen

S	Vorbelegen eines Zählers bei Flankenwechsel von 0 nach 1
R	Rücksetzen des Zählers auf 0 bei VKE=1
ZV	Zähle um 1 vorwärts bei Flankenwechsel von 0 nach 1
ZR	Zähle um 1 rückwärts bei Flankenwechsel von 0 nach 1
FR	Freigabe eines Zählers bei Flankenwechsel von 0 nach 1

Ladeoperationen

L	Lade (Konstante, Byte, Wort, Doppelwort,…) dualcodiert
LC	Lade (Konstante, Byte, Wort, Doppelwort,…) BCD-codiert

Transferoperationen

| T | Transferiere Inhalt von AKKU 1... |

Zugriffsoperationen auf Adressregister

LAR1	Lade Inhalt aus AKKU1...in AR1
LAR2	Lade Inhalt aus AKKU1...in AR2
TAR1	Transferiere Inhalt aus AR1 in AKKU1,...
TAR2	Transferiere Inhalt aus AR2 in AKKU2,...
TAR	Tausche den Inhalt von AR1 und AR2

Zugriffsoperation auf das Statuswort

| L STW | Lade Statuswort in AKKU1 |
| T STW | Transferiere AKKU1 (Bits 0-7) ins Statuswort |

Datenbausteinoperationen

L DBNO	Lade Nummer des Datenbausteins
L DINO	Lade Nummer des Instanz-Datenbausteins
L DBLG	Lade Länge des Datenbausteins in Byte
L DILG	Lade Länge des Instanz-Datenbausteins in Byte
TDB	Tausche Datenbausteine

Mathematische Operationen

+I	Addiere zwei Integerzahlen (16 Bit), AKKU1-L = AKKU1L – AKKU2-L
–I	Subtrahiere zwei Integerzahlen (16 Bit), AKKU1-L = AKKU2-L – AKKU1-L
*I	Multipliziere zwei Integerzahlen (16 Bit), AKKU1 = AKKU2-L * AKKU1-L
/I	Dividiere zwei Integerzahlen (16 Bit), AKKU1-L = AKKU2-L/AKKU1-L In AKKU1-H steht der Rest der Division
+D	Addiere zwei Integerzahlen (32 Bit), AKKU1 = AKKU1 + AKKU2
-D	Subtrahiere zwei Integerzahlen (32 Bit), AKKU1 = AKKU2 – AKKU1
*D	Multipliziere zwei Integerzahlen (32 Bit), AKKU1 = AKKU2 * AKKU1
/D	Dividiere zwei Integerzahlen (32 Bit), AKKU1 = AKKU2/AKKU1
MOD	Dividiere zwei Integerzahlen (32 Bit) und lade den Rest der Division in AKKU1
+R	Addiere zwei Realzahlen (32 Bit), AKKU1 = AKKU1 + AKKU2
–R	Subtrahiere zwei Realzahlen (32 Bit), AKKU1 = AKKU2 – AKKU1
*D	Multipliziere zwei Realzahlen (32 Bit), AKKU1 = AKKU2 * AKKU1
/D	Dividiere zwei Realzahlen (32 Bit), AKKU1 = AKKU2/AKKU1
NEGR	Negiere Realzahl in AKKU1
ABS	Bilde Betrag der Realzahl in AKKU1
SQRT	Berechne die Quadratwurzel einer Realzahl in AKKU1
SQR	Quadriere die Realzahl in AKKU1
LN	Bilde den natürlichen Logarithmus einer Realzahl in AKKU1

EXP	Berechne den Exponentialwert einer Realzahl in AKKU1 zur Basis e
SIN	Berechne den Sinus einer Realzahl
ASIN	Berechne den Arcussinus einer Realzahl
COS	Berechne den Cosinus einer Realzahl
ACOS	Berechne den Arcuscosinus einer Realzahl
TAN	Berechne den Tangents einer Realzahl
ATAN	Berechne den Arcustangents einer Realenzahl
+ i16	Addiere eine 16-Bit Integer-Konstante
+ i32	Addiere eine 32-Bit Integer-Konstante

Vergleichsoperationen mit INT, DINT, REAL

= = I	AKKU2-L = AKKU1-L
< > I	AKKU2-L != AKKU1-L
< I	AKKU2-L < AKKU1-L
< = I	AKKU2-L < = AKKU1-L
> I	AKKU2-L > AKKU1-L
> =	AKKU2-L > = AKKU1-L
= = D	AKKU2 = AKKU1
< > D	AKKU2 != AKKU1
< D	AKKU2 < AKKU1
< = D	AKKU2 < = AKKU1
> D	AKKU2 > AKKU1
> = D	AKKU2 > = AKKU1
= = R	AKKU2 = AKKU1
< > R	AKKU2 != AKKU1
< R	AKKU2 < AKKU1
< = R	AKKU2 <= AKKU1
> R	AKKU2 > AKKU1
> = R	AKKU2 >= AKKU1

Schiebebefehle

SLW	Schiebe Inhalt von AKKU1-L nach links
SLD	Schiebe Inhalt von AKKU1 nach links
SRW	Schiebe Inhalt von AKKU1-L nach rechts
SRD	Schiebe Inhalt von AKKU1 nach rechts
SSI	Schiebe Inhalt von AKKU1-L mit Vorzeichen nach rechts. Freiwerdende Stellen werden mit demVorzeichen (Bit 15) aufgefüllt.
SSD	Schiebe Inhalt von AKKU1-L mit Vorzeichen nach rechts. Freiwerdende Stellen werden mit dem Vorzeichen (Bit 31) aufgefüllt

Rotierbefehle

RLD	Rotiere Inhalt von AKKU1 nach links
RRD	Rotiere Inhalt von AKKU1 nach rechts
RLDA	Rotiere Inhalt von AKKU1 um eine Position nach links über Anzeigenbit A1
RRDA	Rotiere Inhalt von AKKU1 um eine Bitposition nach rechts über Anzeigenbit A1

AKKU-Befehle

TAW	Umkehr der Reihenfolge der Bytes im AKKU1-L
TAD	Umkehr der Reihenfolge des Bytes im AKKU1
TAK	Tausche Inhalt von AKKU1 und AKKU2
ENT	Inhalt von AKKU2 und 3 wird nach AKKU3 und 4 übertragen
LEAVE	Inhalt von AKKU3 und 4 wird nach AKKU2 und 3 übertragen
PUSH	Inhalt von AKKU1, 2 und 3 wird nach AKKU2, 3 und 4 übertragen
POP	Inhalt von AKKU2, 3 und 4 wird nach AKKU1, 2 und 3 übertragen
INC k8	Inkrementiere AKKU1-LL
DEC k8	Dekrementiere AKKU1-LL

Bild- und Null-Befehle

BLD k8	Bildaufbauoperation; wird von der CPU wie eine Nulloperation behandelt
NOP 0/1	Nulloperation

Typenkonvertierungen

BTI	Konvertiere AKKU1-L von BCD (0 bis +/– 999) in Integerzahl (16 Bit) BCD-to-Int
BTD	Konvertiere AKKU1 von BCD (0 bis +/– 9 999 999) in Double-Integerzahl (32 Bit) BCD-to-DoubleInt
DTR	Konvertiere AKKU1 von DoubleInt (32 Bit) nach Real
ITD	Konvertiere AKKU1 von Integer (16 Bit) in DoubleInt (32 Bit)
ITB	Konvertiere -L von Integer (16 Bit) nach BCD
DTB	Konvertiere AKKU1 von Double-Integer (32 Bit) nach BCD (0 bis +/– 9 999 999)
RND	Wandle Realzahl in 32-Bit-Integerzahl um
RND-	Wandle Realzahl in 32-Bit-Integerzahl um. Es wird abgerundet zur nächsten ganzen Zahl.
RND+	Wandle Realzahl in 32-Bit-Integerzahl um. Es wird aufgerundet zur nächsten ganzen Zahl
TRUNC	Wandle Realzahl in 32-Bit-Integerzahl um. Es werden die Nachkommastellen abgeschnitten.

Komplementoperationen

INVI	Bilde 1er-Komplement von AKKU1-L
INVD	Bilde 1er-Komplement von AKKU1
NEGI	Bilde 2er-Komplement von AKKU1-(Int)
NEGD	Bilde 2er-Komplement von AKKU1-(DoubleInt)

Bausteinaufrufe

CALL	Unbedingter Aufruf eines (FB, SFB, FC, SFC) mit Parameterübergabe
UC	Unbedingter Aufruf eines (FB, SFB, FC, SFC) ohne Parameterübergabe
CC	Bedingter Aufruf eines (FB, SFB, FC, SFC) mit Parameterübergabe
AUF	Aufschlagen eines DB, DI

Baustein-Endeoperationen

BE	Beenden Baustein
BEA	Beenden Baustein absolut
BEB	Beenden Baustein bedingt, wenn VKE=1

Sprungbefehle

SPA	Springe unbedingt
SPB	Springe bedingt, bei VKE=1
SPBN	Springe bedingt, bei VKE=0
SPBB	Springe bei VKE=1, VKE in das BIE-Bit retten
SPBNB	Springe bei VKE=0, VKE in das BIE-Bit retten
SPBI	Springe bei BIE-Bit=1
SPBIN	Springe bei BIE-Bit=0
SPO	Springe bei Überlauf speichernd (OV=1)
SPS	Springe bei Überlauf speichernd (OS=1)
SPU	Springe bei unzulässiger Arithmetikoperation(A1=1 und A0=1)
SPZ	Springe bei Ergebnis = 0, (A1=0 und A0=0)
SPP	Springe bei Ergebnis > 0, (A1=1 und A0=0)
SPM	Springe bei Ergebnis < 0, (A1=0 und A0=1)
SPN	Springe bei Ergebnis !=0, (A1=1 und A0=0) oder (A1=0 und A0=1)
SPMZ	Springe bei Ergebnis < = 0, (A1=1 und A0=1) oder (A1=0 und A0=0)
SPPZ	Springe bei Ergebnis > = 0, (A1=1 und A0=19 oder (A1=0 und A0=0)
SPL	Sprungverteiler. Der Operation folgt eine Liste von Sprungoperationen. Der Operand ist eine Sprungmarke auf die der Liste folgenden Operation.
LOOP	Dekrementiere AKKU1-L und springe bei AKKU-L != 0 (Schleifenprogrammierung)

VKE: Verknüpfungsergebnis, BIE: Binärergebnis, STA: Statusbit, OS: Overflow-Bit

Steuerungen

6

Durch „Steuerung" wird die Strecke ohne Rückkopplung gezielt beeinflusst. Die Strecke dient dazu, Energien in gewünschter Weise zu behandeln (z. B. Drehzahlverstellung und -reversieren von Motoren) oder Energien umzuwandeln (z. B. Umwandlung der Drehzahl eines Motors in die proportionale physikalische Größe Spannung). Kraftwerke, Förder- und Aufbereitungsanlagen sowie Produktionseinrichtungen sind Einsatzgebiete von mechanischen, elektrischen, pneumatischen sowie elektromagnetischen oder elektromechanischen Steuerungen. Entsprechend den Erfordernissen der vorgegebenen Verfahrenstechnik können dabei manuelle oder automatisierte Steuerungen angewendet werden. Die technische Realisierung einer Steuereinrichtung vollzieht sich generell durch verbindungsprogrammierte und speicherprogrammierte Steuerungen.

Verknüpfungs- und Ablaufsteuerung gehören zu den binären Steuerungsarten. Die Datenverarbeitung von Verknüpfungssteuerungen wird nach booleschen Gesetzmäßigkeiten durchgeführt. Bei der Ablaufsteuerung werden Programmteile als „Schritt" sequenziell abgearbeitet. Für den Übergang von einem Schritt zum nächsten müssen zunächst die Übergangsbedingungen erfüllt sein. Ist im Ablaufsteuerplan die Weiterschaltbedingung von einem Schritt zum anderen von der Zeit, durch Anwendung von Zeitgliedern, abhängig, so spricht man von „zeitgeführten Ablaufsteuerungen".

Die allgemeine Struktur von Steuerungen lässt sich aus der Ausgabe- und Eingabeeinheit und der Kopplung zuständiger Verknüpfungseinheiten darstellen. Letztere verknüpfen die anderen Einheiten nach logischen Gesetzmäßigkeiten „verbindungsprogrammiert" (verdrahtet und fest vorgegeben) oder „speicherprogrammiert" (durch Automatisierungsgerät als Programm gespeichert) miteinander.

© Springer Fachmedien Wiesbaden GmbH, ein Teil von Springer Nature 2018   181
C. Karaali, *Grundlagen der Steuerungstechnik*, https://doi.org/10.1007/978-3-658-16137-8_6

6.1   Verbindungsprogrammierte Steuerung

Verbindungsprogrammierte Steuerungen weisen synchrone und asynchrone Arbeitsweisen auf. Hierbei wird die Funktion der eingesetzten elektronischen oder elektromechanischen Bauteile über Verdrahtung miteinander verbunden. Die verbindungsprogrammierte Steuereinrichtung besteht aus elektromechanischen und elektronischen Bauelementen wie Relais, Gatterelementen, Speicherbausteinen, Zeitgliedern, Zählern, usw. Die Funktion und die Verknüpfung der eingesetzten Bauelemente sind vordefiniert festgelegt. Der Nachteil dieser Steuerung liegt darin, dass die Modifizierung einer Aufgabenstellung einen neuen Schaltungsentwurf und somit Verbindungsänderungen (Löten, Wickeln, Klemmen) erfordert und dadurch seine Anwendung wenig flexibel macht. Eine erheblich bessere Flexibilität des Verfahrens kann man durch den Einsatz von speicherprogrammierbaren Steuerungen erzielen.

6.2   Speicherprogrammierte Steuerung

Die Arbeitsweise hier ist immer synchron. Hier ist die Funktion einer gewünschten Steuerungsaufgabe als Folge von Anweisungen in ein Programm abgespeichert und wird sequenziell abgearbeitet. Man spricht von elektronischen Ablaufsteuerungen, bei denen die Informationen als Zahlenwert (binäre Signalverarbeitung) im Programmspeicher eines Prozessrechners als Befehlsfolge (Software) vorliegen und sequenziell abgearbeitet werden. Die Ablaufsteuerung als Programm leitet aus der Führungsgröße, entsprechend der Aufgabenstellung, eine Stellgröße ab. Das Programm verfügt allgemein über Schrittketten, denen Speicherelemente zugeordnet sind. Die Änderung von Programmschritten bei der Modifizierbarkeit des Funktionsablaufes wird durch Anwendung der speicherprogrammierbaren Steuerung erheblich erleichtert.

Beide Steuerungsarten werden und wurden in diesem Buch anhand vielfältiger, praktischer Anwendungsbeispiele grundlegend behandelt. Nachfolgend wird die verbindungsprogrammierte Steuerung als Schützensteuerung und deren Übertragungselemente vorgestellt.

6.3   Das Relais

6.3.1   Einführung

Die Erfahrung in der Automationstheorie hat gezeigt, dass immer mehr Aufgaben nur mit Hilfe von elektrischen und elektromagnetischen Schalt- und Steuerelementen zu lösen sind. Die Funktion des Relais beruht auf dem physikalischen Prinzip des Elektromagnetismus. Es wird vom Elektromagnetismus immer dann gesprochen, wenn das erzeugte magnetische Feld durch einen elektrischen Strom hervorgerufen wird, d. h. jeder elektrische Strom erzeugt ein Magnetfeld. Die Wirkung des Magnetfeldes wird als elektromagnetische Kraft bezeichnet, deren Größe u. a. von der durchfließenden Stromstärke abhängig ist.

Unter Berücksichtigung von dessen relativ hohen Schaltströmen und Spannungen sowie kurzen Schaltzeiten wurde das Relais damals in den steuerungs- und regelungstechnischen Anlagen als Verstärkungselement eingesetzt. Wie die Funktion eines Transistors ist auch das Relais ein Bauelement, das mit einer geringen Größe elektrischer Energie in einem Steuerstromkreis viel größere elektrische Energieleistungen in dessen Laststromkreis schaltet und steuert. Darüber hinaus hat das Relais die Funktion eines elektrischen Schalters, der im Steuerstromkreis auf bestimmte Größen reagiert und im Laststromkreis Kontakte für bestimmte Schaltaufgaben in Bewegung setzt.

Zwischen Steuerstromkreis und Laststromkreis eines Relais existiert eine galvanische Trennung. Es können nicht nur eine, sondern mehrere Stromkreise im Laststromkreisbereich völlig unabhängig voneinander geschaltet werden. Zwischen den ausgeschalteten Kontaktfedern (Arbeitskontakte) existieren Isolationswiderstände im $10^9 \, \Omega$ -Bereich. Zwischen den kontaktierten Federn hat der Widerstand den ungefähren Wert von $1 \, \text{m}\Omega$. Die Relais können in einer Umgebungstemperatur von $-40 \, °C$ bis $+80 \, °C$ störungsfrei fungieren.

Diesen positiven Eigenschaften eines Relais stehen auch Nachteile, wie z. B. Funkenüberschlag an den Kontaktfedern und begrenzte Schaltgeschwindigkeit gegenüber.

Wenn die Kontaktfedern, entsprechend ihrer Funktion, zusammengehören, bezeichnet man sie als Federsatz. Eine Zusammenstellung unterschiedlicher Federkontaktsätze ist in der unteren Abbildung zu sehen (Abb. 6.1).

Die untere schematische Darstellung (Abb. 6.2) verdeutlicht das Betriebsverhalten des Relais mit Angaben zur Zeit, wann die für den Betrieb des Relais erforderliche Stromstärke erreicht ist, wann der Federkontakt hergestellt ist, wie lange die Prellzeit dauert sowie bei welcher Abschaltstromstärke das Relais nicht mehr arbeitet.. Die positiven und negativen Flanken der Spannungskurve in Abb. 6.2 stellen einen steilen Verlauf dar. Demgegenüber steigt der Spulenerregerstrom langsam an. Die Spulenkonstante $T = \dfrac{L}{R}$ bestimmt, wann der maximale Stromwert der Spule erreicht wird. Dabei stellt R den ohmschen Widerstand und L die Induktivität der Relaisspule dar.

Betriebsverhalten des Relais

Aus Abb. 6.2 ist zu entnehmen, dass die Kontakte des Relais erst nach einer bestimmten Ansprechzeit t_{an} schließen. Die Ansprechzeit hängt vom zeitlichen Aufbau des Spulenstromes ab. Die Prellzeit t_{prell} entsteht beim Schließen der Kontakte und wird durch die mechanische Energie hervorgerufen. Unter „Prellen" beim Schließvorgang der Kontakte versteht man, dass die Federkontakte den Laststromkreis nicht sofort, sondern nach einer Schwingungsdauer schließen. Ist der Abschaltstrom I_{ab} erreicht, wird das Relais ausgeschaltet.

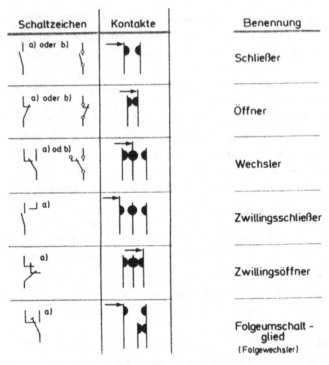

Schaltzeichen	Kontakte	Benennung
a) oder b)		Schließer
a) oder b)		Öffner
a) od. b)		Wechsler
⌐ a)		Zwillingsschließer
a)		Zwillingsöffner
a)		Folgeumschalt-glied (Folgewechsler)

Abb. 6.1 Zusammenstellung von Kontaktfedersätzen (Quelle: Schaaf 1976)

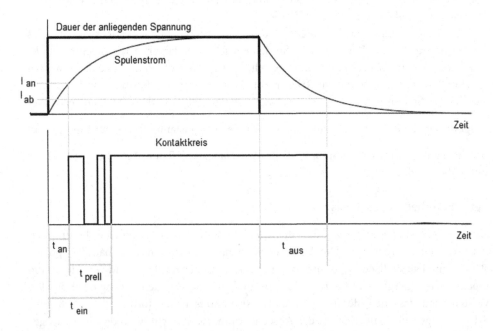

Abb. 6.2 Kontaktkreis beim Ein- und Ausschaltvorgang eines Relais

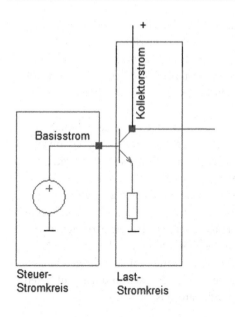

Steuer-Stromkreis   Last-Stromkreis

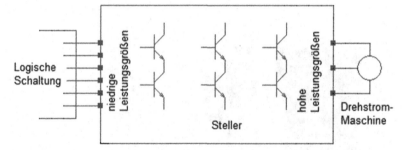

Logische Schaltung

Steller

Drehstrom-Maschine

elektromagnetische (-mechanische) Kopplung

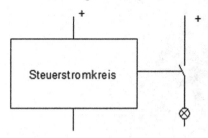

Laststromkreis

Abb. 6.3 Steuer- und Laststromkreise mit verschiedenen Steuerelementen

Auch in der Steuerungs- bzw. Regelungstechnik werden zwischen Regelstrecke und Regler sog. „Steller" aus einer Anordnung von mehreren Transistoren oder mehreren Thyristoren eingesetzt, die es ermöglichen, die niedrigen Leistungsgrößen des Reglerausgangs auf die hohe Leistungsgröße der Strecke anzuheben. Auch hier kann das Relais für langsam laufende Steuerungen mit geringeren schaltungstechnischen Anforderungen eingeführt werden (Abb. 6.3).

Auch bei Relais sind die Spannungsquellen beider Stromkreise voneinander unabhängig und können mit einem beliebigen Spannungswert ausgestattet sein. Existiert dann zwischen zwei elektrischen Stromkreisen keine elektrische Verbindung, so spricht man von einer galvanischen Trennung. Abb. 6.4 zeigt das Relais bestehend aus Wicklung, Wicklungskern, Kontaktfedern und Anker. Man unterscheidet zwischen Ruhe- und Arbeitskontakten (auch Schaltkontakten) des Relais, wobei das Relais als Wechselkontakt-Steuerelement agiert. Die Schaltkontakte werden mechanisch betätigt. Die elektromagnetische Energie in den Teilen des Relais wird in mechanische Kräfte umgewandelt, die die Kontaktfedern in gewünschter Weise steuern. Nach den Vorschriften müssen die geschlossenen Kontaktfedern mit einer bestimmten Kraft aufeinander drücken und die geöffneten Kontaktfedern einen bestimmten Abstand voneinander aufweisen.

Abb. 6.4 a: Wicklung (Spule), b: Kontaktfeder, c: Weicheisenkern, d: Anker, e: Anschluss-Steuerstromquelle, f: Anschluss-Laststromquelle, g: Befestigungsschraube

Idealerweise ist der Übergangswiderstand zwischen den geöffneten Kontaktfedern unendlich groß und soll beim geschlossenen Kontakt nahezu 0 sein. In der Praxis rechnet man aber mit einem Übergangswiderstand beim geschlossenen Kontakt von etwa 100 mΩ. Die Wicklung umschließt den Kern. Ist die Wicklung stromlos, so befinden sich die Kontaktfedern in Ruhelage. Die stromdurchflossene Wicklung erzeugt generell nach dem Induktionsgesetz ein magnetisches Feld im Eisenkern. Das magnetische Feld zieht den Anker an, wodurch die Kontaktfedern betätigt werden. Der Anker ist drehbar gelagert und betätigt eine Anzahl von verschiedenen Federsätzen als Steuerkontaktelemente. Die Kontaktelemente weisen mit ihren zwei Ruhelagen bistabile Zustände auf (EIN oder AUS). In der Steuerungs- und Digitaltechnik wird die Anwendung des Relais wegen dieser Eigenschaft allgemein als sehr geeignet angesehen.

Es gilt allgemein, dass die Kontaktfedern in der Lage gezeichnet werden, in der sie bei Ruhestellung, d. h. ohne Stromführung in der Wicklung (das Relais nicht erregt; keine Betätigungskräfte wirken auf die Feder), liegen. Das Relais kann über eine oder mehrere Kontaktfedern verfügen. Wenn die Wicklung nicht erregt ist, so spricht man von einem Ruhekontakt; dieser ist geöffnet. Hier wird er z. B. mit k1 bezeichnet (gewöhnlich mit kleinen Buchstaben). Wird die Spulenwicklung erregt (Arbeitslage; Betätigungskräfte wirken auf die Feder), so ist der Arbeitskontakt (Arbeitskontaktfeder) geschlossen. Hierfür gilt dann die Bezeichnung $\overline{k1}$. Das Relais bezeichnen wir mit K1 (gewöhnlich mit Großbuchstaben, um es von der Bezeichnung seiner Kontaktfedern zu unterscheiden). Die Zusammenstellung dieses Sachverhalts ist in Abb. 6.5 veranschaulicht.

Abb. 6.5 Das Relais und seine logischen Kontakte als eine Familie

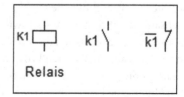

Das Relais K1 und sein Kontakt bilden damit eine Familie. Ihrer definierten Funktion entspricht die Bildung der „Identität". Die unteren Abbildungen (Abb. 6.6) veranschaulichen die logische Identität durch die mittleren und linken Kontaktfedern in Ruhe- und Arbeitsstellung, d. h. im nicht erregten und erregten Zustand der Wicklung. Die mittleren und rechten Federn bilden dann in deren Funktion den logischen Schaltzustand „Negation" (Inverter). Damit bilden sie in deren Schaltfunktion gemeinsam den „Wechselkontakt".

Abb. 6.6 Links: Steuerstromkreis in Ruhestellung. Rechts: Steuerstromkreis erregt (Arbeitsstellung)

6.3.2 Schütze

Ein Schütz ist ein elektromagnetischer Schalter, der magnetisch betätigt wird. Nach Aufhören der elektromagnetischen Betätigungskraft geht es in die Ausgangslage zurück. In der Steuerungstechnik dienen die Schütze zum Ein- und Ausschalten elektrischer Betriebsanlagen. Schütze werden, wie auch Relais, im allgemeinen eingangsseitig niederspannungsgesteuert geschaltet (d. h. mit geringer Steuerenergie angesteuert) und werden vor allem in automatisierten Prozessen als Steuerglieder berücksichtigt, um die Stellglieder hochspannungsgesteuert d. h. hohe Energien werden wirksam geschaltet) zu betreiben. Den Unterschied zwischen Schütz und Relais formuliert man dadurch, dass man sagt: Das Schütz ist ein besonderes Modell des Relais und verfügt über einen spezifischen Anwendungsbereich.

Schütze kennzeichnen sich unter anderem durch den hohen Widerstand im ausgeschalteten Zustand sowie durch die relative Haltbarkeit der Kontakte aus und damit genügen sie den Ansprüchen von in der Praxis eingesetzten Schaltelementen. Durch Anwendung des Schütz als Schaltelement können mehrere Laststromkreise unabhängig voneinander geschaltet werden (Schaltleistungen von mehreren kW). Unter extremen Bedingungen, z. B. schwankender Umgebungstemperatur und -feuchtigkeit, kann das Schütz einwandfrei schalten.

Als besondere Nachteile der Eigenschaften des Schützes sind geringe Schaltgeschwindigkeit, Funküberschlag der Arbeitskontakte und Schaltgeräusche zu benennen.

Aufbau der Schütze

In Abb. 6.7 sind die Anschlüsse der kontaktseitigen Draufsicht des Schützes zu erkennen. Die Steuersignale zum Ein- und Ausschalten des Stromes werden durch die Kontaktstellen bewerkstelligt. Der Innenaufbau des Schützes mit seinen Bauteilen ist in Abb. 6.8 dargestellt. Die Spule mit Kern erzeugt ein Magnetfeld mit dem der Anker angezogen wird. Der Anker ist ein Koppelglied zwischen Spulenkern und Kontaktstellen. Die Mantelmagnete besitzen drei Pole, von denen der mittlere Pol mit der Spulenwicklung umringt ist. Durch die erzeugte elektromagnetische Erregung werden die Kontakte ein- und ausgeschaltet.

Die Schütze sind für höhere Schaltleistungen als die des Relais ausgelegt. Größtenteils werden Schütze am 220V Wechselspannungsnetz angeschlossen, wodurch sich ihre Bau- und Wirkungsweise vom Relais unterscheidet. Das durch die Spule erzeugte elektromagnetische Feld magnetisiert den Kern der Spule, wodurch der Anker an den Kern herangezogen wird und folglich die Kontakte betätigt werden. Im Laststromkreis wird dadurch der Stromkreis geschlossen oder unterbrochen.

Um die durch Induktionsströme hervorgerufenen Wirbelstromeffekte gering zu halten und damit Materialerwärmungen zu vermeiden, die eventuell auch die Isolation der Spule gefährden, werden die Kerne und der Anker aus einzelnen, voneinander isolierten Blechen gefertigt. Die in der Abb. zu sehende Feder erfüllt folgende Aufgabe: Wenn die Spule vom Netz getrennt wird, bleibt trotzdem eine gewisse Restmagnetkraft, die eventuell ein „Kleben" des Ankers am Kern hervorrufen würde. Um das zu verhindern, wird beim Abschaltvorgang die Trennung von Anker und Kern durch den Einsatz von Federn erleichtert.

Abb. 6.7 Das Schütz mit Kontaktstellen für Schließer und Öffner

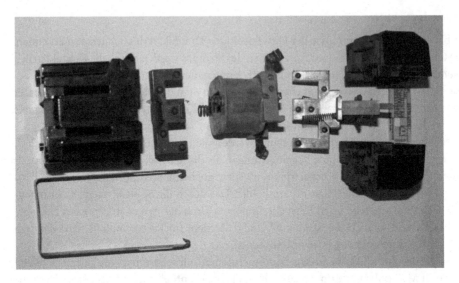

Abb. 6.8 Bauteile des Schützes (Anker, Spule, Spulenanschlussklemmen und Eisenkern)

6.4   Schaltzeichen einiger Kontakt-Schützelemente

Tab. 6.1 Symbolische Darstellung von
Kontakt-Schützelementen
(Quelle: Festo 1986)

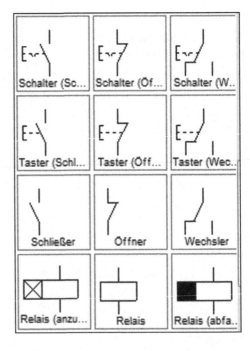

Ist ein zweifedriger Kontakt eines Relais in seiner Ruhelage geöffnet und in seiner Arbeitslage geschlossen, so nennt man diesen Kontakt „Schließer"; bei umgekehrter Stellung heißt er „Öffner". Ist er dagegen in seiner Ruhestellung als Öffner und in seiner Arbeitsstellung als Schließer aktiv (oder umgekehrt), so spricht man von einem „Wechsler". In der Praxis existieren eine Menge gebräuchlicher Kontaktkombinationen weiterer Relaiskontakte auch als mehrfedrige Wechsler. Die erwähnten Definitionen sind auch für Schalter und Taster in der Steuerungstechnik anwendbar. In der letzten Zeile von Tab. 6.1 sind symbolisch auch das anzugsverzögerte sowie das abfallverzögerte Zeitrelais dargestellt. (Festo 1986) Diese signalverarbeitenden Bauelemente dienen hauptsächlich dazu, Führungs- und Überwachungsoperationen wie Speichern, Übertragen, Verarbeiten, usw. in automatisierten Anlagen durchzuführen.

Aufgrund der Reibungseffekte sowie der Elastizität der Relais-Kontaktfedern weisen die schließenden Kontakte „Prellungen" auf. Bei der Auswertung des Ausgangssignals mit elektronischen Speichergliedern (oder mit einem anderen elektronischen Empfänger) könnten durch diesen Störeffekt falsche Ergebnisse produziert werden. Eine Abhilfe gegen diesen Effekt schafft ein dem Kontakt parallel geschaltetes RC-Glied, wie Abb. 6.9 zeigt.

Abb. 6.9 Entprellung

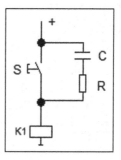

6.5 Allgemeine Schaltbedingungen

Kontakte in Schützsteuerschaltungen
  „0" : offen, nicht betätigt
  „1" : geschlossen, betätigt
Schütz:
  K=0 : Das Schütz K ist nicht erregt (d. h. es befindet sich in Ruhestellung)
  K=1 : Das Schütz ist erregt (d. h. es befindet sich in Arbeitsstellung)

Schließer:

    k=0 : Der Schließer k ist offen (Ruhestellung)

    k=1 : Der Schließer k ist geschlossen (Arbeitsstellung)

Öffner:

    k=0 : Der Öffner ist geschlossen (Ruhestellung)

    k=1 : Der Öffner ist offen (Arbeitsstellung)

Für alle Rechengesetze der Schaltalgebra wie Assoziativ-, Kommutativ-, Distributiv- und Inversionsgesetz gilt allgemein – wie üblich für die Realisierung von Schützsteuerschaltungen – folgende allgemeine Regel: „In der Funktionsgleichung bedeutet die UND-Verknüpfung eine Reihenschaltung und die ODER-Verknüpfung eine Parallelschaltung der Kontaktelemente."

Abb. 6.10 zeigt die algebraischen Zusammenhänge anhand der Kontaktschaltungen.

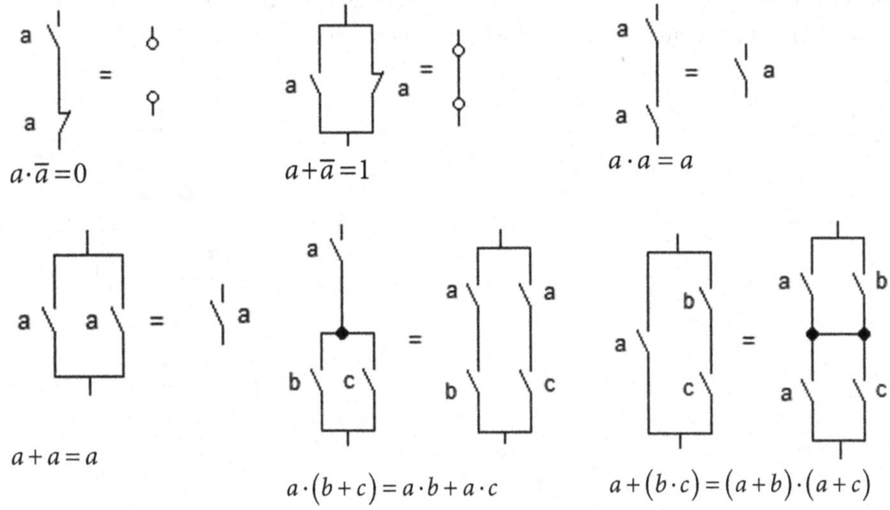

$$a \cdot \overline{a} = 0 \qquad a + \overline{a} = 1 \qquad a \cdot a = a$$

$$a + a = a \qquad a \cdot (b + c) = a \cdot b + a \cdot c \qquad a + (b \cdot c) = (a + b) \cdot (a + c)$$

Abb. 6.10 Kontaktschaltungen algebraischer Zusammenhänge

6.5.1 Die Schützkontakte

a) Der Schließer

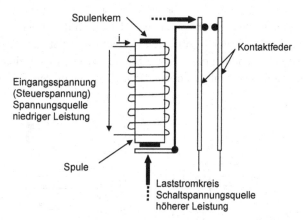

b) Der Öffner

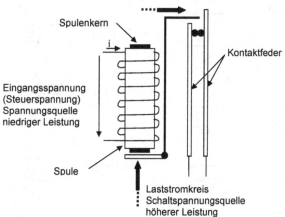

c) Schließer und Öffner

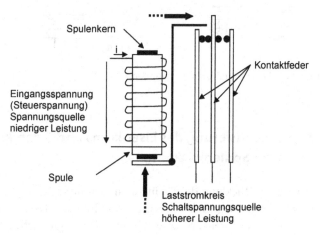

Abb. 6.11 Kontaktfeder des Relais

6.5.2   Weitere Schütz-Kontaktfedern

Das Schütz verfügt über Kontaktfedern als Stromleitern, die beim geschlossenen Zustand
der Federn den Strom von einer Feder durch die andere fließen lässt (Übergangswiderstand ca. Null). Beim geöffneten Kontakt ist der Stromweg unterbrochen (Übergangswiderstand unendlich groß). Die Abb. 6.12 zeigt einige weiter grundsätzlich gebräuchliche
Federkontakt-Kombinationen, die auch aus mehreren Kontakten bestehen.

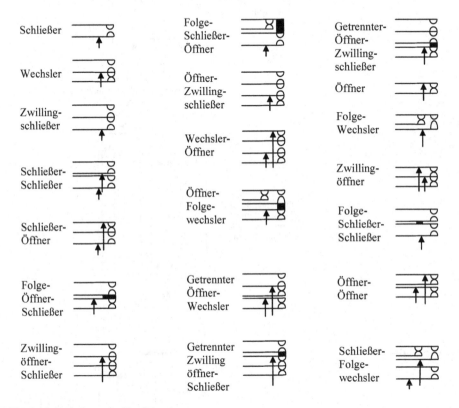

Abb. 6.12 Federkontakt-Kombinationen

6.6   Magnetisierung des Eisenkerns und Stromkräfte in der Spulenwicklung

Legt man die Wicklung des Schützes an Spannung (geringer Leistungsbedarf), so wird
diese von einem Magnetisierungsstrom durchflossen. Dieser Strom erzeugt den magnetischen Fluss. Der Eisenkern ist der Träger des magnetischen Flusses, den die angelegte
Spannung in der Wicklung der Spule bewirkt. Zur Magnetisierung des Eisenkernes wird

die elektrische Energie in Magnetisierungsleistung umgewandelt. Sie ist für die Bestimmung der Größe des magnetischen Flusses maßgebend. Die vom Strom durchflossenen Wicklungen sind Kräfte, die in verschiedenen Richtungen den magnetischen Fluss beeinflussen. Die Ursache für die Erzeugung dieser Kräfte ist, dass sich die stromdurchflossene Wicklung im Raum des magnetischen Feldes befindet. Diese auf den Spulenleiter ausgeübte Kraft ist zur Stromstärke und der Induktion proportional.

6.7 Systematik zur Realisierung einer Schützensteuerschaltung

- Aufgabenstellung präzise definieren
- Erstellung der Wahrheits- oder Automatentabelle
- Bestimmung der optimalen (minimierten) Funktionsgleichung aus der Wahrheits- oder Automatentabelle (Methoden durch Zusammenfassen relevanter Felder in den Tabellen anwenden). Zur Bestimmung der optimalen Funktionsgleichung können hier auch die Rechengesetze der booleschen Algebra angewendet werden.
- Aufbau der optimierten Schützensteuerschaltung

6.8 Automatentabelle (A-Tabelle)

Das Verhalten von sequenziellen Steuerschaltungen lässt sich durch die Anwendung einer A-Tabelle beschreiben, die sich aus drei kombinatorischen Ebenen für Eingangs-, Zustands- und Ausgangsvariablen ergibt (Abb. 6.13). Die unabhängigen Eingangselemente (Ursache) werden in all ihren möglichen Bitkombinationen spaltenweise in der Tabelle angeordnet. Alle möglichen Bitkombinationen der Zustandsgrößen werden zeilenweise in der Tabelle strukturiert. Jedes Feld, das sich aus einer Kreuzbildung von Eingangs- und Zustandselement ergibt, stellt eine Ausgangsgröße (Wirkung) dar (Wirkung = f (Ursache, Zustand)).

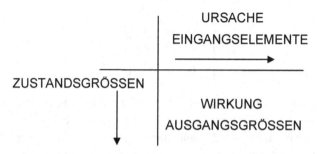

Abb. 6.13 Basissäulen der A-Tabelle

In Schaltwerken hängt die momentane Ausgangsgröße Q^{t+1} nicht nur von den Belegungen der Eingangsgrößen $E_1, E_2, \ldots E_n$ ab, sondern darüber hinaus vom alten Zustand des Werkes Q^t. Die wichtigste Eigenschaft eines Schaltwerkes ist dadurch gekennzeichnet, dass die Ausgangsgröße als zusätzliche Eingangsvariable rückgekoppelt ist und als Zustandsgröße definiert wird.

Für die zwei Eingangsvariablen E_1, E_2 gibt es $2^2 = 4$ mögliche Bitkombinationen, die in der Tabelle vier Spalten mit den Größen 01, 00, 10, 11 belegen. Berücksichtigt man eine Zustandsgröße $Q^t = q$, deren mögliche Bitkombination $2^1 = 2$ Zustände 0, 1 aufweist, kann sie in der A-Tabelle zwei Zeilen aufspannen. Daraus ergibt sich eine Tabelle aus acht Feldern. Jedes Feld definiert einen bestimmten Zustand der Ausgangsgröße, also die Wirkung $Q^{t+1} = Q$.

	E_1E_2			
q	01	00	10	11
0				
1		Q		

Die Beschreibung des Verhaltens einer sequenziellen Schaltung oder eines technischen Prozesses wird durch die formale Beschreibung der Ausgangsgröße Q nach der A-Tabelle erzielt. Jede Änderung der Eingangssignalbelegung führt zu einem Zustandswechsel des Prozessausgangs. Dieser kann nur dann einen stabilen Zustand erreichen, wenn die eingesetzten Übertragungsglieder ihre dynamischen Durchlaufverzögerungen ("propagation time") hinter sich haben, d. h. bei Gatterschaltungen, wenn die Zeit, die ein Eingangssignal benötigt, um nach dem Durchlaufen seiner Schaltkreise ein stabiles statisches Signal am Ausgang zu erreichen, vergangen ist. Bei Schützschaltungen kann dieser Vorgang beim erregten und ruhenden Relais unterschiedliche Zeiten aufweisen. Wir betrachten nun eine A-Tabelle mit zwei Eingangsgrößen und einer Zustandsgröße sowie einen beliebigen Belegungszustand der Ausgangsgröße als Wirkung.

	E_1E_2				
q	01	00	10	11	
0	0	0	1	0	
1	0	1	1	0	Q

Eine besondere Eigenschaft der A-Tabelle ist, dass die Anordnung der Bitkombinationen der Eingangs- sowie der Zustandsgrößen eine Struktur aufweist, bei der der Übergang von einem Zustand zum benachbarten Zustand eine Bitänderung an nur einer Stelle bewirkt. Die obenstehende Tabelle zeigt zwei benachbarte Felder für q=0, q=1 und $E_1E_2 = 10$, in denen die Ausgangsgröße den Zustand 1 hat. Q hat damit einen stabilen Wert von 1, und zwar unabhängig von der Belegung der Zustandsgröße q. Ob q den Wert 0 oder 1 belegt, ist für die Bestimmung der Ausgangsgröße nicht relevant. Sie ist aber absolut von der Bit-kombination der Eingangsgrößen $E_1 E_2 = 10$ abhängig. Definitiv wird dieser Zustand in der optimierten (minimierten) Funktionsgleichung berücksichtigt $Q := E_1 \overline{E_2}$ („Q ergibt sich aus $E_1 \overline{E_2}$ "). Eine weitere Berücksichtigung benachbarter Einsen in der A-Tabelle ergibt sich im Feld q=1, $E_1 E_2 =00$ sowie im Feld q=1, $E_1 E_2 =10$. In dieser zweiten Zeile der A-Tabelle ist die Belegung von q definitiv „1". In den betrachteten Feldern ist weiter-hin die Belegung von E_1 zu ignorieren, da ihre Änderung in den betrachteten Feldern der Tabelle keine Änderung der Ausgangsgröße hervorruft, dabei aber E_2 definitiv mit „0" belegt. Somit lautet die minimierte Form der Funktionsgleichung $Q := E_1 \overline{E_2} + q\overline{E_2} = \overline{E_2}\left(E_1 + q\right)$. Die genaue Darstellungsform dieser Beziehung lautet: $Q^{t+1} := \overline{E_2}^{\,t+1}\left(E_1^{t+1} + Q^t\right)$.

Die ODER-Verknüpfung in der Funktionsgleichung entspricht einer Parallelschaltung von Schaltelementen und die UND-Verknüpfung einer Serienschaltung. Unter Berück-sichtigung dieser Beziehung bieten die Bauelemente der dazugehörigen Relaisschaltung folgende Gestalt an (Abb. 6.14).

Abb. 6.14 Relaisschaltung

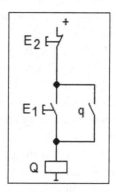

Die Taste E_2 ist in Ruhestellung als Öffner eingesetzt und ist mit der Spannungsquelle verbunden. Die Erregung des Relais geschieht durch die Betätigung der Taste E_1 (Setzen); erst dann ist das Relais an die Spannungsquelle gekoppelt. Der dem Relais Q zugehörige Schließer q schließt. Die Parallelschaltung beider Zweige besagt, dass ein Zweig oder die beiden Zweige den Kontakt des Relais mit der Spannungsquelle ermöglichen. Das heißt, bei erregtem Zustand des Relais ist der rechte Zweig leitend und der linke Zweig mit der Taste E_1 kann wieder unterbrochen werden, ohne dass der logische Zustand des Relais beeinträchtigt wird. Die Schaltfunktion von E_1 ist nicht mehr für die Änderung der Aus-gangsgröße maßgebend. Das Rücksetzen der gesetzten Ausgangsgröße kann nur noch durch Betätigung der Taste E_2 (Rücksetzen) möglich sein. Ist die Zustandsgröße q=0 und es werden keine Eingangstasten betätigt, dann ist auch die Ausgangsgröße mit „0" belegt. Ist vorher q=1 und keine Eingangstasten werden betätigt, dann ist auch die Ausgangsgröße mit „1" belegt. Die Anordnung zeigt ein Speicherverhalten an.

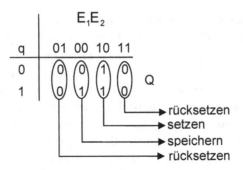

Die Ausgangsgröße (Wirkung) einer Schützschaltung (auch bei Gatterschaltungen) muss nicht immer einen stabilen Zustand hervorrufen. Die genaue Betrachtung der Zustände in der A-Tabelle zeigt folgende Beziehung als „nichtstabil". Für q=0 und $E_1 E_2 = 10$ ist das Relais erregt. Dieser Belegungszustand kann aber nicht erhalten bleiben. Schaltungsintern und bei unverändertem Zustand der Eingangselemente kann die Schaltung in diesem Zustand nicht verharren und springt in den Zustand q=1, $E_1 E_2 = 10$. Die Schaltung ist in diesem Fall zeitlich nicht stabil. In den restlichen Beziehungen der A-Tabelle arbeitet die Schaltung in stabilen Zuständen. Betätigt man die beiden Set- und Rücksetzen-Eingangstasten gleichzeitig, so bietet die darauffolgende Wirkung Q einen logischen „0"-Zustand an. Die Tabelle stellt das Verhalten eines rücksetzdominanten Flipflop (RS-Speicher) dar.

Die gleiche Funktionsgleichung lässt sich auch durch Anwendung des KV-Diagramms ableiten. Die A-Tabelle stellt lediglich eine erweiterte Form des KV-Diagramms dar. Beide Tabellen dienen dazu, durch Ermittlung der Minterme, eine optimierte (minimierte) Funktionsgleichung und folgerichtig optimierte Prozessschaltung gemäß Aufgabenstellung zu entwerfen.

Die Relaisschaltungen sind konstruktive Aufbauten von elektromechanischen Bauelementen, die nach den physikalischen Gegebenheiten miteinander verbunden sind. Man spricht von einem Triebsystem mit Kontaktsatz in verteilter Form. Durch die verbale Funktionalbeschreibung dieser Aufbauten lassen sich die adäquaten logischen Verknüpfungen durch Parallel- und Serienschaltung der Bauelemente realisieren. Die abstrakte Beschreibung der logischen Verknüpfung ist die zweiwertige Wahr/Nicht-Algebra der dualen Variablen der booleschen Beziehungen. Durch die Wahrheitstabelle (Schaltbelegungstabelle) der unabhängigen Eingangsvariablen als Funktion der abhängigen Ausgangsvariablen lassen sich die booleschen Gleichungen ableiten. Die unabhängigen Eingangsvariablen werden mit all ihren möglichen Bitkombinationen eingetragen; zum Beispiel zwei Variablen mit $2^2 = 4$ möglichen Bitkombinationen (00 01 10 00), drei Variablen mit $2^3 = 8$ (000 001 010 011 100 101 110 111), usw. In einer weiteren Spalte der Tabelle sind dann die Ausgangsgrößen, die von den Eingangsgrößen abhängig sind, eingetragen. Die Belegung der Ausgangssignale ergibt sich aus der verbalen funktionalen Beschreibung des Stromlaufplanes. Die zu bildende Funktionsgleichung wird unter Berücksichtigung aller gesetzten (für jeden Eintrag „1" Zustände der Ausgangsvariable) definiert. Sowohl der Aufbau als auch die logische Wirkungsweise kann dann auf die boolesche Gleichung zurückgeführt werden.

6.9 KV-Diagramm, A-Tabelle, boolesche Gesetze

Das KV-Diagramm, die A-Tabelle und die Anwendung der booleschen Gesetze ermöglichen das Kürzen (die Minimierung/Optimierung) der Ausdrücke in der Funktionsgleichung, wodurch die elektrische Schaltung mit minimalem Aufwand realisiert werden kann (Abb. 6.15).

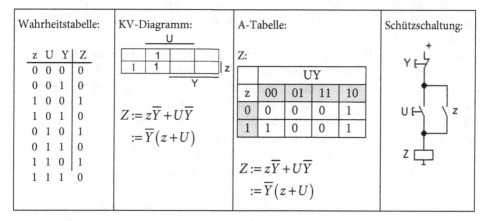

Abb. 6.15 Optimierung von Funktionsgleichungen

Die abhängige Variable Z, gleichzeitig die Ausgangsgröße des Schaltungsaufbaus, ist auch als eine Funktion für die Ausgangsgröße zu berücksichtigen. Die Einschaltbedingung ist mit dem Ausdruck $U\overline{Y}$ gegeben. z ist die Selbsthaltung. Diese ist in der Funktionsgleichung mit der negierten Ausschaltbedingung $\overline{Y}$ kombiniert.

Die Eingangsvariablen U, z und Y verfügen in den ersten drei Spalten der Wahrheitstabelle über alle möglichen Bitkombinationen gemäß der bekannten Beziehung $2^n = 8$ mit n=3.

Nimmt man an, dass die Eingangsvariable Y ein Schalter als Öffner vorgesehen ist, dann öffnet der Schalter Y bei dessen Betätigung, d. h. wenn Y=1 ist. Folgerichtig ist die Wirkung für die Ausgangsvariable Z=0 (Haupt-AUS-Schalter). Diese Zustände sind in der Wahrheitstabelle der Zeilen 2, 4, 6 und 8 ersichtlich. In der Ruhestellung (Anfangszustand, alle Signale seien Null), d. h. Y: Schalter als Öffner, U: Taste als Schließer und x: Schließer, hat die Wirkung Z bei Nichtbetätigen der Eingangsvariablen die Belegung auch „0" (1. Zeile in der Wahrheitstabelle). In der dritten Zeile der Wahrheitstabelle ist die Selbsthaltung aktiv und damit das Schütz über den rechten Zweig der Schaltung erregt

(Z=1). In der fünften Zeile der Tabelle ist die Einschaltbedingung erfüllt, d. h. die Taste U ist betätigt (U=1) und somit Z=1. Die gleiche Bedingung ist auch in der siebten Zeile der Tabelle erfüllt und daher auch dort Z=1.

Im Anfangszustand sind die Belegungen von U und Y maßgebend für die Erregung des Schützes. Betätigt man die Taste U kurzzeitig, so wird Z erregt, schließt z und bleibt die Schaltung in Selbsthaltung, d. h. das Triebsystem wird über den rechten Zweig gesteuert. Der Zustand von Z ist nicht mehr von der Eingangssignal-Kombination abhängig und kann nur durch Haupt-AUS-Schalter Y deaktiviert werden.

Das KV-Diagramm liefert auch die Funktionsgleichung der Anordnung der A-Tabelle in minimierter Form, d. h. die Schaltung lässt sich in minimierter Form entwickeln. Die benachbarten „Einsen" im KV-Diagramm werden als „Block" zusammengefasst. Das sind die beiden Felder in der zweiten Spalte und die beiden Felder in der zweiten Zeile des Diagramms. Die sich daraus ergebende Funktionsgleichung in ihrer Struktur drückt die DNF (disjunktive Normalform) aus.

Für das Kürzen der booleschen Ausdrücke und somit für die Optimierung (Minimierung) der Funktionsgleichung in überschaubare und einfacher Form ist neben dem Einsatz der booleschen Algebra auch die Anwendung der A-Tabelle von größter Bedeutung. Dabei sind die unabhängigen Eingangsvariablen U und Y mit ihren vier möglichen Bitkombinationen (00, 01, 11, 10) vier Spalten in der A-Tabelle in einschrittigem Abstand (d. h. von einem Schritt zum anderen ändert nur eine Stelle seinen Wert) und die Zustandsgröße z zwei Zeilen der A-Tabelle zugeordnet. Abhängig von der Aufgabenstellung wird die Ausgangsgröße (Wirkung) Z ihre Belegung wie bei der Anwendung im KV-Diagramm annehmen.

Bildet man die Funktionsgleichung aus der A-Tabelle, indem auch hier die benachbarten Felder als ein Block zusammengefasst werden, so berücksichtigt man nur die Belegungen „1" der Wirkung, nämlich a) die ganze 4. Spalte mit den 1. und 2. Zeilen, sowie b) die 2. Zeile mit den 1. und 4. Spalten der A-Tabelle. Für den Fall a) ist die Wirkung keine Funktion der Zustandsgröße z, da die Wirkung trotz der Änderung ihrer Belegung von 0 auf 1 ihren Wert von Z=1 stets beibehält. Daher sind nur noch die Eingangsgrößen für die Bildung der Funktionsgleichung maßgebend

$$Z := U\overline{Y}$$

Für den Fall b) ist nur die 2. Zeile der Tabelle gültig. Hier ist die Zustandsgröße definitiv Z=1 und ist folgerichtig für die Ausgangsgröße (Wirkung) maßgebend. In den Spalten 1 und 4 der zweiten Zeile hat die Eingangsgröße U ihren Wert von 0 auf 1 verändert, ohne dass die Wirkung beeinflusst wurde. Daher kann ihre Belegung und somit ihr Vorhandensein ganz vernachlässigt werden. In den definierten Spalten aber ist die Belegung für Y gleich 0.

Definitiv ist dann dort $\overline{Y}$ ein Element der Funktionsgleichung und somit gilt

$$Z := z\overline{Y}$$

Die zusammengefassten zwei Blöcke mit unterschiedlichen Variablenkombinationen sind maßgebende Verknüpfungen, die zum Schalten und somit zum Erregen des Schützes beitragen. Sie sind miteinander ODER-verknüpft. Somit lautet auch hier die vollständige Funktionsgleichung

$$Z := U\overline{Y} + z\overline{Y} = \overline{Y}\left(U + z\right)$$

Wendet man die booleschen Gesetze für die nicht minimierten Beziehungen der Variablen in der Wahrheitstabelle an, wo die Wirkung Z den logischen Zustand „1" aufweist, dann ergibt sich die folgende Beziehung für die Ausgangsgröße:

$$Z := \overline{U}z\overline{Y} + U\overline{z}\overline{Y} + Uz\overline{Y}$$

$$:= \overline{Y}\left(\overline{U}z + U\overline{z} + Uz\right)$$

$$:= \overline{Y}\left[z\left(\underbrace{\overline{U} + U}_{=1}\right) + U\overline{z}\right]$$

$$:= \overline{Y}\left(z + U\overline{z}\right)$$

Das distributive Gesetz nach Boole lautet:

$$a + \left(bc\right) = \left(a + b\right)\left(a + c\right)$$

Wendet man das Gesetz an, so lautet die obige Beziehung:

$$Z := \overline{Y}\left(z + U\right)\left(\underbrace{z + \overline{z}}_{=1}\right)$$

$$:= \overline{Y}\left(z + U\right)$$

Auch hier ist die gleiche Beziehung für die Funktionsgleichung in minimierter Form erzielt worden.

6.10   Wichtigkeit der ausführlichen Beschreibung von Aufgabenstellungen

Die gewünschte Lösung einer Aufgabe hängt – man kann fast sagen – von der korrekt beschriebenen Aufgabenstellung ab. Eine unvollständig verfasste Aufgabe könnte n-Lösungen präsentieren. Eine exakt formulierte Aufgabe jedoch verfügt über nur eine Lösung. Sind einige wichtige Eigenschaften einer Aufgabenstellung nicht erwähnt, so kann man aber für die fehlende Bemerkung nicht ohne weiteres beliebige Zustände zuweisen. Die nicht detailliert beschriebenen Aufgaben müssen nicht unbedingt falsche Ergebnisse liefern, sondern führen dann dazu, einige Steuerelemente, wie das untere Beispiel zeigt (Aufgabe a), gegenstandslos einzusetzen.

Aufgabe 6.1 a)   Zwei Dioden H1 und H2 können durch die Taster S1 und S2 wahlweise einzeln eingeschaltet werden. Nach dem Betätigen und danach Loslassen eines Tasters soll die dazugehörige Diode an bleiben. Ein Umschalten zwischen H1 und H2 soll nur durch Betätigung des AUS-Schalters S0 möglich sein.

Lösung a):

A-Tabelle:

	S1 S2		
k1 k2	0 1	0 0	1 0
0 1	0 1	0 1	0 1
0 0	0 1	0 0	1 0	K1 K2
1 0	1 0	1 0	1 0
1 1	nicht erlaubt		

Funktionsgleichungen:

$$K1 := k1 \cdot \overline{k2} \cdot \overline{S1} + S1 \cdot \overline{S2} \cdot \overline{k2} = \overline{k2} \cdot \left(k1 \cdot \overline{S1} + S1 \cdot \overline{S2} \right)$$
$$K2 := \overline{k1} \cdot k2 \cdot \overline{S2} + \overline{S1} \cdot S2 \cdot \overline{k1} = \overline{k1} \cdot \left(k2 \cdot \overline{S2} + \overline{S1} \cdot S2 \right)$$

Schützschaltung:

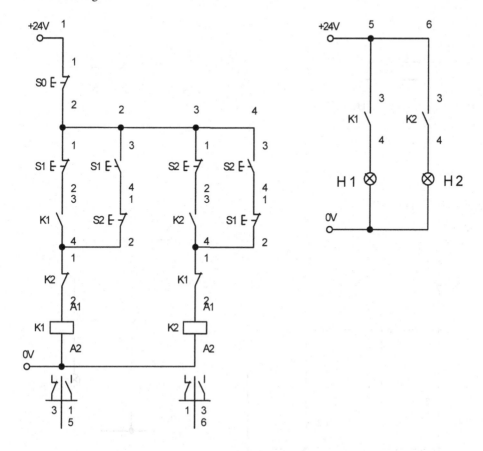

Aus der Beschreibung der Aufgabe a) geht aber nicht hervor, welche Wirkung die Schaltung bei gleichzeitiger Betätigung beider Tasten S1 und S2 haben soll. Diese ergänzende Bemerkung ist in Aufgabe b) berücksichtigt.

Aufgabe 6.1 b) Zwei Dioden H1 und H2 können durch die Taster S1 und S2 wahlweise einzeln eingeschaltet werden. Nach dem Betätigen und anschließendem Loslassen eines Tasters soll die dazugehörige Diode eingeschaltet bleiben. Ein Umschalten zwischen H1 und H2 soll nur durch Betätigung des AUS-Schalters S0 möglich sein. Die Leuchtdioden sollen sich nur in abwechselnder Reihenfolge einschalten lassen.

Bei Betätigung der beiden Tasten S1 und S2 soll die Schaltung eine beliebige Wirkung aufweisen.

Lösung b):

A-Tabelle:

Funktionsgleichungen:

S1 S2						
k1 k2	0 1	0 0	1 0	1 1
0 1	0 1	0 1	0 1	x
0 0	0 1	0 0	1 0	x	K1 K2
1 0	1 0	1 0	1 0	x
1 1	nicht erlaubt

$$K1 := k1 \cdot \overline{k2} + \overline{k2} \cdot S1 = \overline{k2} \cdot (k1 + S1)$$
$$K2 := \overline{k1} \cdot k2 + \overline{k1} \cdot S2 = \overline{k1} \cdot (k2 + S2)$$

(x: beliebig)

Schützschaltung:

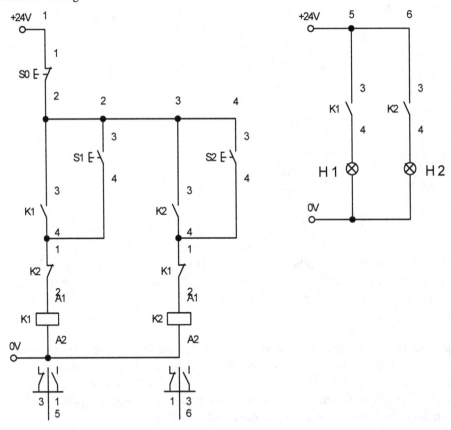

Die Schützschaltung der Lösung b) erfüllt die Aufgabenstellung ganz. Die beiden Tasten S1 und S2 bei der Lösung a) können erspart bleiben.

6.11 Logische Analyse einer Aufgabenstellung

Die Analyse der ausreichend spezifizierten Aufgabenstellung für den erforderlichen Logik-Entwurf und damit die Beschreibungsmethode ihrer Lösung erfordert zunächst die Bestimmung der in der Aufgabenstellung definierten Ein-, Aus- und Zustandsgrößen. Der komplette Zusammenhang dieser Größen in einer Dokumentationsform, hier z. B. durch eine A-Tabelle (ihre Anwendung ist aber nicht die einzige Methode zur Lösung von Aufgaben dieser Art), führt zur Beschreibung des Systems durch boolesche Gleichungen. Diese systematisch angeführten Entwurfsschritte ermöglichen eine konkrete Ausführung der Aufgabenlösung. Die folgende Steuerschaltung soll entsprechend schrittweise entwickelt werden.

Die Steuerung der Ausgänge Q1 und Q2 soll einfach durch drei manuell zu betätigende Tasten S0 (Not-Aus), S1 (Einschalten der Ausgangsgröße Q1) und S2 (Einschalten der Ausgangsgröße Q2) unter Berücksichtigung der Zustandsgrößen (Vorgeschichte) q1 und q2 bestimmt werden. Aufgabengemäß ist festgelegt, dass die gleichzeitige Betätigung der beiden Tasten S1 und S2 zur Deaktivierung der Ausgangsgrößen Q1 und Q2 führen soll. In der Aufgabenstellung ist weiterhin definiert, dass wenn Q1 vorher an ist, und danach die Taste S2 kurzzeitig betätigt wird, so soll Q2 aktiviert werden. Dies gilt auch für den umgekehrten Fall.

Demnach sind drei Eingangsgrößen S0, S1 und S2, zwei Ausgangsgrößen Q1 und Q2 sowie zwei Zustandsgrößen q1 und q2 zu berücksichtigen, die die untere Darstellung der folgenden A-Tabelle charakterisieren (Abb. 6.16).

		S0 S1 S2							
$q1$	$q2$	100	101	001	000	010	011	111	110
0	1								
0	0								
1	0								
1	1								

Q1 Q2

Abb. 6.16 Grundausstattung der A-Tabelle

Mit den drei Eingangsgrößen können $2^3 = 8$ und mit den zwei Zustandsgrößen $2^2 = 4$ mögliche Bitkombinationen kodiert werden. Da laut Aufgabenstellung festgelegt ist, dass die gleichzeitige Betätigung der Eingangstasten S1 und S2 zur Rücksetzung der Ausgangsgrößen Q1 und Q2 führt, können dann die hierfür in der A-Tabelle definierten Spalten ignoriert werden (Abb. 6.17).

		SO S1 S2							
q2	q1	100	101	001	000	010	011	111	110
0	1								
0	0								
1	0								
1	1								

Q1 Q2

Abb. 6.17 S1S2=11 führt zu Q1Q2=00 und ist damit zu vernachlässigen

Die Not-Aus-Taste bewirkt, dass alle Ausgänge Q1 und Q2 ausgeschaltet werden. Der logische Zustand „1" in der A-Tabelle schaltet die Ausgänge Q1 und Q2 ebenfalls aus, und auch diese Spalten in der A-Tabelle werden ausgeschaltet (Abb. 6.18).

		SO S1 S2							
q1	q2	100	101	001	000	010			110
0	1								
0	0								
1	0								
1	1								

Q1 Q2

Abb. 6.18 S0=1 schaltet die Ausgänge Q1 und Q2 aus

Damit hat die A-Tabelle die folgende Struktur (Abb. 6.19)

		SO S1 S2							
q1	q2			001	000	010			
0	1								
0	0								
1	0								
1	1								

Q1 Q2

Abb. 6.19 Resultierende Zustände in der A-Tabelle

Es ist aus der Aufgabenstellung nicht zu erkennen, welche Ausgangskodierung bei den Zustandsgrößen q1q2=11 zu berücksichtigen ist. Hier werden die dazugehörigen Felder in der A-Tabelle als beliebig „b" („don't care") deklariert (Abb. 6.20).

q1	q2			S0 S1 S2					
				001	000	010			
0	1								
0	0								
1	0								
1	1			b	b	b			

Q1 Q2

Abb. 6.20 Als beliebig „b" deklarierte Felder

Das Ausfüllen der A-Tabelle geschieht dadurch, dass man einen Zustand für q1q2 und ein externes Ereignis für S1 und S2 als Eingangskodierung kombiniert und entsprechend der Aufgabenstellung die erforderliche Belegung der Ausgangsgrößen Q1 und Q2 ermittelt. Die „b"-Felder können zur Minimierung der Funktionsgleichungen mit benachbarten Feldern beliebig kombiniert werden.

Der Zustand q1q2=01 und S1S2=01 führt zu keiner Änderung des Ausgangszustandes für Q1Q2=01.

Der Zustand q1q2=01 und S1S2=00 führt zu keiner Änderung des Ausgangszustandes für Q1Q2=01, da kein externes Ereignis vorgenommen wurde.

Der Zustand q1q2=01 und S1S2=10 führt zu einer Änderung des Ausgangszustandes Q1Q2=10, da laut Aufgabenstellung eine „Umschaltung" möglich ist (keine Verriegelung!).

Der Zustand q1q2=00 ermöglicht die Übernahme der externen Ereigniskombinationen von S1S2 direkt auf die Ausgangskombination.

Der Zustand q1q2=10 und S1S2=01 führt zu einer Änderung des Ausgangszustandes für Q1Q2=01, da laut Aufgabenstellung eine „Umschaltung" möglich ist (keine Verriegelung!).

Der Zustand q1q2=10 und S1S2=00 führt zu keiner Änderung des Ausgangszustandes für Q1Q2=10, da kein externes Ereignis vorgenommen wurde.

Der Zustand q1q2=10 und S1S2=10 führt zu keiner Änderung des Ausgangszustandes Q1Q2=10.

Nach diesen Schritten hat die A-Tabelle die folgende Form (Abb. 6.21):

q1	q2			S1 S2					
				01	00	10			
0	1			01	01	10			
0	0			01	00	10			
1	0			01	10	10			
1	1			b	b	b			

Q1 Q2

Abb. 6.21 A-Tabelle ist vollständig ausgefüllt.

Für die Bildung der Funktionsgleichung für Q1 aus der A-Tabelle werden die beiden 4er-Block-Felder mit der Kombination der „b"-Felder zusammengefasst (Abb. 6.22).

q1	q2	S1 S2		01	00	10			
0	1			01	01	10			
0	0			01	00	10			
1	0			01	10	10			
1	1			b	b	b			

Q1 Q2

Bild 6.22 Kombinationsfelder in der A-Tabelle für Q1

Funktionsgleichung:
$$Q1 := S1 \cdot \overline{S2} + \overline{S2} \cdot q1$$
$$:= \overline{S2} \cdot (S1 + q1)$$

Für die Bildung der Funktionsgleichung für Q2 aus der A-Tabelle werden die beiden 4er-Block-Felder mit der Kombination der „b"-Felder zusammengefasst (Abb. 6.23).

q1	q2		S1 S2	01	00	10			
0	1			01	01	10			
0	0			01	00	10			
1	0			01	10	10			
1	1			b	b	b			

Q1 Q2

Abb. 6.23 Kombinationsfelder in der A-Tabelle für Q2

Funktionsgleichung:
$$Q2 := \overline{S1} \cdot S2 + \overline{S1} \cdot q2$$
$$:= \overline{S1} \cdot (S2 + q2)$$

Die beiden Gleichungen werden unter Verwendung der Schützschaltung realisiert (Abb. 6.24). Dabei ist zu beachten, dass eine UND-Verknüpfung einer Reihenschaltung und eine ODER-Verknüpfung einer Parallelschaltung in der Schützenschaltung entspricht.

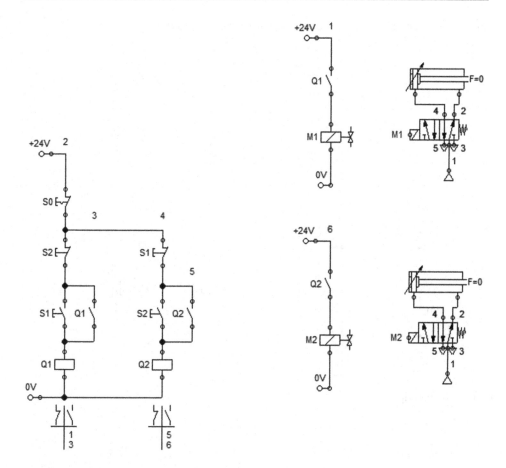

Abb. 6.24 Schützschaltung zur Aufgabenstellung

Die Einschaltbedingung für die linke Stufe der Schützschaltung erfolgt durch die Taste S1. Hier handelt es sich um eine Speicherung (Selbsthaltung) der Stufe. Diese Eigenschaften gelten auch für die rechte Stufe, in der die Taste S2 die Einschaltbedingung darstellt. Ein Umschalten von einer Stufe auf die andere ist durch Betätigung der Eingangstasten S1 und S2 ohne weiteres möglich (keine Verriegelung).

Schützschaltungen ohne gegenseitige Verriegelung (Ruhestellung):

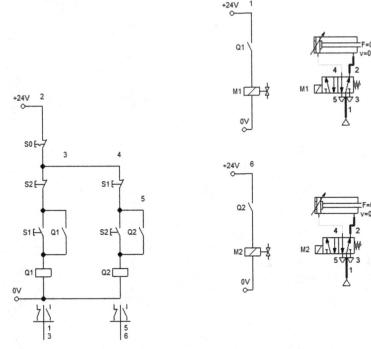

Die Taste S1 betätigt:

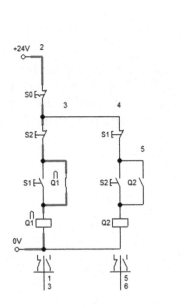

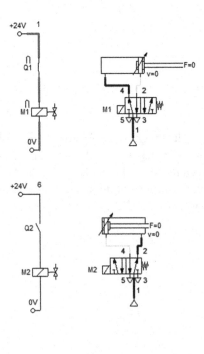

Die Taste S2 betätigt:

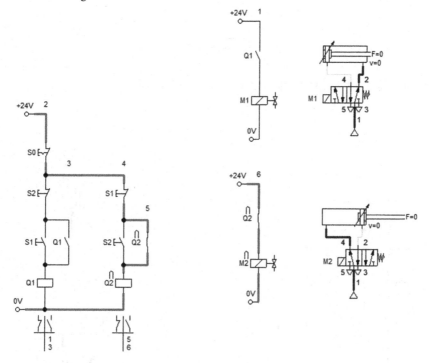

Wünscht man sich eine gegenseitige Verriegelung der beiden Stufen, so ändert man die beiden folgenden Zustände (nur in zwei Feldern) in der A-Tabelle wie folgt:

$$q1q2=01 \Rightarrow S1S2=10 \Rightarrow Q1Q2=01$$
$$q1q2=10 \Rightarrow S1S2=01 \Rightarrow Q1Q2=10$$

Die A-Tabelle hat dann die folgende Form (Abb. 6.25).

q1	q2			01	00	10			
					S1 S2				
0	1			01	01	01			
0	0			01	00	10			
1	0			10	10	10			
1	1			b	b	b			

Q1 Q2

Abb. 6.25 A-Tabelle für die gegenseitige Verriegelung

Die Funktionsgleichungen für die Ausgangsgrößen Q1 und Q2 lauten dann:

$$Q1 := \overline{q2} \cdot S1 \cdot \overline{S2} + q1$$
$$Q2 := \overline{q1} \cdot \overline{S1} \cdot S2 + q2$$

Schützschaltungen für die gegenseitige Verriegelung (Ruhestellung):

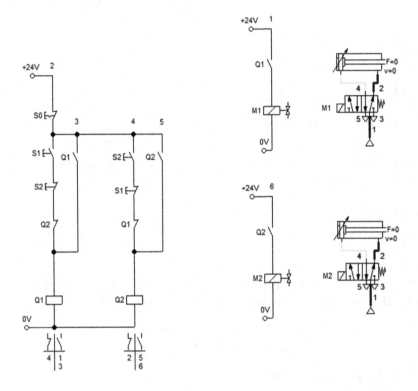

Die Taste S1 betätigt:

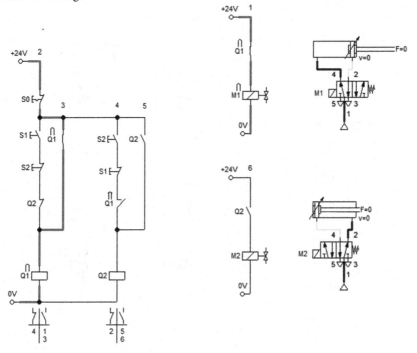

Zum Umschalten ist die Betätigung von S2 wirkungslos, daher wird zunächst S0 betätigt:

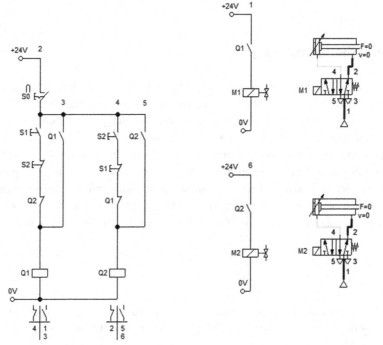

Die Taste S2 betätigt:

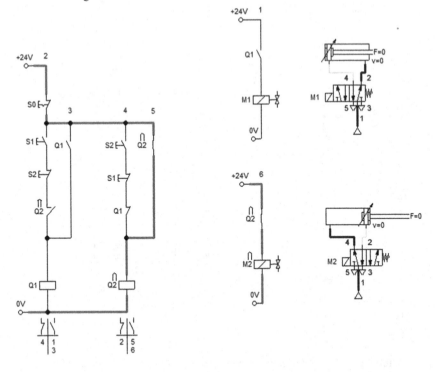

6.12   Selbsthalteschaltung

In der Steuerungs-, Antriebs- und Automatisierungstechnik wird das Ein- und Umschalten von Stellgliedern durch Schütz-Steuerschaltungen realisiert. Die einfache Schützschaltung im unteren Teil der Abb. 6.26 zum Aktivieren eines Stellgliedes ist die sogenannte Selbsthalteschaltung, die hier im Steuer- und Laststromkreis dargestellt ist.[1]

Verglichen mit der Funktionsweise eines Transistors im Hinblick auf Basis- und Kollektorstrom arbeitet der Steuerstromkreis selbst mit geringer Steuerungsenergie und kann hohe Energien im Laststromkreis wirksam schalten. Daher müssen die Versorgungsspannungsquellen beider Stromkreise nicht unbedingt identisch sein. Der Steuerstromkreis ist so gebildet, dass auch nach Betätigung des Tasters S1 der Einschaltzustand beibehalten wird.

---

[1]   S0 wird als Öffner angenommen. Als Hauptschalter dient er dazu, die aktive Ausgangsgröße jederzeit zu deaktivieren. Infolgedessen werden die Wirkungen in den Spalten für S0=1 in der A-Tabelle ignoriert.

Abb. 6.26 Selbsthalteschaltung

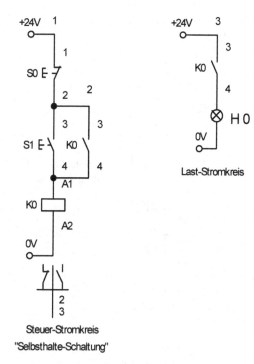

Steuer-Stromkreis
"Selbsthalte-Schaltung"

Last-Stromkreis

	S0 S1	
k0	00	01
0	0	1
1	1	1

K0

$$K0 := \overline{S0} \cdot (S1 + k0)$$

Das Schütz K0 ist durch die Betätigung des Tasters S1 mit der Versorgungsspannungs-quelle des Steuerstromkreises verknüpft und schaltet ein. Dadurch schließt der Kontakt K0 (Schließer) des Steuerstromkreises sowie der des Laststromkreises (Schließer). Nun ist die Schützspule weiterhin an die Versorgungsspannungsquelle des Steuerstromkreises über den Schließer K0 geschaltet, selbst wenn die Taste S1 losgelassen wird (Selbsthalten). Das Schütz K0 kann nur dann ausgeschaltet werden, wenn der Hauptschalter S0 betätigt wird (Abb. 6.27).

Wird die Selbsthalteschaltung zur Steuerung eines Antriebsmotors eingesetzt und ist der Antriebsmotor durch z. B. Überstrom gefährdet, dann soll der Steuerstromkreis die Möglichkeit haben, durch einen zusätzlichen Öffner S2 (Hilfsöffner) in seiner Längsachse das Schütz (und damit die Antriebssteuerung) zu deaktivieren. In diesem Fall wird der Hilfsöffner wie der AUS-Taster fungieren (Abb. 6.28).

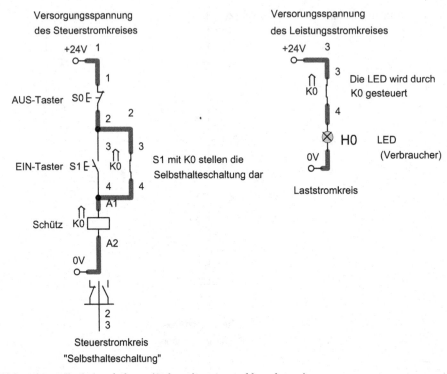

Abb. 6.27 Selbsthalteschaltung (S1 kurz betätigt und losgelassen)

Abb. 6.28 Hilfsöffner gegen
Gefährdung von Überstrom

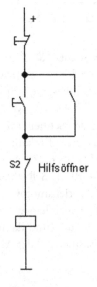

6.13 Zeitrelais

Die Zeitrelais dienen dazu, einen Stromschluss oder eine Unterbrechung eines Stromkreises nicht sofort, sondern erst nach (oder während) einer vorgesehenen Zeitspanne wirksam werden zu lassen. Sie werden als zeitverzögerte Relais bezeichnet, deren Verzögerungszeit elektromechanisch (ausgestattet durch Getriebe und Motor) oder elektronisch (Anwendung von Zeitkondensatoren als RC-Glied) veränderbar ist.

Bei den Zeitrelais verwendet man das Prädikat (also keine Variable) für die Zeit mit der Bezeichnung „t abgelaufen" oder „t nicht abgelaufen". Für eine Beschreibung der Verhaltensweise eines Zeitrelais ist so zu verfahren, dass dieses Prädikat für die Signalvorgeschichte steht. Allgemein lässt sich das Verhalten mit vier Zuständen deklarieren:

Eingang	t abgelaufen	Ausgang
0	0	0
1	0	0
1	1	1
0	1	0

Die Tabelle lässt sich vereinfacht darstellen, wenn man den nicht aktiven Eingang zusammenfasst.

Eingang	t abgelaufen	Ausgang
0	0 oder 1	0
1	0	0
1	1	1

6.13.1 Anwendung von zeitverzögerten Schaltrelais

a) Impulsgenerator mit variierbarer Impuls- und Pausendauer

Die Impulsdauer bzw. -pausen werden durch die Zeitrelais TY und TX variiert. Die Selbsthalteschaltungen werden in Abhängigkeit der Schaltzeiten der Zeitrelais angesteuert. Die A-Tabellen für die Selbsthalteschaltungen lassen sich dann durch die folgende Beziehung ermitteln:

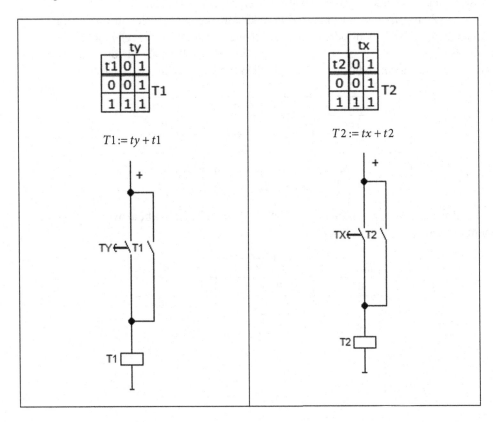

$$T1 := ty + t1$$

$$T2 := tx + t2$$

Die Selbsthalteschaltung kann ausschließlich durch einen Hauptausschalter deaktiviert werden, der entweder in Serie zu t1 oder in Reihe zur Parallelschaltung ty//t1 bzw. tx//t2 geschaltet werden kann.

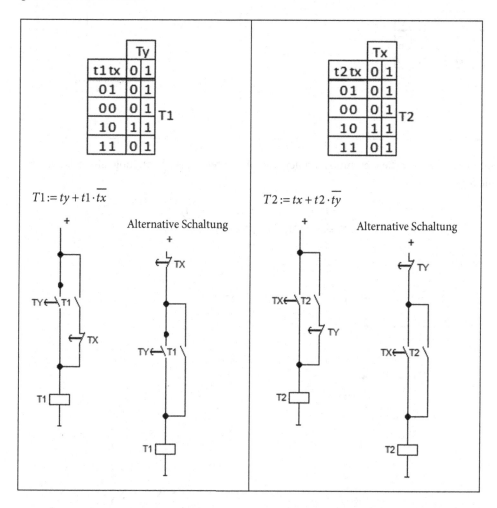

$$T1 := ty + t1 \cdot \overline{tx}$$

$$T2 := tx + t2 \cdot \overline{ty}$$

Die für die Bestimmung der Impulsdauer und -pause vorgesehenen Zeitrelais TX und TY aktivieren die Selbsthalteschaltungen abwechselnd. Eine gleichzeitige Aktivierung der beiden Selbsthalteschaltungen tritt nicht auf (gegenseitige Verriegelung). Unter Betrachtung der Vorgeschichte beider Zustände der Zeitrelais lässt sich die folgende A-Tabelle für T1 und T2 ermitteln:

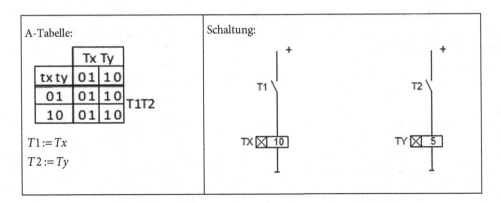

A-Tabelle:

tx ty	Tx Ty	
	01	10
01	01	10
10	01	10

T1T2

$T1 := Tx$

$T2 := Ty$

Schaltung:

Somit erhalten wir die Gesamtlösung der Aufgabe unter Berücksichtigung aller Zustände wie folgt:

$$T1 := ty + t1 \cdot \overline{tx} \qquad T2 := tx + t2 \cdot \overline{ty}$$

$$TX := t1 = H1 \qquad TY := t2 = H2$$

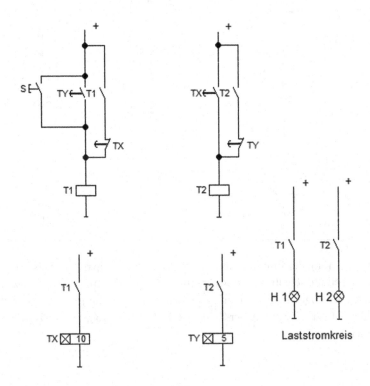

Steuerstromkreise

b) Impulsgenerator mit variierbarer Impuls- und Pausendauer (alternative Schaltung)

Eine relativ einfache Schaltung zur Erzeugung variabler Impulsdauer und -pausen zeigen die folgenden Darstellungen.

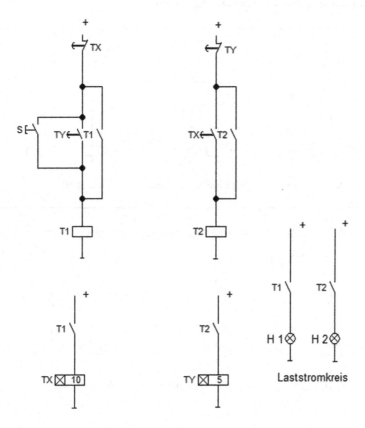

Steuerstromkreise

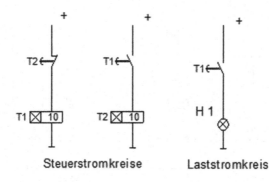

Steuerstromkreise   Laststromkreis

c) Impulsgenerator mit variierbarer Impuls- und Pausendauer (alternative Schaltung mit
   Schrittsteuerung)

Möchte man den Schaltungsaufbau verbal durch Schrittsteuerungen analysieren, so beschreibt der folgende Ablauf die einzelnen Schritte.

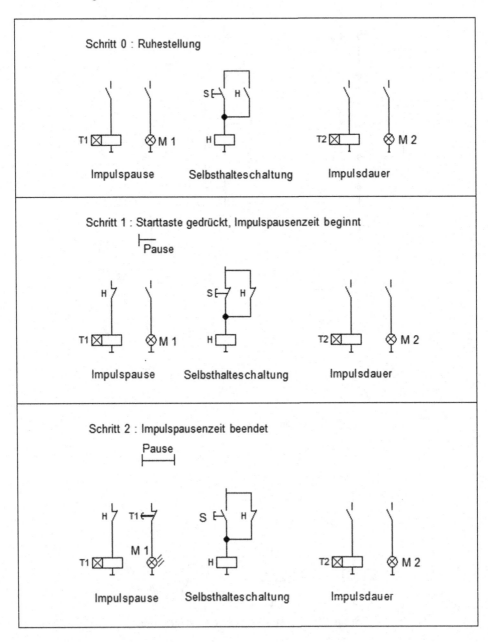

Schritt 3 : Impulsdauer beginnt

Pause Dauer

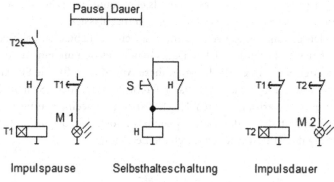

Impulspause   Selbsthalteschaltung   Impulsdauer

Schritt 4 : Impulsdauer beendet

Pause Dauer

Impulspause   Selbsthalteschaltung   Impulsdauer

Schritt 5 : Impulspausenzeit beginnt wieder

Pause Dauer Pause

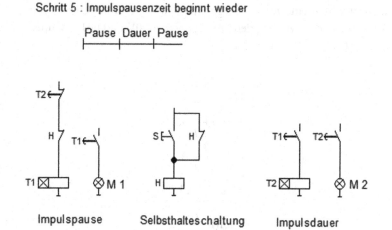

Impulspause   Selbsthalteschaltung   Impulsdauer

Funktionsgleichungen:

$$M1 := t1$$

$$M2 := t2$$

$$T1 := \overline{t2}$$

$$T2 := t1$$

Durch die Anwendung von Zeitrelais ist im Laststromkreis die Last M stufenweise steuer-bar. Sie wird zwischen zwei Grenzlagen 0V und z. B. u2 geschaltet (Schalterfunktion). In Abhängigkeit von der Steuerspannung – nennen wir sie u1 im Steuerstromkreis – ist der Kontakt T im Laststromkreis geöffnet (Ausgangsspannung an der Last Null) oder ge-schlossen (Ausgangsspannung an der Last u2). Bezeichnet man den Lastwiderstand mit R, so wird durch das Relais die Leistung $P_2 = \dfrac{u_2^2}{R}$ geschaltet. Die der Steuerspannungsquelle entnommene Steuerleistung $P_1 = u_1 \cdot i_1$ ist gegenüber P2 sehr gering. P_1 bestimmt zusam-men mit P2 die Leistungsverstärkung des Relais als elektromechanischer Verstärker. Da-bei werden die Verlustleistungen der Kontakte ganz vernachlässigt.

Durch die beiden erwähnten Zeitrelais kann man eine beliebige Signalfolge mit be-stimmter Impulsdauer und -pause erzielen. Dabei handelt es sich um eine diskrete Folge, also um eine unstetige Kennlinie. Möchte man diese Anordnung für die Steuerung z. B. eines Gleichstrommotors mit linear steuerbarer Drehzahl anwenden (Stellglied), so soll die unstetige Kennlinie linearisiert werden. Hierfür ist eine Folgeeinrichtung erforderlich, die den periodischen Mittelwert des Ausgangssignals bildet. Der bekannte Zusammen-hang für die Bildung des Mittelwertes ist durch die Beziehung

$$\overline{u_2} = \frac{1}{T} \int\limits_{t}^{t+T} u_2(\tau)d\tau$$

gegeben. Betrachtet man eine Ausgangssignalfolge mit zwei unterschiedlichen Tastver-hältnissen (Abb. 6.29), die zwischen den Spannungen uo=0V und uo1=3V umschaltet, so ergeben sich mit t1+t2=T die Mittelwerte:

$$\overline{u_2} = \frac{1}{T} \int\limits_{t}^{t+T} u_2(\tau)d\tau$$

$$= \frac{t_1}{T}uo + \frac{t_2}{T}uo1$$

$$= 0V + \frac{T-t_1}{T}uo1$$

$$= uo1 - \frac{t_1}{T}uo1$$

$$= uo1\left(1 - \frac{t_1}{T}\right)$$

Abb. 6.29 Mittelwertbildung

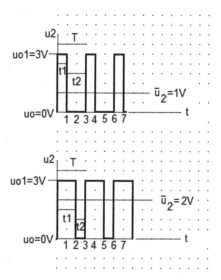

In der obigen Beziehung ist t1 bei konstantem T und festem uo1 die einzige Variable. Der Mittelwert ist somit eine lineare Funktion des Schaltverhältnisses des Ausgangssignals.

6.14 Aufgaben

Aufgabe 6.2 Betätigt man den Knopf S1 einer Fußgängerampel, so schaltet sie nach einer definierten Zeitspanne des Zeitrelais T auf „Grün" (Abb. 6.30).

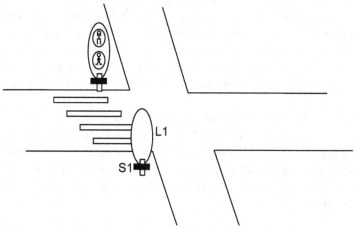

Abb. 6.30 Fußgängerampel

Abb. 6.31 Schützschaltung zur
Aufgabenstellung

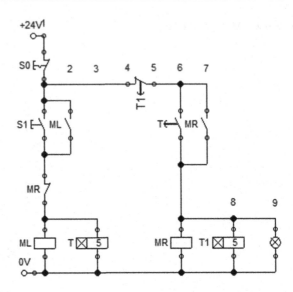

Die Taste S1 bildet mit dem ML-Relais sowie dem ML-Schließer die Selbsthalteschaltung, die auch nach der Betätigung von S1 das Zeitrelais T aktiviert (Abb. 6.31). Ist die von T definierte Zeit abgelaufen, so schließt der Schließer T im rechten Zweig der Steuerschaltung, aktiviert (erregt) das Relais MR (und damit leuchtet L1 auf), aktiviert das Zeitrelais T1 und deaktiviert den Öffner MR im rechten Zweig der Steuerschaltung. Der rechte Zweig der Steuerschaltung bleibt in Selbsthalteschaltung. Läuft die durch T1 festgelegte Zeitspanne ab, so wird durch den Öffner T1 auch der rechte Zweig der Steuerschaltung ganz deaktiviert.

Aufgabe 6.3 Wie bei Start-Schiffsantrieben werden für die Startphase bis zum Erreichen einer bestimmten Geschwindigkeit Motoren höchster Leistung in Betrieb genommen. Nach Erreichen der gewünschten Geschwindigkeit des Schiffes werden die Hochleistungs-motoren ausgeschaltet und ein anderer Motor mittlerer Leistung übernimmt die Ansteuerung des Antriebes. In der unteren Steuerschaltung sind die Hochleistungsmotoren mit Q2 und Q3 sowie der Motor mittlerer Leistung mit Q4 symbolisiert. Die Zeitdauer der Hochleistungsstufe dieser Ansteuerung kann z. B. durch ein Zeitrelais Z1 bestimmt werden.

Die Realisierung der Steuerschaltung für die vorgegebene Aufgabenstellung besteht demnach aus drei Schaltungsstufen, deren Funktion folgendermaßen zu beschreiben ist:

Stufe 1: Das Zeitrelais Z1 aktiviert die beiden Hochleistungsmotoren während der vorgesehenen Zeitspanne. Ist die Zeit abgelaufen, so wird der Motor Q4 mittlerer Leistung eingeschaltet und im gleichen Moment die Hochleistungsmotoren Q2 und Q3 durch diesen (Q4) ausgeschaltet.

Stufe 2: Eine Selbsthalteschaltung für die Starttaste S1 ist die Startschaltung, die den gesamten Vorgang zum Anlauf bringt.

Stufe 3: Damit der Motor mittlerer Leistung nach der vorgesehenen Zeitspanne ständig weiterläuft, soll hierfür eine Selbsthalteschaltung entwickelt werden, deren Stromversorgung nicht über den Q4-Zweig der Stufe 1, sondern über den Selbsthalteschaltungszweig der Stufe 2 (über Q1) gewährleistet wird.

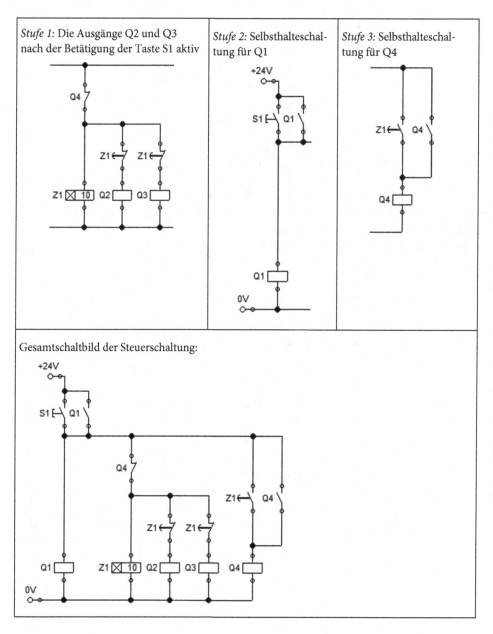

Stufe 1: Die Ausgänge Q2 und Q3 nach der Betätigung der Taste S1 aktiv

Stufe 2: Selbsthalteschaltung für Q1

Stufe 3: Selbsthalteschaltung für Q4

Gesamtschaltbild der Steuerschaltung:

Taste S1 kurzzeitig betätigt
Ausgänge Q2 und Q3 erregt; Ausgang Q4 noch deaktiviert

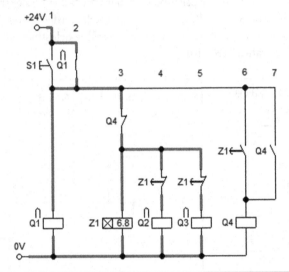

Automatisches Umschalten von Stufe 2 auf Stufe 3
Ausgänge Q2 und Q3 deaktiviert; Ausgang Q4 aktiv

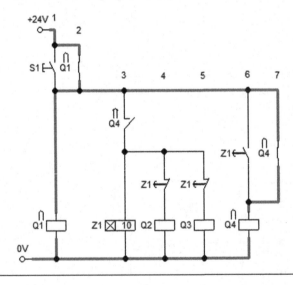

Aufgabe 6.4 Zum Schutz der Klimaanlage gegen Überstrom wird sie über thermische Überstromauslöser mit der Spannungsquelle gekoppelt (Abb. 6.32).

Abb. 6.32 Technologieschema

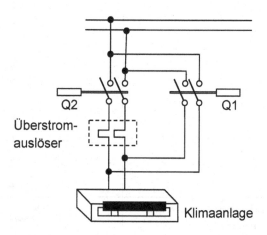

Möchte man extrem hohe bzw. extrem tiefe Temperaturbereiche gleich beim Einschalten der Klimaanlage steuern, so könnten die thermischen Überstromauslöser wegen der fließenden starken Ströme sofort ansprechen.

Es ist eine Steuerschaltung zu entwerfen, die das Ansprechen dieser thermischen Überstromauslöser nur während der Hochlaufzeit der Klimaanlage unwirksam macht. Durch Kurzschließen (Überbrücken) der im Laststromkreis liegenden Überstromauslöser mittels Schaltglieder einer zusätzlichen Schützschaltung kann das Ansprechen der Auslöser während dieser Zeitspanne verhindert werden. Damit die gewünschte Wirkung der genannten Maßnahme gewährleistet wird, sollten die beiden kombinierten Schützschaltungen so ausgelegt werden, dass zuerst beide Steuerschaltungskombinationen eingeschaltet werden. Durch die Überbrückung der Auslöser fließt der größte Strom über die Kurzschlussleitungen.

Hat das Überbrückungsschütz nach der Hochlaufzeit seine Aufgabe erfüllt, wird es dann wieder ausgeschaltet. Der Betriebsstrom der Klimaanlage (geringere Stromstärke) fließt dann durch die thermischen Überstromauslöser.

Das Ausschalten des Überbrückungsschützes wird durch ein Zeitrelais bewerkstelligt, das auf eine bestimmte Hochlaufzeit der Steuerung eingestellt wird. Der Hochlauf der Klimaanlage wird zu dem Zeitpunkt gestartet, zu dem das Überbrückungsschütz angezogen hat. In der Steuerschaltung wird dann das Zeitrelais durch einen Schließer des Überbrückungsschützes während der gesamten Hochlaufzeit aktiv bleiben. Nach Zeitablauf soll das Zeitrelais deaktiviert werden.

Lösung:

Steuerschaltung:	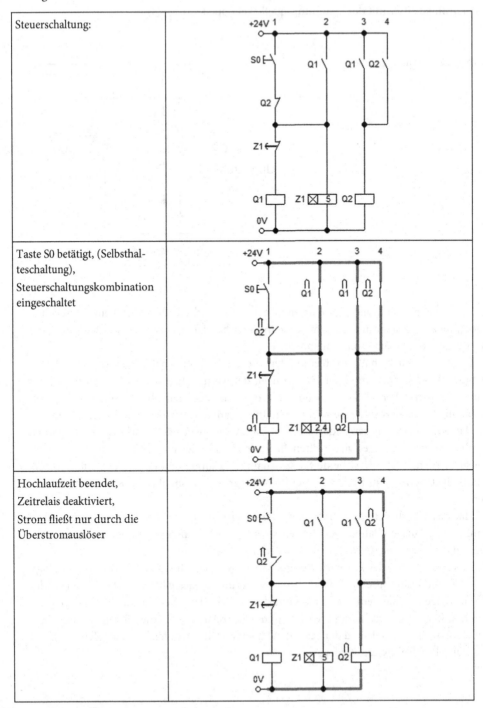
Taste S0 betätigt, (Selbsthalteschaltung), Steuerschaltungskombination eingeschaltet	
Hochlaufzeit beendet, Zeitrelais deaktiviert, Strom fließt nur durch die Überstromauslöser	

Abb. 6.33 Schützschaltung zur Aufgabenstellung

Erläuterung der Funktionsweise der Steuerschaltung: Der Schließer Q1 im mittleren Zweig der Schaltung dient als Selbsthalteschaltung, nachdem die Starttaste S0 kurzzeitig betätigt wurde (Bild 6.33). Das Relais Q1 bleibt erregt, solange sich der Öffner Z1 im geschlossenen Zustand befindet. Solange Q1 erregt ist, schließen alle Q1 in der Steuerschaltung. Dann sind die Relais Q1, Q2 und das Zeitrelais Z1 bestromt (erregt). Das Zeitrelais Z1 hält seinen Öffner Z1 solange geschlossen, solange die vorgesehene Zeitspanne nicht abgelaufen ist. Ist die aufgabengemäß definierte Zeit abgelaufen, öffnet der Öffner Z1 und das Relais Q1 bleibt stromlos. Damit öffnen seine beiden Schließer Q1. Das Zeitrelais Z1 ist dann auch stromlos. Nur Q2 wird durch die Selbsthalteschaltung über seinen Schließer Q2 aktiv bleiben. Damit lautet die Einschaltbedingung: $S0 \cdot \overline{TE}$.

6.15 Elementare Verknüpfungsglieder in Schützschaltungen

Verknüpfungsart	Wahrheitstabelle	Funktionsgleichung	Schützschaltung
Identität	S Q 0 0 1 1	$Q = S$	
Inverter	S Q 0 1 1 0	$Q = \overline{S}$	
UND-Verknüpfung	S1 S2 Q 0 0 0 0 1 0 1 0 0 1 1 1	$Q = S1S2$	
ODER-Verknüpfung	S1 S2 Q 0 0 0 0 1 1 1 0 1 1 1 1	$Q = S1 + S2$	

UND-NICHT-Verknüpfung (NAND)	S1 S2 Q 0 0 1 0 1 1 1 0 1 1 1 0	$Q = \overline{S1S2}$	
ODER-NICHT-Verknüpfung (NOR)	S1 S2 Q 0 0 1 0 1 0 1 0 0 1 1 0	$Q = \overline{S1 + S2}$	
EXOR-Verknüpfung (Antivalenz)	S1 S2 Q 0 0 0 0 1 1 1 0 1 1 1 0	$Q = \overline{S1}S2 + S1\overline{S2}$	
EXNOR-Verknüpfung (Äquivalenz)	S1 S2 Q 0 0 1 0 1 0 1 0 0 1 1 1	$Q = \overline{S1S2} + S1S2$	

Aus der obigen Tabelle ist zu entnehmen, dass die UND-Verknüpfung (Konjunktion) der Serienschaltung der Kontaktfedern und die ODER-Verknüpfung (Disjunktion) der Parallelschaltung der Kontaktfedern entspricht. Es lassen sich alle Rechenregeln der booleschen Algebra in Kontaktschaltfunktionen übersetzen.

6.16 Weitere Bemerkungen zur gegenseitigen Verriegelung

Wird die Selbsthalteschaltung für die Steuerung von zwei Betriebszuständen eingesetzt, die nicht gleichzeitig in Betrieb genommen werden dürfen, dann soll der Laststromkreis des Betriebszustandes 1 durch einen zusätzlichen Öffner T0 (Hilfsglied) in seiner Längsachse und der Steuerstromkreis des Betriebszustandes 2 in seiner Längsachse durch den zusätzlichen Schließer T0 (Hilfsglied) den Parallelbetrieb der beiden Betriebszustände verhindern. Abb. 6.34 stellt den Sachverhalt durch Anwendung eines zeitverzögerten Zeitrelais T0 (Zeitglied) dar, der kombiniert mit dem erwähnten Schließer und Öffner T0, die beiden Betriebszustände gegenseitig sperrt (gegenseitige Verriegelung).

Die Selbsthalteschaltung wird für die Steuerung von zwei Betriebszuständen eingesetzt, die nicht gleichzeitig in Betrieb genommen werden dürfen.

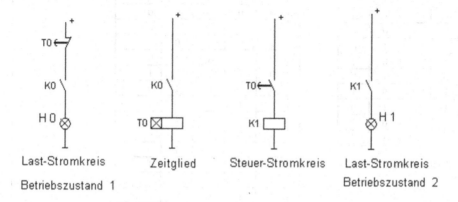

Abb. 6.34 Gegenseitige Verriegelung

6.16.1 Gegenseitige Verriegelung durch Koeffizientenvergleich

Der Aufbau sequenzieller Schaltungen (Schaltwerke) charakterisiert sich durch dessen Rückkopplung und damit durch die besondere Eigenschaft seines Speicherverhaltens. Die Wahrheitstabelle beschreibt den Zusammenhang der Ausgangsgröße als Funktion der Eingangsgrößen S und R sowie der Zustandsgröße q1 durch die Beziehung $Q1 = f(S, R, q1)$. Durch Anwendung des KV-Diagramms für die Ausgangsgröße Q1 lässt sich die Funktionsgleichung für Q1 in minimaler Form ableiten.

Spricht man von einer gegenseitigen Verriegelung zweier Schaltwerk-Ausgangsgrößen eines z. B. rücksetzdominanten RS-FF, Q1 und Q2, dann wird der Zustand von Q2 als weitere Eingangsvariable in der RS-FF-Wahrheitstabelle berücksichtigt, die festlegt, dass in der Wahrheitstabelle der Zustand Q1=1 und Q2=1 verhindert wird (Abb. 6.35). Damit stellt die neue Wahrheitstabelle mit 16-Zuständen, den Zusammenhang der drei Eingangsgrößen und einer weiteren Zustandsgröße Q2 durch die Beziehung $Q1 = f(S, R, q1, Q2)$ dar.

Bei den Zuständen Q1=0 und Q2=0 in der neuen Wahrheitstabelle ist keine gegenseitige Verriegelung erforderlich. Hier werden nur die Zustände berücksichtigt, in denen ein gesetzter Ausgang eines Schaltwerkes den Ausgang des anderen Schaltwerkes zurücksetzt.

Durch die Methode des Koeffizientenvergleiches bestimmt man die zusätzliche äußere Beschaltung der sequenziellen Schaltung für seine beiden Eingänge S und R, die deren gegenseitigen Verriegelung darstellt.

Anwendung des SR1-FF-Speichers (R-dominant)

Verriegelung über den RESET- bzw. SET-Eingang

Wahrheitstabelle
[rücksetzdominantes SR1-FF]

q1	S	R	Q1
0	0	0	0
0	0	1	0
0	1	0	1
0	1	1	0
1	0	0	1
1	0	1	0
1	1	0	1
1	1	1	0

KV-Diagramm:
Q1:

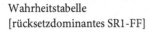

Funktionsgleichung:
$Q1 := S \cdot \overline{R} + q1 \cdot \overline{R}$

Wahrheitstabelle [mit Q2 erweitert]

Q2	q1	S	R	Q1
0	0	0	0	0
0	0	0	1	0
0	0	1	0	1
0	0	1	1	0
0	1	0	0	1
0	1	0	1	0
0	1	1	0	1
0	1	1	1	0
1	0	0	0	0
1	0	0	1	0
1	0	1	0	1 ⇒ 0
1	0	1	1	0
1	1	0	0	1 ⇒ 0
1	1	0	1	0
1	1	1	0	1 ⇒ 0
1	1	1	1	0

Bemerkung: Der Zustand Q1=0 und Q2=0 ist erlaubt.
Bei den Zuständen Q2=1 muss Q1=0 rückgesetzt werden.

KV-Diagramm: Q1:

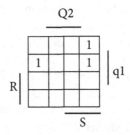

Funktionsgleichung: $Q1 := S \cdot \overline{Q2} \cdot \overline{R} + q1 \cdot \overline{R} \cdot \overline{Q2}$

Abb. 6.35 Gegenüberstellung für die Bildung der externen Schaltung zur gegenseitigen Verriegelung

Koeffizientenvergleich:

$$Q1 := S \cdot \overline{R} + q1 \cdot \overline{R}$$
$$Q1 := S \cdot \overline{Q2} \cdot \overline{R} + q1 \cdot \overline{R} \cdot \overline{Q2}$$

$$S \cdot \overline{R} = S \cdot \overline{Q2} \cdot \overline{R} \Rightarrow S = S \cdot \overline{Q2}$$
$$q1 \cdot \overline{R} = q1 \cdot \overline{R} \cdot \overline{Q2} \Rightarrow \overline{R} = \overline{R} \cdot \overline{Q2} = \overline{R + Q2} \Rightarrow R = R + Q2$$

Funktionsplan:

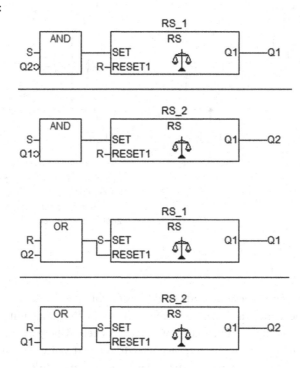

6.17 Hasard-Effekt bei Schützschaltungen mit Selbsthalteschaltung

In der Automatentechnik dient die Selbsthalteschaltung als Schaltwerk unter Berücksichtigung der „Vorgeschichte" und wird durch ihre Eigenschaft als „speicherverhaltend" gekennzeichnet. Zur Speicherung eines logischen Zustandes 0 oder 1 werden bei getakteten logischen Bausteinen durch Berücksichtigung einer Signalflanke (pos. oder neg.) in Betracht gezogen und in Abhängigkeit davon wird der Ausgang des Bausteins logisch aktiviert. Die Änderungen des logischen Zustandes innerhalb der benachbarten zwei pos. oder neg. Flanken wird ganz ignoriert; d. h. der Ausgang wird nur zum Zeitpunkt der entsprechenden Flanke des Taktsignals seinen Zustand bestimmen.

Berücksichtigen wir einen Dateneingang eines logischen Bausteins und schalten ihn z. B. mit der pos. Flanke seines zweiten Einganges unter Berücksichtigung seines alten Zustandes (Vorgeschichte), dann lässt sich die folgende Wahrheitstabelle mit drei unabhängigen Eingangsvariablen q, C (Clock) und D (Daten) erstellen (Abb. 6.36).

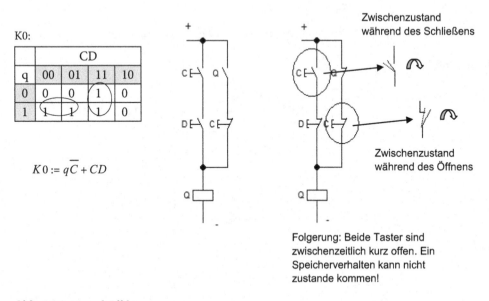

K0:

q	CD			
	00	01	11	10
0	0	0	1	0
1	1	1	1	0

$$K0 := q\overline{C} + CD$$

Abb. 6.36 Hasard-Effekt

Die aus der Wahrheitstabelle resultierende Funktionsgleichung weist für den Takteingang zwei Zustände auf, bei denen die Variable C einmal durch die Kopplung mit dem anderen Eingangsvariablen als C und $\overline{C}$ auftaucht, das heißt, dass beim Übergang von einem Zustand in den anderen der Eingang C entgegengesetzt gesteuert werden muss. Die UND-Verknüpfung beider Zustände in der Funktionsgleichung setzt die Wirkung der Schaltung während des kurzen Überganges zurück und dadurch kann kein Speicherverhalten „1" zustande kommen (Hasard-Effekt)(Abb. 6.37).

Abb. 6.37 Betätigungshub
eines Relais

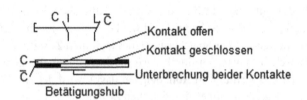

Abhilfe für das Speicherverhalten des Schaltungsaufbaus erzielt man dadurch, dass man laut KV-Diagramm oder A-Tabelle eine weitere Verknüpfungsvariable in der Funktionsgleichung berücksichtigt (Abb. 6.38).

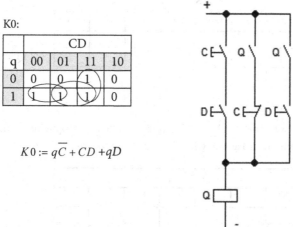

$$K0 := q\overline{C} + CD + qD$$

Abb. 6.38 Eliminierung des Hasard-Effektes

Durch die genaue Betrachtung der obigen A-Tabelle sehen wir eine weitere Verknüpfung benachbarter Felder mit der logischen Verknüpfung qD, mit der wir unsere vorherige Funktionsgleichung erweitern, ohne dass die Gleichheit der Funktionsgleichung beeinträchtigt wird.

Die Folge ist eine Anordnung der Schützsteuerung mit drei zueinander parallel geschalten UND-Verknüpfungen (Abb. 6.38). Mit der Erscheinung der pos. Flanke des Taktsignals und dem vorhandenen log. Zustand „1" am Dateneingang wird das Schütz (Wirkung, Ausgang) erregt und sein Schließer q wird aktiviert. Die pos. Flanke des Taktsignals (und damit der C-Eingang) kann wieder zurückgesetzt werden, ohne dass das Speicherverhalten der Selbsthalteschaltung beeinträchtigt wird. Solange der Dateneingang D aktiv mit dem log. Zustand „1" belegt ist, bleibt das Speicherverhalten der Schaltung durch den dritten Zweig des Schaltungsaufbaus erhalten. Damit ist der oben erwähnte Hasard-Effekt eliminiert.

Will man den Hasard-Effekt von vornherein ganz eliminieren, so sollen alle möglichen Feldkombinationen in der A-Tabelle (oder im KV-Diagramm) berücksichtigt werden. Das wird im Folgenden veranschaulicht:

Zur Beseitigung des Hasard-Effektes in einer Steuerungsaufgabe sollen „alle" möglichen Kombinationen benachbarter Felder der A-Tabelle berücksichtigt werden. Durch logische Verknüpfung dieser Felder miteinander und Anwendung der booleschen Gesetze, lässt sich, wie das untere Beispiel zeigt, eine logische Gleichung ableiten, mit der der Hasard-Effekt eliminiert wird.

Es wird angenommen, dass die zwei Eingangstasten S1 und S2 die Wirkgrößen einer Steuerung darstellen. S0 ist der Hauptschalter und dient als NOT-AUS-Schalter zum Ausschalten der Steuerungsanlage bei Bedarf.

q1	q2	S0 S1 S2							
		100	101	001	000	010	011	111	110
0	1								
0	0								
1	0								
1	1								

Q1 Q2

Mit den restlichen zwei Tasten S1 und S2 ergeben sich vier mögliche Schaltkombinationen, die in der folgenden A-Tabelle wie folgt eingetragen sind.

q1	q2	S1 S2							
		01	00	10	11				
0	1								
0	0								
1	0								
1	1								

Q1 Q2

Einfacherweise wird der Zustand für die Kombination S1=1 und S2=1 durch gleichzeitige Betätigung der Tasten für nicht möglich gehalten. Demnach sind in der Tabelle nur noch die drei Zustände zu berücksichtigen.

q1	q2	S1 S2		
		01	00	10
0	1			
0	0			
1	0			

Q1 Q2

Weiterhin wird angenommen, dass die Umschaltung von einem alten Zustand in den neuen Zustand durch die Eingangskombinationen der beiden Tasten S1 und S2 möglich ist. Unter dieser Bedingung können wir unsere A-Tabelle wie folgt ausfüllen.

q1	q2	S1 S2		
		01	00	10
0	1	01	01	10
0	0	01	00	10
1	0	01	10	10

Q1 Q2

Berücksichtigt man die benachbarten Felder der A-Tabelle, so sind daraus folgende Funktionsgleichungen für die Ausgangsgröße Q1 zu bilden:

q1	q2	S1 S2 01	00	10	
0	1	01	01	10	Q1 Q2
0	0	01	00	10	
1	0	01	10	10	

Funktionsgleichung:
$$Q1 := q1 \cdot \overline{q2} \cdot \overline{S2} + S1 \cdot \overline{S2} \cdot \overline{q1}$$
$$Q1 := \overline{S2} \cdot (q1 \cdot \overline{q2} + S1 \cdot \overline{q1})$$

Nicht unüberschaubar ist die Parallelschaltung von q1 in negierter und nichtnegierter Form, die den Hasard-Effekt deutlich beschreibt. Die untere Schaltung stellt den Effekt dar. Um den Effekt zu eliminieren, berücksichtigen wir die zwei weiteren Kombinationen von benachbarten Feldern in den folgenden A-Tabellen, die grau hervorgehoben sind.

q1	q2	S1 S2 01	00	10	
0	1	01	01	10	Q1 Q2
0	0	01	00	10	
1	0	01	10	10	

q1	q2	S1 S2 01	00	10	
0	1	01	01	10	Q1 Q2
0	0	01	00	10	
1	0	01	10	10	

Daraus resultiert eine Funktionsgleichung dieser Steuerung, in der der Hasard-Effekt ganz beseitigt wurde.

$$Q1 := q1 \cdot \overline{q2} \cdot \overline{S2} + S1 \cdot \overline{S2} \cdot \overline{q1} + \underbrace{S1 \cdot \overline{S2} \cdot \overline{q2} + S1 \cdot \overline{S2}}_{\substack{S1 \cdot \overline{S2}(\overline{q2}+1) \\ =1}}$$

$$Q1 := q1 \cdot \overline{q2} \cdot \overline{S2} + \underbrace{S1 \cdot \overline{S2} \cdot \overline{q1} + S1 \cdot \overline{S2}}_{\substack{S1 \cdot \overline{S2}(\overline{q1}+1) \\ =1}}$$

$$Q1 := q1 \cdot \overline{q2} \cdot \overline{S2} + S1 \cdot \overline{S2}$$
$$Q1 := \overline{S2}(q1 \cdot \overline{q2} + S1)$$

In gleicher Weise lässt sich die Funktionsgleichung für die Ausgangsgröße Q2 ableiten.

Die folgenden Beispiele erläutern die systematische Vorgehensweise zur Beseitigung von mehreren Hasard-Effekten in der Steuerung der Schützentheorie.

Beispiel

Steuerung der Fahrtrichtung eines elektrisch angetriebenen Fahrtisches zwischen zwei geografisch voneinander getrennten Arbeitsstellen in einem Betrieb (Bild unten):

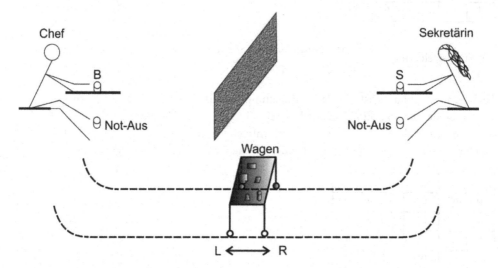

Für den Transport von bürotechnischen Mitteln soll der im Bild dargestellte portable Rollwagen einfach durch zwei manuell zu betätigende Tasten B für Linkslauf L und S für Rechtslauf R angetrieben werden. Sind beide Tasten gleichzeitig betätigt, so soll der Linkslauf L dominieren. Eine Not-Aus-Taste stoppt den Wagen, egal in welcher Position (Stillstand).

Erforderliche Analyse der Aufgabenstellung:

Es handelt sich dabei um zwei unabhängige Eingangsgrößen B und S. Die Eingangsgröße Not-Aus wird zum Schluss als eine Art „Anlagen ganz ausschalten"-Größe berücksichtigt. Die abhängigen Ausgangsgrößen sind als L und R deklariert. Da laut Aufgabenstellung durch Betätigung der einen Taste ungehindert die aktive Fahrtrichtung des Wagens umgeschaltet werden kann, spricht man vom „Umschalten möglich"-Fall, also gibt es keine gegenseitige Verriegelung der beiden Steuerstufen zueinander. Somit wird nicht auf eine eventuell erforderliche Speicherwirkung hingewiesen. Die Aufgabe weist folglich einen nur kombinatorischen Charakter auf.

Mit zwei unabhängigen Eingangsvariablen müssen $2^2 = 4$ Zustände in der A-Tabelle berücksichtigt werden. Da eine gleichzeitige Links-/Rechtsfahrt des Wagens nicht in Frage kommen kann, reduziert sich die Bitkombination der Zustandsvariablen auf 01, 00 und 10. Das bedeutet zwar, dass die Ausgangsgrößen in ihren Eigenschaften als Zustandsgrößen zu betrachten sind, mit der Ausnahme, dass der Zustand l=1 und r=1 in der A-Tabelle nicht zu berücksichtigen ist.

Auf der anderen Seite ist zu berücksichtigen, dass laut Aufgabenstellung kein Hinweis auf eine zyklisch zu wiederholende Steuerung zu entnehmen ist.

Damit lässt sich die A-Tabelle wie folgt ausfüllen:

		BS			
l	r	01	00	10	11
0	1	01	01	10	10
0	0	01	00	10	10
1	0	01	10	10	10

LR

Das Ausfüllen der A-Tabelle erfordert folgende Vorgehensweise:

Erste Zeile: Ist der alte Zustand lr=01 und der neue Zustand BS=01, so ist der aktive Zustand für die Ausgangsgröße LR=01. Ist der alte Zustand lr=01 und der neue Zustand BS=00 (also keine Tasten werden betätigt), so ist der aktive Zustand für die Ausgangsgröße LR=01, (d. h. der alte Zustand bleibt erhalten). Ist der alte Zustand lr=01 und der neue Zustand BS=10, so ist der aktive Zustand für die Ausgangsgröße LR=10 (Umschalten möglich, keine gegenseitige Verriegelung). Ist der alte Zustand lr=01 und der neue Zustand BS=11, so ist der aktive Zustand für die Ausgangsgröße LR=10, (d. h. laut Aufgabenstellung ist bei dieser Kombination der Eingangsgrößen die Linksfahrt dominant).

Zweite Zeile: Ist der alte Zustand lr=00 und der neue Zustand BS=01, so ist der aktive Zustand für die Ausgangsgröße LR=01. Ist der alte Zustand lr=00 und der neue Zustand BS=00 (also keine Tasten werden betätigt), so ist der aktive Zustand für die Ausgangsgröße LR=00, (d. h. keine Änderung). Ist der alte Zustand lr=00 und der neue Zustand BS=10, so ist der aktive Zustand für die Ausgangsgröße LR=10 (d. h. keine Änderung). Ist der alte Zustand lr=00 und der neue Zustand BS=11, so ist der aktive Zustand für die Ausgangsgröße LR=10 (d. h. laut Aufgabenstellung ist die Linksfahrt dominant).

Dritte Zeile: Ist der alte Zustand lr=10 und der neue Zustand BS=01, so ist der aktive Zustand für die Ausgangsgröße LR=01 (d. h. Umschalten ist möglich). Ist der alte Zustand lr=10 und der neue Zustand BS=00 (also keine Tasten werden betätigt), so ist der aktive Zustand für die Ausgangsgröße

LR=10, (d. h. der alte Zustand bleibt erhalten). Ist der alte Zustand lr=10 und der neue Zustand BS=10, so ist der aktive Zustand für die Ausgangsgröße LR=10. Ist der alte Zustand lr=10 und der neue Zustand BS=11, so ist der aktive Zustand für die Ausgangsgröße LR=10 (d. h. laut Aufgabenstellung ist bei dieser Kombination der Eingangsgrößen die Linksfahrt dominant).

Wird aus der A-Tabelle die Funktionsgleichung für Linksfahrt L bestimmt, so werden in der A-Tabelle ausschließlich die im unteren Bild dargestellten grau markierten Felder in Betracht gezogen. Daraus ergibt sich die Funktionsgleichung für L:

		BS			
l	r	01	00	10	11
0	1	01	01	0	10
0	0	01	00	10	10
1	0	01	10	10	10

$$L := B \cdot \bar{l} + B \cdot \bar{r} + l \cdot \bar{r} \cdot \bar{S}$$

Die mit Pfeil markierten Zustandsvariablen bei der ODER-Verknüpfung der oben abgeleiteten booleschen Gleichung für L weisen einen Hasard-Effekt auf. Daher ergänzen wir die Funktionsgleichung mit den allen weiteren möglichen Kombinationen der Felder für die Ausgangsvariablen LR=10 in der A-Tabelle.

		BS			
l	r	01	00	10	11
0	1	01	01	0	10
0	0	01	00	10	10
1	0	01	10	10	10

$$L := B \cdot \bar{l} + B \cdot \bar{r} + l \cdot \bar{r} \cdot \bar{S} + B$$

$$L := B + l \cdot \bar{r} \cdot \bar{S}$$

Damit scheint der Hasard-Effekt eliminiert zu sein.

Für die Bildung der Funktionsgleichung für die Rechtsfahrt R betrachten wir ausschließlich die in der unteren A-Tabelle grau hervorgehobenen Felder.

			BS		
1	r	01	00	10	11
0	1	01	01	10	10
0	0	01	00	10	10
1	0	01	10	10	10

LR

Damit lautet die Funktionsgleichung für Rechtslauf R:

$$R := \overline{1} \cdot \underset{\uparrow}{r} \cdot \overline{B} + \overline{\underset{\uparrow}{r}} \cdot \overline{B} \cdot S$$

Die Zustandsvariable r taucht in der obigen booleschen Gleichung einer ODER-Verknüpfung einmal als die Variable selbst und einmal negiert. Die ODER-Verknüpfung entspricht einer Parallelschaltung der Schaltelemente der Schützsteuerung und damit stellt die Variable r in der obigen Beziehung einen Hasard-Effekt dar. Auch hier müssen alle anderen möglichen Bitkombinationen der benachbarten Felder in der A-Tabelle mit berücksichtigt und die boolesche Gleichung mit diesen zusätzlichen Kombinationen wie folgt ergänzt werden.

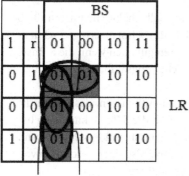

LR

Damit lautet die ergänzte Funktionsgleichung für Rechtslauf R:

$$R := \overline{1} \cdot r \cdot \overline{B} + \underbrace{\overline{r} \cdot \overline{B} \cdot S + \overline{1} \cdot \overline{B} \cdot S + \overline{B} \cdot S}_{\overline{B} \cdot S}$$

$$R := \overline{B} \cdot \left(\overline{1} \cdot r + S \right)$$

Auch hier ist der Hasard-Effekt beseitigt. Fassen wir die endgültigen Funktionsgleichungen für L und R zusammen, so erhalten wir:

$$L := B + l \cdot \overline{r} \cdot \overline{S}$$
$$R := \overline{B} \cdot \left(l \cdot r + S\right).$$

Das Funktionsschaltbild stellt die folgende Abbildung dar:

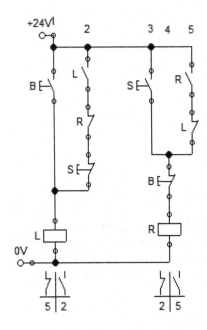

Aus dem Schaltungsaufbau erkennt man sehr eindeutig die Selbsthalteschaltungen für B und S. Wird nämlich die B-Taste kurzzeitig betätigt, so wird das Schütz L erregt, l schließt und es bleibt bei der Selbsthalteschaltung. Dasselbe Verfahren gilt auch wenn die S-Taste kurzzeitig betätigt wird und damit die rechte Seite des Schaltungsaufbaus in Selbsthalteschaltung fungiert.

Darüber hinaus ist aus dem obigen Schaltungsaufbau zu entnehmen, dass wenn die linke Seite der Schaltung aktiv ist, also L erregt ist, und danach die S-Taste kurzzeitig betätigt wird, dann öffnet S der linken Seite der Schaltung, L wird stromlos, schließt L auf der rechten Seite der Schaltung und dann die rechte Seite aktiv. Also das Umschalten von einer Richtung in die andere ist entsprechend der Aufgabenstellung möglich.

Die obige Schaltung der linken Stufe weist aber einen weiteren Hasard-Effekt auf! Beim kurzzeitigen und gleichzeitigen Betätigen der Tasten B und S ist L kurzzeitig stromlos und damit verliert es sein Speicherverhalten. Diesen zweiten Hasard-Effekt eliminieren wir durch intensive Analyse der A-Tabelle für L. Die A-Tabelle hat die folgende Struktur:

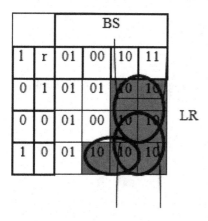

Für die Bestimmung der Funktionsgleichung für L sind in der A-Tabelle nur die letzten drei Spalten maßgebend! Die erste Spalte in der A-Tabelle ist bei der Bestimmung dieser Gleichung irrelevant. Demnach lässt sich die A-Tabelle für die drei letzten Spalten wie folgt modifizieren.

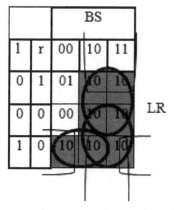

Die erste und die dritte Spalte der A-Tabelle sind damit Nachbarspalten geworden. Für die Bildung der Funktionsgleichung der neu modifizierten A-Tabelle unter Berücksichtigung des oben erwähnten zweiten Hasard-Effektes müssen „alle" möglichen Kombinationen benachbarter Felder berücksichtigt werden, die sich zu einem Block zusammenfassen können:

$$L := \bar{l} \cdot B + \bar{r} \cdot B + B + l \cdot \bar{r} \cdot \bar{S} + l \cdot \bar{r}$$

$$L := B + l \cdot \bar{r}$$

Dadurch ist der zweite Hasard-Effekt beseitigt. Der endgültig modifiziert erstellte Funktionsschaltplan sieht demnach wie folgt aus:

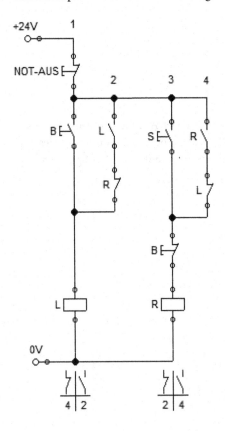

Wenn die Aufgabenstellung eine „gegenseitige Verriegelung" der beiden Stufen voraus-
setzt und nur bei der gleichzeitigen kurzzeitigen Betätigung der Eingangstasten B=1 und
S=1 die Ausgangsgröße L=1 wird, dann hätten wir es mit folgender A-Tabelle zu tun:

			BS		
l	r	01	00	10	11
0	1	01	01	01	10
0	0	01	00	10	10
1	0	10	10	10	10

LR

Die Funktionsgleichungen für L und R lauten dann:

$$L := l \cdot \overline{r} + B \cdot S + B \cdot \overline{r}$$
$$:= l \cdot \overline{r} + B \cdot \left(S + \overline{r}\right)$$

Erläuterung:

Für die Funktionsgleichung für R sind die ersten drei Spalten der A-Tabelle maßgebend.
Die letzte Zeile der A-Tabelle wird ebenfalls nicht berücksichtigt. Damit hätten wir folgende modifizierte Darstellung der A-Tabelle:

			BS	
l	r	01	00	10
0	1	01	01	01
0	0	01	00	10

LR

Die Funktionsgleichung der Ausgangsvariable R lautet dann aus der modifizierten A-Tabelle abgeleitet:

$$R := \bar{l} \cdot \bar{B} \cdot \underset{\uparrow}{S} + \bar{l} \cdot r \cdot \underset{\uparrow}{\bar{S}} + \underbrace{\bar{l} \cdot r \cdot \bar{B} + \bar{l} \cdot r}_{\text{Erweitert wegen Hasard-Effekt}}$$

$$:= \bar{l} \cdot \bar{B} \cdot S + \bar{l} \cdot r$$

$$:= \bar{l} \cdot \left(\bar{B} \cdot S + r \right)$$

Die linke Seite des obigen Schaltplanes lässt sich nicht weiter vereinfachen, da die Funktionsgleichung für L die drei Zeilen und die drei Spalten der A-Tabelle belegt und somit sich die A-Tabelle hierfür nicht mehr modifizieren lassen kann.

Beispiel

Verfahren zur Eliminierung des Hasard-Effektes

lr	BS			
	01	00	10	11
01	01	01	10	10
00	01	00	10	10
10	01	10	10	10

LR

Funktionsgleichung: $L := \bar{l} \cdot B + \bar{r} \cdot B + l \cdot \bar{r} \cdot \bar{S}$ (Hasard-Effekt)

Beseitigung:

Berücksichtigt man nun die 10-Kombinationen in der ersten und letzten Zeile rechts in der Automatentabelle, dann ergibt sich eine weitere Beziehung für die Gleichung der Ausgangsvariable L.

lr	BS			
	01	00	10	11
01	01	01	10	10
00	01	00	10	10
10	01	10	10	10

LR

Erweiterte Funktionsgleichung nur für die oben gezeigte Spalte: $L := \bar{l} \cdot B + \bar{r} \cdot B + B = B$

Fügt man diese Beziehung zu der obigen Gleichung hinzu, dann erhält man eine neue logische Verknüpfung, in der der Hasard-Effekt beseitigt ist.

$$L := \bar{l} \cdot B + \bar{r} \cdot B + l \cdot \bar{r} \cdot \bar{S} + B$$

$$:= B\underbrace{\left(\bar{l} + \bar{r} + 1\right)}_{=1} + l \cdot \bar{r} \cdot \bar{S}$$

$$:= B + l \cdot \bar{r} \cdot \bar{S}$$

Das gleiche Verfahren gilt für die Variable R.

6.18 Übungen

Übung 6.1 Es ist eine Schützschaltung zu entwerfen, bei der nach kurzzeitigem Betätigen einer Taste ein Betriebszustand 1 aktiviert wird (Selbsthalteschaltung). Nach einer gewissen Zeitspanne soll auf den dauerhaften Betriebszustand 2 übergegangen werden, indem der Betriebszustand 1 deaktiviert wird (gegenseitige Verriegelung). Das Ausschalten beider Betriebszustände soll jederzeit durch den Haupt-Schalter S0 möglich sein (Abb. 6.39).

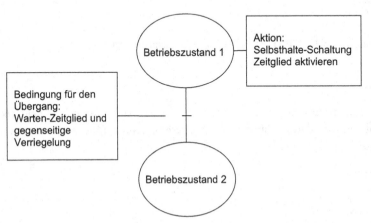

Abb. 6.39 Blockschaltbild-Darstellung laut Aufgabenstellung

Die Betriebszustände 1 und 2 sind in dem folgenden Schaltbild mit den Leuchtdioden H0 und H1 gekennzeichnet. Die sequenzielle Abarbeitung der Aufgabenstellung ist hier von links nach rechts zu verfolgen. Die Koordinierung für die gegenseitige Verriegelung beider Zustände sowie für die Bedingung des Überganges übernimmt das einschaltverzögerte Zeitrelais. Der Steuerstromkreis und der damit gekoppelte Laststromkreis bilden einen Betriebszustand. Die erwähnte Bedingung für das „kurzzeitige Betätigen einer Taste" erzwingt den Einsatz einer Selbsthalteschaltung. Nach dem Übergang auf den Betriebszustand 2 bleibt die Selbsthalteschaltung in ihrem aktiven Zustand erhalten. Der Öffner T0 im Laststromkreis von „Betriebszustand 1" und der Schließer T0 im Steuerstromkreis von „Betriebszustand 2" bilden die gegenseitige Verriegelung beider Zustände. Mit der Aktivierung von K1 sind auch im unteren Schaltbild (Abb. 6.40) die beiden Betriebszustände gegenseitig verriegelt.

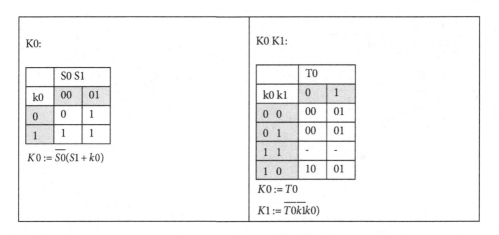

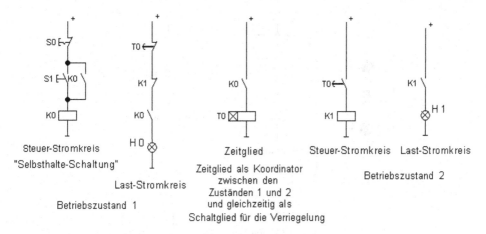

Abb. 6.40 Betriebszustände 1 und 2 sind gegenseitig doppelt verriegelt

Übung 6.2 Nur bei einer kurzen Betätigung der Taste S1 soll der Laststromkreis 1 aktiviert werden. Für die Aktivierung des Laststromkreises 2 ist die Taste S2 vorgesehen. Die
beiden Laststromkreise sind gegenseitig verriegelt und nur mit dem Haupt-AUS-Schalter
S0 (oder Taster) können sie ausgeschaltet werden. Bei gleichzeitiger Betätigung der S1-
und der S2-Taste soll am Ausgang ein beliebiger Zustand („don't care") als Wirkung entstehen.

In der folgenden A-Tabelle sind die beliebigen Zustände mit „ - " gekennzeichnet und
können mit den benachbarten Feldern der Tabelle kombiniert werden. Die optimierten
Funktionsgleichungen sind unter Berücksichtigung dieses Sachverhalts in der A-Tabelle
erstellt worden. Wegen der gegenseitigen Verriegelung der beiden Betriebszustände ist die
Zustandskombination k0k1=11 nicht berücksichtigt worden.

	S0 S1 S2			
k1k1	010	011	001	000
01	01	-	01	01
00	10	-	01	00
10	10	-	10	10
11	Nicht erlaubt			

K1K2

$$K1 := \overline{S0}(k1\overline{k2} + \overline{k2}S1) = \overline{S0}\,\overline{k2}(k1 + S1)$$

$$K1 := \overline{S0}(k1\overline{k2} + \overline{k1}S2) = \overline{S0}\,\overline{k1}(k2 + S2)$$

Gegenseitige Verriegelung

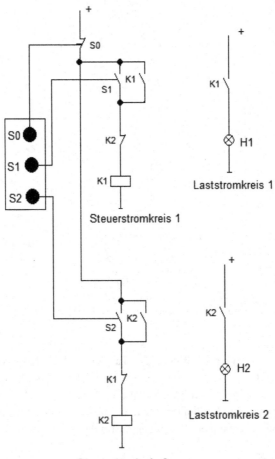

Übung 6.3 Für die Änderung der Drehrichtung eines Antriebs durch Antrieb-Schütz-steuerungen ist das Vorhandensein eines Hilfsöffners S2 im Steuerstromkreis unentbehrlich. Man verwendet so viele Steuerstromkreise mit Hilfsöffner, wie die Anzahl der außenseitigen Zuleitungen eines Antriebs. Um eine definierte Drehrichtung des Antriebs zu gewährleisten, müssen die Zuleitungen umgeschaltet werden.

Will man den Links- und Rechtslauf des Drehstromantriebs ermöglichen, dann genügt es, nur zwei Zuleitungen an die Netzspannung miteinander zu tauschen. Soll der Tausch mithilfe einer Schützensteuerung erfolgen, dann ist es offensichtlich, dass die beiden Schützschaltungsaufbauten mit Halteschaltung äquivalent sein sollen und aufgrund einer Kurzschlussgefahr nicht gleichzeitig aktiviert werden dürfen (Wendeschützsteuerung). Das heißt, es ist eine gegenseitige Verriegelung der Schütze erforderlich.

Die besondere Charakterisierung der Wendeschützsteuerung lässt sich dadurch erklären, dass nach der Betätigung der z. B. Linkslauf-Taste die Schaltung in Selbsthaltung agiert und verharrt, und eine nachfolgende Betätigung der Rechtslauf-Taste unwirksam bleibt. Entgegengesetzt gilt auch analog der gleiche Vorgang für die Rechtslauf-Taste. Wie im Vorfeld bereits erwähnt, ist ein gleichzeitiges Drücken der Links- und der Rechtslauf-Taste ausgeschlossen.

Die Synthese der Wendeschützsteuerung lässt sich auch nach dem Verfahren der Wahrheitstabelle, Funktionsgleichung, Steuerschaltung und den Richtlinien für die O-DER- und UND-Schaltung (Parallel- und Reihenschaltung) von Schließer und Öffner vollziehen.

Wahrheitstabelle:

S0 (AUS-Taster)	S1 (SL)	S2 (SR)	K1 (links)	K2 (rechts)
0	0	0	0	0
0	0	1	0	0
0	1	0	0	0
0	1	1	0	0
1	0	0	0	0
1	0	1	0	1
1	1	0	1	0
1	1	1	0	0

Funktionsgleichung für K1 und K2:

$$K1 = \overline{K2} \cdot S1 \cdot S0$$
$$K2 = \overline{K1} \cdot S2 \cdot S0$$

Übung 6.4 Wendeschütz-Steuerschaltung:

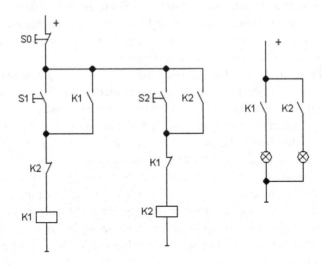

Linkslauf durch Betätigung der S1-Taste: Anschließende Betätigung der S2-Taste bleibt wirkungslos (verriegelt). Umschalten nur durch die S0-Taste möglich.

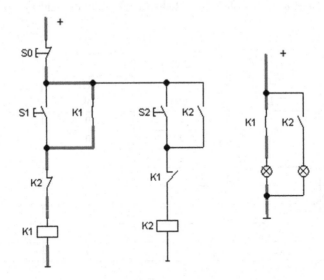

Rechtslauf durch Betätigung der S2-Taste: Anschließende Betätigung der S1-Taste bleibt wirkungslos (verriegelt). Umschalten nur durch die S0-Taste möglich.

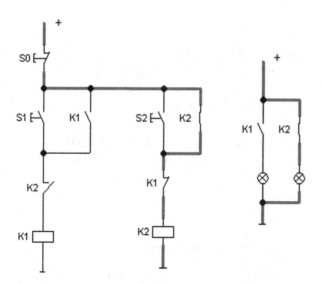

Übung 6.5 Die Steuerperson am Pult möchte gerne ihre eigene Steuerung für ihr Karussell wie folgt realisieren lassen: Durch die kurze Betätigung einer VOR-Taste soll sich das Karussell im Uhrzeigersinn drehen; wird die RÜCK-Taste kurz betätigt, soll das Karussell seine Drehrichtung ändern.

Damit die Karussellfahrenden Spaß am Drehzyklus haben, soll eine Änderung der Drehrichtung zwar durch Betätigung der VOR- und RÜCK-Tasten möglich sein, jedoch nur dann, wenn zunächst die Anlage gestoppt und dann die Taste für die erwünschte Drehrichtung betätigt wird.

Betätigt man gleichzeitig die VOR- und RÜCK-Tasten oder eine STOP-Taste, soll dann das Karussell jederzeit gestoppt werden.

A-Tabelle:

VOR RÜCK STOP

		000	010	110	100	
	00	00	01	00	10	
l r	01	01	01	00	00	L R
	11	--	--	--	--	
	10	10	00	00	10	

Funktionsgleichung:

$$L := \underbrace{VOR \cdot \overline{R\ddot{U}CK} \cdot \overline{STOP} \cdot \bar{r}}_{\text{EINSCHALTBEDINGUNG}} + \underbrace{l \cdot \bar{r} \cdot \overline{R\ddot{U}CK} \cdot \overline{STOP}}_{\substack{\text{SELBSTHALTUNG} \\ \text{UND NEGIERTE} \\ \text{AUSSCHALTBEDINGUNG}}}$$

$$:= \overline{R\ddot{U}CK} \cdot \overline{STOP} \cdot \bar{r}\left(VOR + l\right)$$

$$R := \overline{VOR} \cdot R\ddot{U}CK \cdot \overline{STOP} \cdot \bar{l} + \bar{l} \cdot r \cdot \overline{VOR} \cdot \overline{STOP}$$

$$:= \overline{VOR} \cdot \overline{STOP} \cdot \bar{l}\left(R\ddot{U}CK + r\right)$$

Schützschaltung:

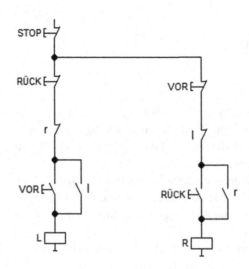

Übung 6.6 Schützensteuerung mit Zeitrelais, Impulsgeber

Mit den Impulsgeber-Schützenschaltungen lassen sich durch Anwenden von Zeitrelais Impulsfolgen mit gleichen/unterschiedlichen Impulspausen und gleicher/unterschiedlicher Dauer erzeugen (Abb. 6.41).

Dazu sind zwei anzugverzögerte Zeitrelais T1 und T2 erforderlich, die sich gegenseitig ein- und ausschalten $\left(T1 := t2 \text{ und } T2 := \overline{t1}\right)$. Das Relais M1 (Ausgangsgröße) mit der parallelgeschalteten Leuchte zeigt visuell die vorgesehene Periodendauer, die sich aus Einschalt- und Ausschaltzeit des erzeugten Impulses darstellt (Astabile Impulsfolge). Mit der S1-Taste wird die Aktion gestartet. Das Relais X1 mit seinem Schließer x1 und der Starttaste S1 bilden die Selbsthalteschaltung. Mit S0-Schalter kann der Impulsgeber jederzeit ausgeschaltet werden.

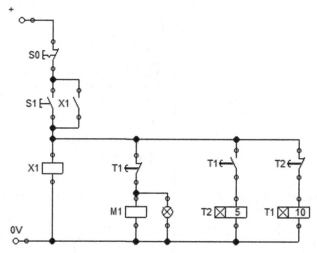

Abb. 6.41 Schützsteuerschaltung zur Aufgabenstellung

6.19 Schützschaltungen als Speicherelement

Genauso wie in der speicherprogrammierbaren Steuerung (SPS-Steuerung) können wir auch für die Schützensteuerung das setz- und rücksetzdominierte Verhalten und somit Speicherbausteine wie RS- bzw. SR-Flipflops realisieren, indem wir für den präzisen Zustand der Eingangsvariablen S=1 und R=1 fest definierte Zustände zugrunde legen. Für R-dominantes Verhalten ist dann die Wirkung Q=0 und für S-dominantes Verhalten Q=1.

Rücksetzen – dominantes Verhalten:		Setzen – dominantes Verhalten:	
q S R Q		q S R Q	
0 0 0 0	speichern	0 0 0 0	speichern
0 0 1 0	rücksetzen	0 0 1 0	rücksetzen
0 1 0 1	setzen	0 1 0 1	setzen
0 1 1 0	R-dominant	0 1 1 1	S-dominant
1 0 0 1	speichern	1 0 0 1	speichern
1 0 1 0	rücksetzen	1 0 1 0	rücksetzen
1 1 0 1	setzen	1 1 0 1	setzen
1 1 1 0	R-dominant	1 1 1 1	S-dominant

Funktionsgleichung:

$$Q := \overline{R}(q + S)$$

RS-Flipflop (Reset (R) dominant)

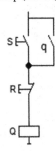

S kurzzeitig betätigt (Setzen), Q zieht an und q schließt (Selbsthalteschaltung, Speicherung von log. „1").
Keine Tasten betätigt, bleibt log. „1" gespeichert.
Rücksetzen erfolgt nur durch Betätigung der Taste R.
Werden beide Tasten betätigt, so bleibt Q stromlos (R dominant).

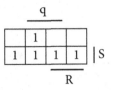

Funktionsgleichung:

$$Q := S + q\overline{R}$$

SR-Flipflop (Set (S) dominant)

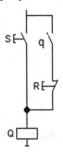

S kurzzeitig betätigt (Setzen), Q zieht an und q schließt (Selbsthalteschaltung, Speicherung von log. „1").
Keine Tasten betätigt, bleibt log. „1" gespeichert.
Rücksetzen erfolgt nur durch Betätigung der Taste R, nach der Selbsthaltung.
Werden beide Tasten betätigt, so führt Q Strom (S dominant).

Pneumatische Steuerung 7

7.1 Grundlagen der pneumatischen Steuerung

Unter dem Begriff „Pneumatische Steuerung" wird allgemein Druckluft als Steuermittel verstanden. Die gerätemäßige Zuordnung des Signalflusses ist äquivalent der der steuerungstechnischen Zuordnung allgemein:

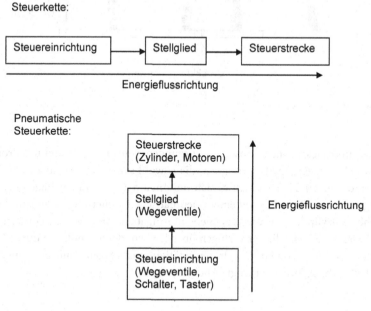

Abb. 7.1 Energieflussrichtung

© Springer Fachmedien Wiesbaden GmbH, ein Teil von Springer Nature 2018

C. Karaali, *Grundlagen der Steuerungstechnik*, https://doi.org/10.1007/978-3-658-16137-8_7

Festlegung der grafischen und praktischen Anordnung für die pneumatische Steuerkette: Verteilung des Energieflusses üblicherweise von unten nach oben (Abb. 7.1).

Die Funktion von Wegeventilen als Stellglied oder in der Steuereinrichtung lässt sich durch ihre Bauform ganz einfach beschreiben. In Abb. 7.2 wird die grundsätzliche Bauform des 5/2-Wegeventils dargestellt.

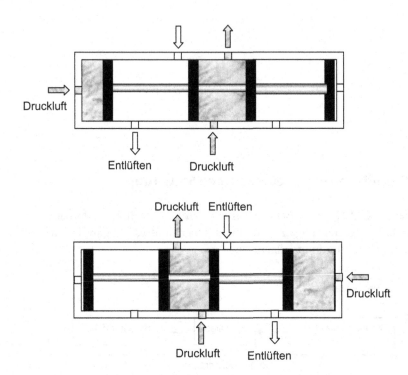

Abb. 7.2 Bauform von Wegeventilen

Pneumatische und elektropneumatische Steuerungen sind eine verbindungsprogrammierte, technisch umgesetzte Steuerungsart, die sowohl synchrone als auch asynchrone Arbeitsweisen darbieten. Hier handelt es sich um pneumatische (Luft) Trägerenergie als Übertragungsmedium. Das Stellglied einer pneumatischen Steuerung stellt grundsätzlich pneumatische Stellzylinder dar, die verschiedene Aufgaben, wie Stanzen, Fördern, Pressen, usw. erfüllen. Die Stellzylinder verfügen über Kolben, deren Endlagen durch Schaltkontakte erfasst werden können. Durch die Betätigung der Schaltkontakte werden mechanische/elektrische Aktionen erzeugt (Abb. 7.3).

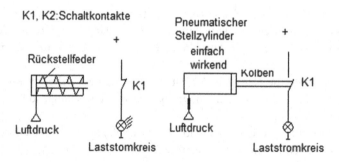

Abb. 7.3 Erzeugung von Aktionen

Die Rückstellung des Kolbens erfolgt durch eine Federung. Die Bewegungsgeschwindigkeit des Kolbens in beiden Richtungen kann durch Einsatz von Rückschlagventilen gezielt beeinflusst werden (Abb. 7.4).

Abb. 7.4 Einsatz von
Drosselrückschlagventilen

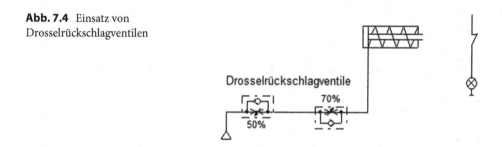

Der Luftsrömungsweg lässt sich durch die Lage der beweglichen Teile eines Wegeventils verändern. Diese beweglichen Teile können mehrere Positionen darbieten, bei denen der Luftstrom unterschiedliche Strömungsrichtung aufweist.

Beispiel

Abb. 7.5 3/2-Wegeventil

Die Bezeichnung von dem 3/2-Ventil kennzeichnet die 3-Anschlüsse (1,2,3) mit 2-Gehäusepositionen. Aus der linken Seite (Abb. 7.5) befindet sich der Eingangsbetätigungsschalter, der durch mechanische/elektrische/... Betätigung in die entsprechende Gehäuseposition des Ventils wechselt. Die Druckluft liegt am Eingang 1 an und auch folgerichtig am Anschluss 2 vorhanden. Der Anschluss 3 (Bild oben links) ist für die Entlüftung vorgesehen.

Der 3/2-Ventil stellt eine Negation dar. Ist der Betätigungsschalter in Ruhestellung (nicht betätigt), so liegt am Ausgang 2 Luft an. Ist der Schalter betätigt, so liegt am Ausgang keine Luft an.

Eine Zusammenstellung einiger pneumatischer Symbole, die die Energieflussrichtung anzeigen, ist in der nachfolgenden Darstellung abgebildet Abb. 7.6. Die weiteren DIN-genormten pneumatischen Symbole sind aus den entsprechenden Datenblättern zu entnehmen.

Einige Elemente der pneumatischen Steuerkette:

	Zylinder doppel-wirkend		Druckluftquelle
	2/n-Wegeventil		Zweidruckventil
	3/n-Wegeventil		Schalter
	4/n-Wegeventil		Öffner
	5/n-Wegeventil		Schließer
	Wechselventil		

Abb. 7.6 Pneumatische Übertragungselemente. (Quelle: Festo)

Weitere pneumatische Übertragungselemente sind in der folgenden Tab. 7.1 dargestellt.

Tab. 7.1 Pneumatische Übetragungsglieder

Hydraulik Wege- und Sperrventile. (Quelle: FESTO)

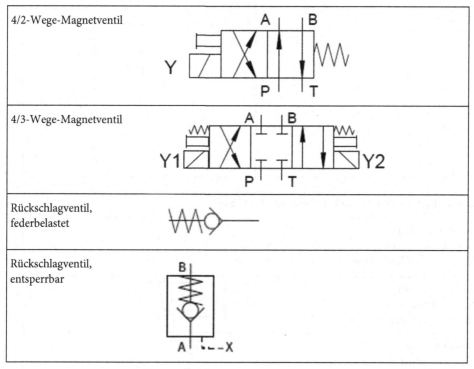

4/2-Wege-Magnetventil	
4/3-Wege-Magnetventil	
Rückschlagventil, federbelastet	
Rückschlagventil, entsperrbar	

Hydraulik Strom- und Druckventile. (Quelle: FESTO)

| Drossel fest | | Druck- begrenzungsventil fest | |
| Drosselventil einstellbar | | Druck- begrenzungsventil einstellbar | |

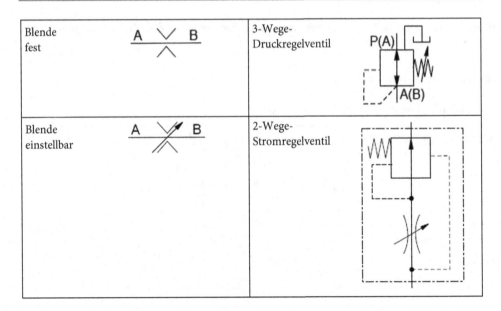

| Blende fest | A ∨ B | 3-Wege-Druckregelventil | |
| Blende einstellbar | A ⤫ B | 2-Wege-Stromregelventil | |

Elektrik-, Pneumatik- und Logiksymbole. (Quelle: FESTO)

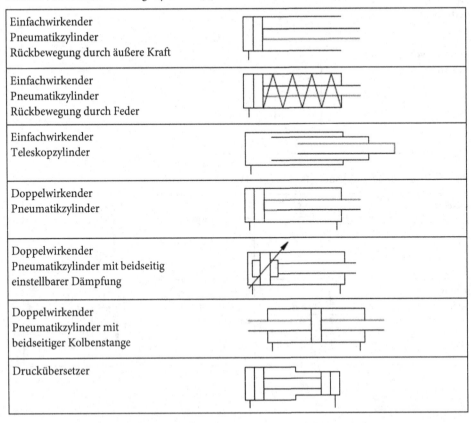

Einfachwirkender Pneumatikzylinder Rückbewegung durch äußere Kraft	
Einfachwirkender Pneumatikzylinder Rückbewegung durch Feder	
Einfachwirkender Teleskopzylinder	
Doppelwirkender Pneumatikzylinder	
Doppelwirkender Pneumatikzylinder mit beidseitig einstellbarer Dämpfung	
Doppelwirkender Pneumatikzylinder mit beidseitiger Kolbenstange	
Druckübersetzer	

Energieumformung. (Quelle: FESTO)

Hydropumpe mit konstantem Verdrängungsvolumen (mit einer Stromrichtung)	
Hydropumpe mit konstantem Verdrängungsvolumen (mit zwei Stromrichtungen)	
Hydromotor mit konstantem Verdrängungsvolumen (mit einer Drehrichtung)	
Hydromotor mit konstantem Verdrängungsvolumen (mit zwei Drehrichtungen)	

Sonstige Zeichen. (Quelle: FESTO)

Durchflussmessgerät (Strom)	
Druckmessgerät	
Thermometer	
Füllstandsanzeiger	

Energieübertragung. (Quelle: FESTO)

Leitung	
Flexible Leitung	
Hydraulische Energiequelle	
Leitungsverbindung	
Gekreuzte Leitungen	
Entlüftung	
Schnellkupplung mit mechanisch öffnenden Rückschlagventilen	
Filter	
Kühler	
Heizer	
Absperrventil	A ⋈ B

Rückschlagventil federbelastet	Rückschlagventil unbelastet	Entsperrbares Rückschlagventil
B ⟍ A	B ⟍ A	B ⟍ A X

Betätigungen. (Quelle: FESTO)

Muskelkraftbetätigung mit Federrückstellung	
Muskelkraftbetätigung durch Druckknopf und Federrückstellung	
Muskelkraftbetätigung durch Hebel	
Muskelkraftbetätigung durch Hebel mit Rasteinstellung	
Muskelkraftbetätigung durch Pedal und Federrückstellung	
Muskelkraftbetätigung durch Stößel	
Muskelkraftbetätigung durch Feder	
Muskelkraftbetätigung durch Rollenstößel	
Elektrische Betätigung durch Elektromagnet mit einer Wicklung	
Elektrische Betätigung durch Elektromagnet mit zwei gegenseitigen Wicklungen	

Ventile. (Quelle: FESTO)

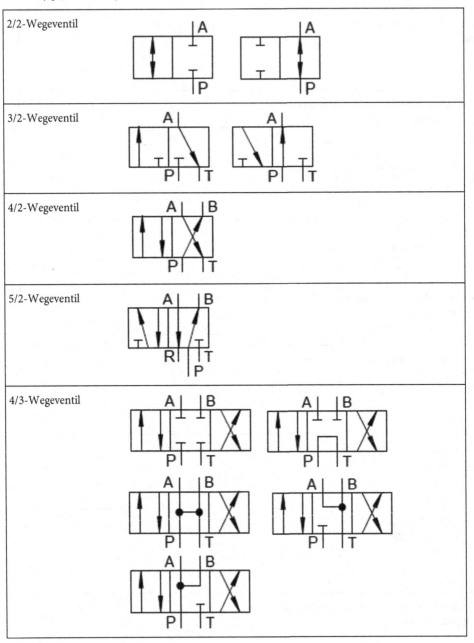

2/2-Wegeventil	
3/2-Wegeventil	
4/2-Wegeventil	
5/2-Wegeventil	
4/3-Wegeventil	

Darstellungshinweise. (Quelle: FESO)

Einzelne Schaltstellung in Quadrat	
Pfeil der Durchflusswege	
Sperrstellung	
Zwei Durchflusswege	
Zwei Anschlüsse sind verbunden, zwei sind gesperrt	
Drei Anschlüsse sind verbunden, einer ist gesperrt	
Alle Anschlüsse sind verbunden	

Bei den in Abb. 7.6 symbolisch dargestellten Wegeventilen ist es charakteristisch, dass die unterteilten benachbarten Blöcke desselben Symbols die Druckluftflussrichtung der beiden möglichen Zustände des Wegeventils angeben. Will man z. B. den Kolben eines doppelt wirkenden Zylinders (Antriebsglied) mit einem 4/2-Wegeventil (Stellglied) pneumatisch so ansteuern, dass der Kolben im Zylinder ein- und ausfährt, dann werden die beiden Schaltstellungen des Ventils, wie in Abb. 7.7 dargestellt, aktiviert:

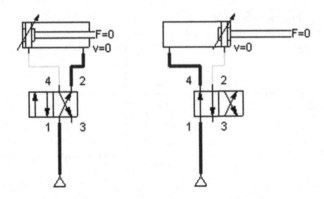

Abb. 7.7 Anwendung 4/2-Ventil

Über den 4/2-Wegeventil als Stellglied wird die Druckluft dem Zylinder zugeführt. Der doppelt wirkende Zylinder wird am Kolbenende mit Druckluft beaufschlagt und der Kolben fährt ein (linkes Bild). Die nicht belüftete Kolbenseite wird entlüftet (Anschluss 3). Beim Ausfahren wird die Kolbenkopfseite mit Druckluft beaufschlagt (rechtes Bild).

Möchte man im Vor- oder Rückhub die Kolbengeschwindigkeit verringern, so schaltet man eine pneumatische Drossel in die entsprechende Arbeitsleitung (Abluftdrosselung, Zuluftdrosselung) des Zylinders ein (Abb. 7.8).

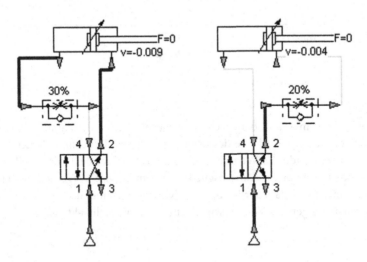

Abb. 7.8 Wirkung der Drosselung

Beispiel

Pneumatische Steuerung mit Speicherverhalten:
Gegenüberstellung in Blockschaltbilder:

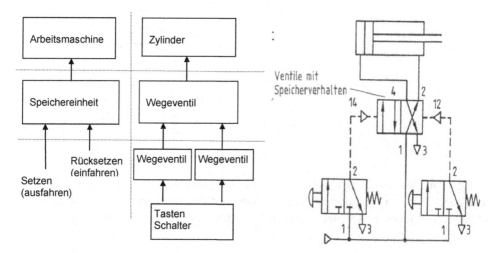

Abb. 7.9 Speicherverhalten in der Pneumatischen-Steuerung

Die Speichereinheit wird in der pneumatischen Darstellung z. B. durch das 4/2-Wege-ventil übernommen. Die charakteristische Eigenschaft dieses Ventils ist, dass seine erreichte Stellung solange erhalten bleibt, bis ein Gegensignal diese Stellung ändert (Speicherverhalten). Wird im obigen rechten Bild der Taster des 3/1-Ventils betätigt, so schaltet das 5/2-Ventil um. Wird der Taster 3/1-Ventil deaktiviert, bleibt auch die eingenommene Stellung des 5/2-Ventils und damit die des Kolbens erhalten (Speicherverhalten). Erst wenn die Taste des zweiten 3/1-Ventils betätigt wird, ändert sich die eingenommene Kolbenstellung des Zylinders (Abb. 7.9).

Soll der Kolben des Zylinders bei Betätigung eines Handtasters ausfahren und beim Erreichen einer Endstelle (T2) selbsttätig zurückfahren, so sieht die dazugehörige pneumatische Grundsteuerschaltung, wie in Abb. 7. 10 dargestellt, aus.

Funktionsweise:

Handtaste betätigt, Stellglied wird umgesteuert, der Kolben des Zylinders fährt aus.

Hat die vordere Endlage T2 erreicht, wird das T2-Ventil aktiviert (mechanische Betätigung durch Tastrolle).

Das Steuerglied wird wieder umgesteuert und der Kolben des Zylinders fährt ein.

Abb. 7.10 Schützschaltung
mit Endstellung

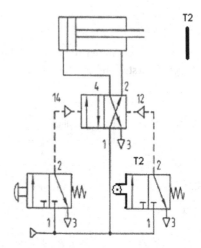

Der Signallaufplan, die Energieübertragung oder der Energiefluss bei den pneumatischen
Steuerungen erfolgen nach dem üblichen Verfahren der elektrischen Steuerungstechnik
mit Steuereinrichtung und Steuerstrecke, wie das Abb. 7.11 in Blockschaltbild zeigt.

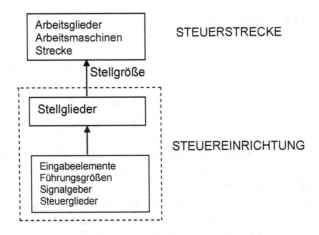

Abb. 7.11 Pneumatische Energieübertragungsrichtung

Folgende Ansteuerung (Abb. 7.12 a)) zeigt eine Anordnung aus zwei Tastern der Signalgeber. Wenn der linke Taster betätigt wird, schaltet das Stellglied um und bleibt auch
nach Wegnahme des Steuersignals in seiner neuen Schaltstellung stehen, bis ein Gegensignal des rechten Signalgebers zustande kommt. Dadurch nimmt die Steuerstrecke ihre
ursprüngliche Stellung wieder ein. Dies trägt zu der Verständigung der pneumatischen
Energieübertragungsrichtung als einfaches Beispiel bei.

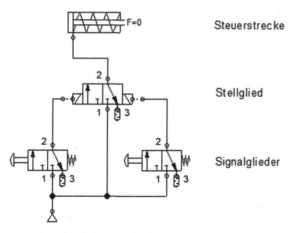

Abb. 7.12 a) Steuerung als Halteglied

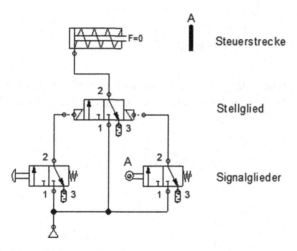

Abb. 7.12 b) Selbsttätige Rücksteuerung

Das entgegengesetzte Auslösesignal des Stellgliedes kann als automatische Führungsgröße und als selbsttätige Rücksteuerung erfasst werden, wenn die Steuerstrecke beim Ausfahren des Kolbens und nach Erreichen der Endlage einen Kontakt A (Markierungsstrich A, Grenztaster) betätigt und dadurch der Taster des rechten Signalgliedes A ohne Muskelbetätigung aktiviert wird (Abb. 7.12 b)). Der Kolben des Zylinders kehrt in seine Ausgangsstellung zurück.

Alle logischen Verknüpfungen, die in den vorherigen Kapiteln erwähnt wurden, lassen sich auch pneumatisch realisieren. Betrachtet man eine logische UND-Verknüpfung aus zwei unabhängigen Eingangsvariablen, die in Abb. (7.13) als Einganstasten der Signalglieder dargestellt sind, dann kann die Ausgangsgröße Y des Stellgliedes erst dann ihren aktiven Zustand bewerkstelligen, wenn beide Taster A und B betätigt sind. Das Stellglied stellt die UND-Verknüpfung dar.

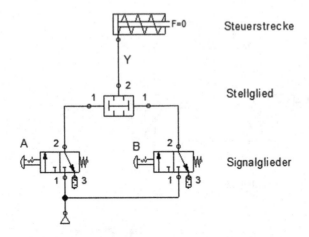

Abb. 7.13 Pneumatische UND-Verknüpfung

Die ODER-Verknüpfung (Abb. 7.14) verfügt über eine ODER-Funktion als Steuerglied. Die Ausgangsgröße des Stellgliedes ist dann aktiv, wenn der Taster A oder B oder beides betätigt sind.

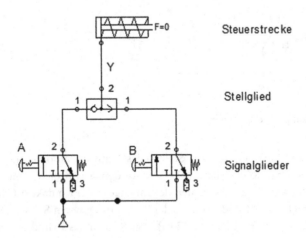

Abb. 7.14 Pneumatische ODER-Verknüpfung

In der gleichen Art lassen sich alle anderen kompliziertesten logischen Verknüpfungen durch UND- und ODER-Verknüpfung aufbauen.

Weitere pneumatische Steuerschaltungen als Überblick

Steuerstromkreis

S0, S1 und S2 sind Betätigungselemente

Umschalten von einem Zweig zum anderen ist durch S1 und S2 möglich

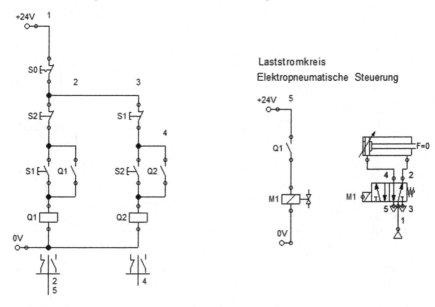

Laststromkreis
Elektropneumatische Steuerung

Steuerstromkreis

S0, S1 und S2 sind Betätigungselemente

Umschalten von einem Zweig zum anderen ist durch S1 und S2 möglich

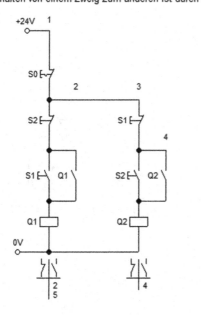

Laststromkreis
Elektropneumatische Steuerung

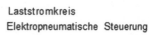

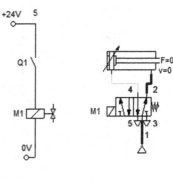

Steuerstromkreis

S0, S1 und S2 sind Betätigungselemente

Umschalten von einem Zweig zum anderen ist durch S1 und S2 möglich

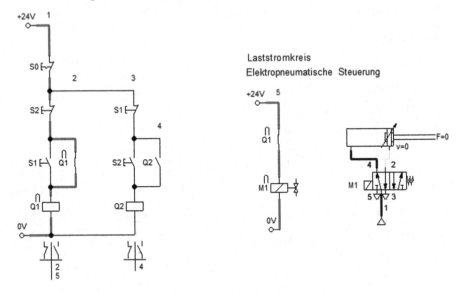

Laststromkreis
Elektropneumatische Steuerung

Steuerstromkreis

S0, S1 und S2 sind Betätigungselemente

Umschalten von einem Zweig zum anderen ist durch S1 und S2 möglich

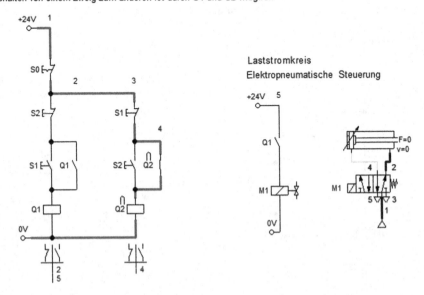

Laststromkreis
Elektropneumatische Steuerung

Gegenseitige Verriegelung:

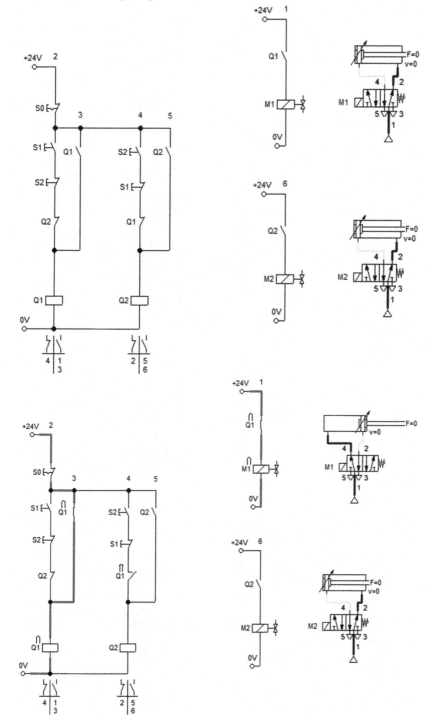

Zum Umschalten ist die Betätigung von S2 wirkungslos: S0 betätigt

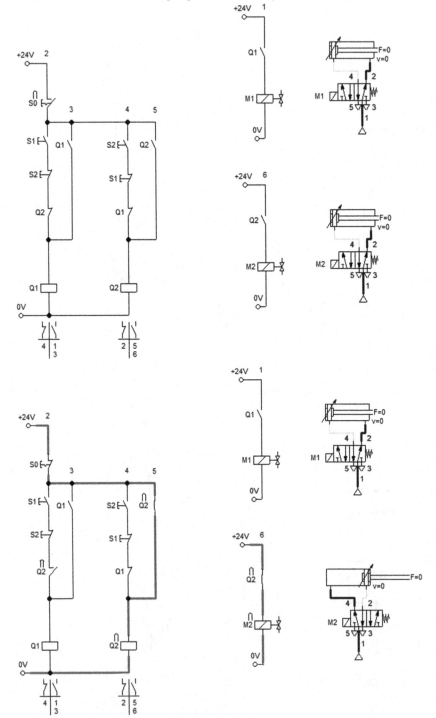

7.2 Pneumatische Steuerschaltungen mit Zeitverhalten

In den pneumatischen Steuerschaltungen existieren pneumatische Zeitglieder, die sich entsprechend der Aufgabenstellungen, mit den Wegeventilen zu Steuerelementen kombinieren lassen. Möchte man die zeitabhängige Rücksteuerung des Kolbens durch ein pneumatisches Zeitglied verzögern, so beginnt die Zeit nach Betätigung der Taste des rechten Signalgliedes (Abb. 7.15).

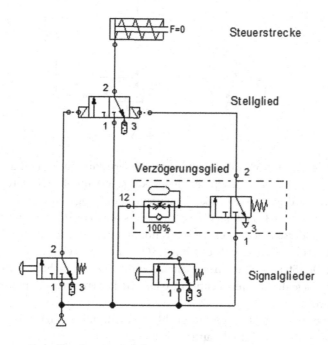

Abb. 7.15 Pneumatische Verzögerungsschaltungen

Es sollte darauf geachtet werden, dass die Betätigungsdauer des rechten Signalgliedes mindestens so lange wie die eingestellte Verzögerungszeit des Verzögerungsgliedes (Drossel) betragen soll. Nach der am Verzögerungsglied eingestellten Zeit fährt der Kolben in seine ursprüngliche Lage zurück.

7.3   Übungen

Astabile Kippstufe

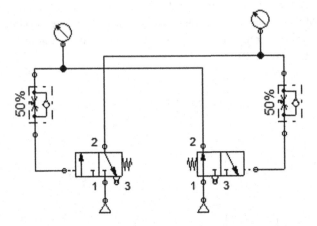

Am Anschluss 1 des rechten 3/2-Wegeventils liegt die Druckluftquelle, und der Ausgang 2 des Ventils ist aktiv. Durch die Kopplung dieses Ausganges mit dem Steuereingang des linken 3/2-Ventils wird auf dessen linke Gehäuseposition umgeschaltet. Sein Ausgang wird dann aktiv. Durch die Kopplung dieses Ausganges mit dem Steuereingang des rechten Ventils wird auf dessen rechten Gehäuseposition umgeschaltet. Somit wird sein Ausgang deaktiviert. Dadurch setzt sich das linke 3/2-Ventil auf seine ursprüngliche alte Position zurück. Der Steuereingang des rechten Ventils ist dann nicht luftbeströmt und die ursprüngliche Lage des rechten Ventils ist dann wiederhergestellt. Der Vorgang wiederholt sich von vorn.

Durch die Anordnung besteht die Möglichkeit ein Rechtecksignal mit bestimmter Impulsdauer und bestimmter Impulspausen zu erzeugen.

XNOR

XNOR-Verknüpfung mit zwei unabhängigen Eingangsvariablen besagt, dass die abhängige Ausgangsvariable erst dann den Zustand „aktiv" aufweisen kann, wenn beide Eingangsvariablen nicht oder wenn beide Eingangsvariablen gleichzeitig betätigt werden. Für die andere mögliche Eingangsvariablenkombination ist der Ausgang deaktiviert.

Ohne Betätigung der beiden Steuereingänge der untersten 3/2-Wegeventile (Signalglieder) aktiviert das eine Zweidruckventil seinen Ausgang, und das andere sperrt (Steuerglieder). Durch gleichzeitige Betätigung beider Steuereingänge der untersten 3/2-Wegeventile wird wiederum das eine Zweidruckventil seinen Ausgang aktivieren, und das andere sperrt. Das aktivierte und das deaktivierte Ventil ändern dann ihre Funktion dementsprechend abwechselnd. Das Wechselventil am Zylinder (Stellglied) steuert dessen Kolben. Der Kolben fährt aus (Steuerstrecke).

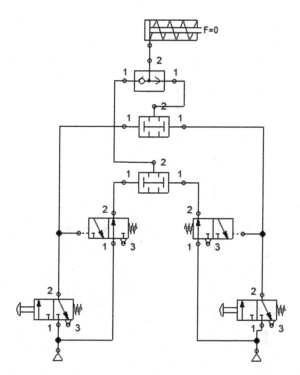

Für den Fall, dass nur einer der beiden Steuereingänge des untersten 3/2-Wegeventile aktiv ist, ist keiner der beiden Zweidruckventile gesteuert. Der Ausgang des Wechselventils kann dann keine Luftströmung liefern. Der Kolben fährt durch die Federwirkung ein.

XOR

Die XOR-Verknüpfung mit zwei unabhängigen Eingangsvariablen besagt, dass die abhängige Ausgangsvariable erst dann den Zustand „aktiv" aufweisen kann, wenn einer von den beiden Eingangsvariablen betätigt sind. Für die andere mögliche Eingangsvariablenkombination ist der Ausgang deaktiviert.

In Ruhestellung sind die beiden Zweidruckventile nicht gesteuert, da deren beiden Steuereingänge nicht luftbeströmt sind. Das Wechselventil am Zylinder kann dadurch seinen Ausgang nicht aktivieren. Erst wenn einer der beiden Steuereingänge der untersten 3/2-Wegeventile betätigt ist, ist entweder das eine oder das andere Zweidruckventil dadurch aktiviert. Der Ausgang des Wechselventils am Zylinder weist dann Luftströmung auf, und der Kolben des Zylinders fährt aus.

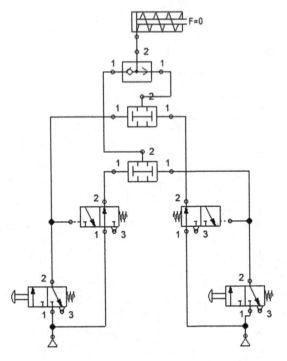

RS-FF (R-dominant)

Funktionsgleichung: $Q := \overline{R} \cdot (q + S)$ Pneumatischer Grundschaltungsaufbau

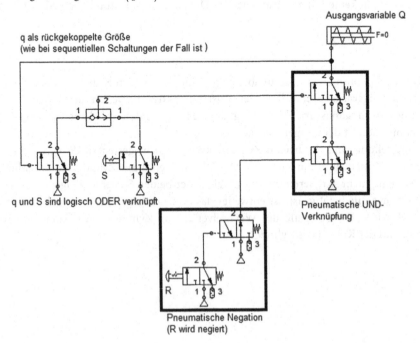

S=0, R=0, Q=0

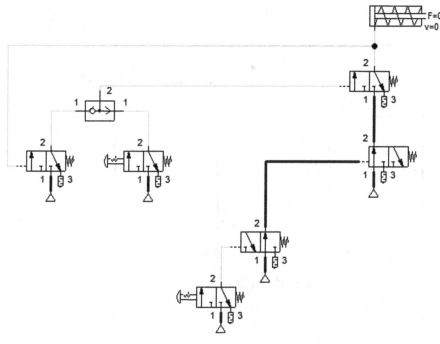

S=0, R=1, Q=0

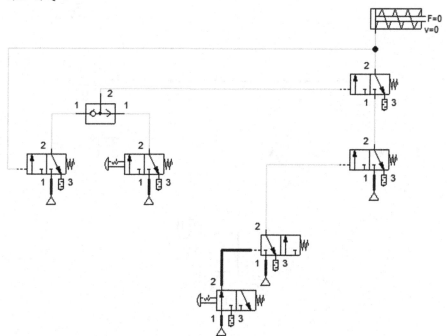

S=1, R=0, Q=1

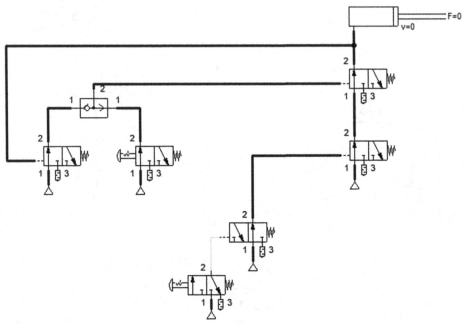

S=1, R=1, Q=0 (R-dominant)

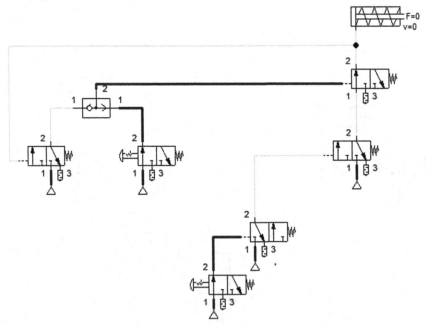

Grundlagen der Steuerungstechnik in industriellen automatisierten Anwendungen

Die Ideen für die Automatentheorien und deren Modellbildungen im technisch-wissenschaftlichen Bereich charakterisieren sich durch die Einführung und systematische Formulierung sowie Abarbeitung von Begriffen wie „Zeichen", „Information", „Zustand", usw. Dadurch werden Text-, Bild- und Tonsignale als „Information" verarbeitet und von einem Sender an einem Ort zu einem, auch weit entfernten, Empfänger in einer anderen Gegend übertragen. Werden diese Begriffe entsprechend der Aufgabenstellung zur Beschreibung eines Systems angewendet, so entsteht eine logisch-mathematisch definierbare System- oder Informationstheorie auch für die Steuerung und Regelung von Systemen sowie für deren Programmierung und Analyse. Handelt es sich um einen Regelungsvorgang, so wird die Regelgröße (Ausgangsgröße) des geschlossenen Regelkreises „rückgekoppelt" und mit der Führungsgröße (Eingangsgröße) des Kreises verglichen. Die Differenz wird dann als Eingangsgröße des Reglers im Regelkreis zur Verfügung gestellt. Bei den Steuerungssystemen existiert diese Rückkopplung nicht.

Zwischen Ein- und Ausgangsgrößen jeder Systemeinheit und des Systems selbst, das aus mannigfaltigen Einheiten aufgebaut ist, existiert eine mathematische Beziehung, die durch Differentialgleichungen (DFGL) n-ter Ordnung charakterisiert ist. Durch Parameteränderungen des Systems kann die gewünschte System-Ausgangsgröße gezielt beeinflusst werden.

Neben der herkömmlichen Anwendung der Mathematik wird bei der Analyse und Synthese von Schaltnetzen, Schaltwerken, Relaisschaltungen, diskret aufgebauten Systemen und deren Programmierungen seit 1938 auch die boolesche Algebra benutzt. Durch diese Algorithmen wurden damals die ersten „Automaten" entwickelt, analysiert und deren Funktionen programmierbar festgelegt. Für die Gesamtanalyse und Beschreibung von Automaten werden die zusammenhängenden Funktionen durch Verhältnisse von Mathematik, Logik, Zahlensystemen, Algebra und Analyse herangezogen. Mit Hilfe dieser Begriffe werden die „Modellbildungen" von Systemen als „Rechenprozesse" entwickelt. Für diese Rechenprozesse wurden „Maschinenprogramme" als automatische Ausführungen von Algorithmen erstellt und Maschinenmodelle durch algorithmische zeichenweise Beschrei-

© Springer Fachmedien Wiesbaden GmbH, ein Teil von Springer Nature 2018
C. Karaali, *Grundlagen der Steuerungstechnik*, https://doi.org/10.1007/978-3-658-16137-8_8

bungen codiert und decodiert. Ein weiterer Algorithmus wurde empfängerseitig zum Lesen, Decodieren und Ausführen dieser codierten (verschlüsselten) Beschreibungen von Algorithmen entwickelt. Universelle lineare und verzweigte „Simulationsprogramme" sind in der Lage, modellierte Systeme als ein Programm zu bearbeiten und die Funktionalitäten auch visuell auf dem Bildschirm darzustellen.

Die durch diese Methodik beschreibbaren Automaten verfügen über eine/mehrere Eingangsgröße/n mit Erregungsvariablen, eine/mehrere Ausgangsgröße/n mit Reaktionsvariablen und eine/mehrere interne Zustandsgröße/n. Sequenzielle Schaltungen beschreiben auch, in verkleinerter Form, die Vorrichtungen eines Automaten, die nach dem Anlegen bestimmter Eingangsvariablen am Ausgang eine Reaktionen auslösen. Interne Zustandsgrößen beschreiben die Speicherfähigkeit eines Systems und entstehen als Abhängigkeitsgrößen zwischen Ein- und Ausgangsgrößen, die zu verschiedenen Zeitpunkten anstehen. Grundsätzlich gilt (auch für sequenzielle Schaltungen):

- Die Ausgangsgrößen eines Systems zu einem bestimmten Zeitpunkt sind gegeben durch die am Eingang anliegende Eingabegröße und durch den gegenwärtigen internen Zustand des Systems.
- Der nächste Zustand des Systems ist bestimmt durch die anliegenden Eingabegrößen und den gegenwärtigen internen Zustand des Systems.
- Daraus folgt, dass der Zustand eines Systems zu einem bestimmten Zeitpunkt diejenige Variable ist, die in Verbindung mit der Eingabevariable eine Vorhersage über das Verhalten des Systems für den nächsten Zeitpunkt erlaubt.

Diese Erregungs-, Reaktions- und Zustandsgrößen können als diskrete oder kontinuierliche Zeitvariablen aufgefasst werden. Werden die Ein- und Ausgangsgrößen eines Systems nur zu bestimmten Zeitpunkten berücksichtigt, so ist die Zeitvariable eine diskrete Größe. Sie kann als eine Art von Grundtakt zusammengefasst und deren folgende Vorgänge synchron zu diesem Grundtakt berücksichtigt werden. Die Änderungen zwischen den Zeitintervallen werden ignoriert. Werden jedoch Ereignisse zu beliebigen Zeitpunkten berücksichtigt, so spricht man von einer kontinuierlich veränderlichen Zeitvariablen.

Hochintegrierte technische Systeme nehmen ständig an Komplexität zu. In zunehmendem Maße erfordern diese modernen Systeme eine systematische Vorgehensweise bei Planungen, Entwürfen und technischen Implementierungen. Jede Phase dieser Entwicklungsschritte erfordert eigene Beschreibungsmittel, Darstellungsformen und dementsprechend Ausdrucksmittel und theoretische Modelle. Die systematische Vorgehensweise bei der Lösung von Aufgaben mit diesen Systemen ist unabdingbar.

8.1 Grundlegende Strukturierungen

Eingangssignalgeber in einem Steuerungssystem sind durch die Bedienperson erzeugte oder automatisch (automatische Steuerung) betätigte und wunschgemäß gerichtete Einwirkungen oder Führungsgrößen. Sie verfügen u. a. über Schaltvorgangslogik, Messgrenzwertanzeigen, Niveau-, Zeit- und Spürsensoren als Bedingungsgrößen für die Steuereinrichtung (Abb. 8.1).

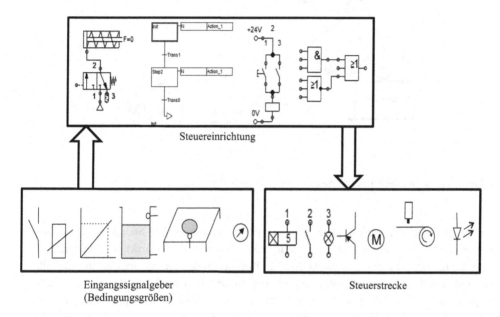

Abb. 8.1 Grundstrukturbild eines industriellen Steuerungssystems

Die schrittweise erfolgte Ablaufsteuerung in der Steuereinrichtung prüft bei jedem Schritt ihrer Ablaufkette den Zustand der Eingangssignalgeber und präsentiert sie als Übergangsbedingungen für die jeweiligen Ablaufschritte. Somit wird die nachfolgende Steuerstrecke als durch die Steuereinrichtung beeinflussbare (gesteuerte) Einheit in einem Steuerungssystem angesehen. Die Steuerstrecke ist das Steuerobjekt, das z. B. aus Motoren, Leuchten, mechanischen Anlagen wie Stanze, Klimaanlage, usw. besteht und gezielt beeinflusst wird. Entsprechend der Aufgabenstellung und Anwendung der Operationsbefehle werden die Steuerstreckenobjekte ein- und ausgeschaltet, geführt, verstellt, reversiert, überwacht, koordiniert, usw.

8.1.1 Anwendungsbeispiel für Steuerungstechniken in der industriellen Robotertechnik

Diese industriellen Steuerungssysteme werden in der Robotertechnik sehr oft angewendet. Bei einer mehrachsigen Robotersteuerung übernimmt der Hauptprozessor die Steuerbefehle für die Achsenrechner des Roboters (Abb. 8.2).

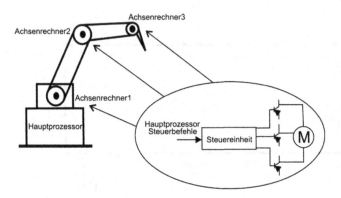

Abb. 8.2 Hierarchische Strukturierungen eines Automatisierungssystems am Roboter

Jeder Achsenrechner verfügt über seine eigene Steuereinheit. Die Steuerstrecke ist der Achsenmotor. Der Achsenmotor wird über das Leistungsteil (Aktorik) angetrieben. Die Steuereinheit entscheidet, welche Aktion der Roboter durch die Aktoren ausführen soll. Es handelt sich bei dieser Darstellung um ein hierarchisch strukturiertes Automatisierungssystem. In der obersten Prozessleitebene befindet sich der Hauptprozessor mit seinen Eingabesignalen zur gezielten Steuerung der Roboterachsen und in der Gruppenleitebene, die sog. Antriebssteuerebene, die Achsenrechner mit ihren individuellen Steuereinheiten und Aktoren sowie Antrieben.

Abb. 8.3 zeigt eine mögliche Realisierung eines Achsenrechners mit dem Mikrocontroller SAB80C166 und das Leistungsteil (Aktor) zur Steuerung von Drehstromantrieben. Steuerstrecke, Leistungseinheit und Steuereinrichtung bilden zusammen den automatischen Steuerungsprozess, dessen Eingangskoordinationssignale durch das *mon166 user program* erzeugt und dirigiert werden. Für die Steuerung von Achsenantrieben wird ein speicherprogrammierbares Anwendungsprogramm erstellt, da eventuelle Programmänderungswünsche, auch bei den Teach-In-Programmtechniken, so rascher zu bewerkstelligen sind.

Der Mikrocontroller SAB80C166 wird u. a. durch seine hohe Rechenleistung, geringe Zeiten für Datentransfer, Programmierbarkeit in mehreren Hochsprachen, taskorientierte Architektur, kurze Interrupt-Antwortzeiten, kurze Task-Switch-Zeiten und die Priorisierung von Interrupt-Routinen gekennzeichnet. Durch die Integration von mehreren Ein- und Ausgabefunktionen sowie durch konfigurierbare Timer/Counter-Funktionen weist er eine flexible Architektur auf. Der Mikrocontroller verfügt weiterhin über einen Hochleistungsprozessor, ein programmierbares Interrupt-System und individuell programmierbare und modular aufgebaute Peripherie-Einheiten. Weitere Einheiten des Mikrocontrollers sind:

- 16-Bit-CPU-Kern
- 1 Byte On-Chip-RAM
- 8 kBytes mask, programmable On-Chip-ROM
- 16-Channel-Capture/Compare-Unit (CAPCOM-Unit)
- 7 Timer (400 ns Auflösung)
- zwei serielle Schnittstellen
- 10-Bit „analog-to-digital converter" (ADC, 10 µs „conversion time")
- Interrupt Controller
- Peripheral Event Controller (PEC)
- 40 MHz interne Taktfrequenz (100 ns Maschinenzyklus)

Auf den unterschiedlichen SAB80C166-Mikrocontrollerkomponenten existieren mehrere Special-Function-Register (SFRs) zur Überwachung der Central Processing Unit (CPU), der Peripherie- oder der I/O-Einheiten. Die On-Chip-RAM-Einheit ist extern auf 256 kBytes erweiterbar und wird durch den External Bus Controller (EBC) des Bausteines dirigiert. Der Peripheral Event Controller (PEC) koordiniert die internen sowie die externen Interrupts (Unterbrechungen) nach einem hierarchischen Verfahren. Die „16-Channel-Capture/Compare-Unit" (CAPCOM) ist eine auch unabhängig vom Prozessor arbeitende Einheit und überwacht den Datentransfer von sehr schnellen 16-känäligen I/O-Tasks zur Erzeugung von Signalen wie der Pulsweitenmodulation („pulse-width modulation", PWM). Darüber hinaus wird diese Einheit für Digital-Analog-Umsetzer („digital-to-analog converter", DAC), Software-Timing sowie die zeitliche Anpassung externer Funktionssignale eingesetzt.

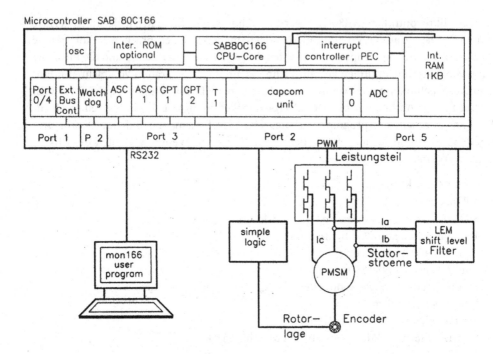

Abb. 8.3 Achsenrechner (Quelle: Karaali 1994)

Die General Purpose Timer Unit (GPTU) charakterisiert eine sehr flexible multifunktio-
nale Timer/Counter-Struktur zur Erzeugung von Pulsarten und -dauer oder Pulsmultipli-
kationen durch seine Verbindung mit mehreren anderen 16-Bit-Timers, die sich in GPT1-
und GPT2-Feldern befinden. Jeder Timer arbeitet in seinem unabhängigen Modus und
kann auch kooperativ mit dem anderen Timer zur Ermittlung von Unter-/Überlaufgrößen
eingesetzt werden. Der 10-Bit-A/D-Converter mit 10-Multiplexbetrieb und Sample-and-
Hold-Konfiguration arbeitet nach der Methode der sukzessiven Approximation und hat
eine Umwandlungszeit von 9,75 μs. Der SAB80C166 verfügt über zwei serielle Schnittstellen zur Kommunikation mit anderen Mikrocontrollern, Mikroprozessoren oder externen
Peripheriekomponenten. Die Übertragungsrate beträgt 625 kBaud im asynchronen Voll-
duplex-Modus und bis zu 2,5 MBaud im synchronen Halbduplex-Modus. Der Watchdog-
Timer ist ein 16-Bit-Timer und kontrolliert die zeitlich erforderliche interne Operations-
eventdauer beim Transfer aller Daten von einer Einheit zur Anderen. In vier 16-Bit-I/O-
Ports sind 76-I/O-Anschlüsse organisiert, die alle als Eingangs- oder Ausgangsbits über
ihre internen Richtungsregister bitadressierbar sind.

Der Pulswechselrichter, bestehend aus MOSFET-Transistoren in Halbbrücken, wird nach der programmmäßig generierten Pulsweitenmodulationsmethode durch die CAPCOM-Einheit des Mikrocontrollers SAB80C166 gesteuert. Als Aktor dient er dazu, zeitlich phasenverschobene, sinusförmige Signale zu erzeugen und damit den nachfolgenden Drehstrommotor (Steuerstrecke) anzutreiben. Bei MOSFET-Transistoren handelt es sich um spannungsgesteuerte Transistoren (im Vergleich zu stromgesteuerten bipolaren Transistoren), d. h. sie benötigen im stationären Betriebszustand keinen Steuerstrom, und weisen damit eine bessere Leitfähigkeit, höhere Grenzfrequenzen, höhere Überlastsicherheit und schnelleres Schalten als die bipolaren Transistoren auf. Die Schaltzeit des Transistors wird nur durch das Umladen der Eingangskapazität bestimmt. Das Ersatzschaltbild zeigt Abb. 8.4.

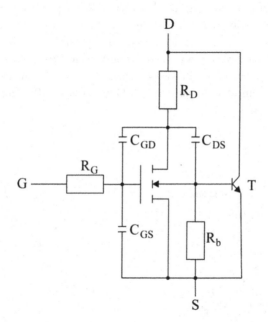

Abb. 8.4 MOSFET-Ersatzschaltbild

MOS-Transistoren sind selbstsperrende Feldeffekttransistoren mit den Anschlüssen Drain (D), Gate (G) und Source (S). Eine Spannung zwischen G und S steuert den Kanalwiderstand zwischen D und S. N-Kanal MOSFET-Transistoren werden mit einer positiven Gate-Source-Spannung gesteuert (umgekehrt bei P-Kanal-Transistoren). Einsatzgebiete der MOSFET-Transistoren sind u. a. Schaltnetzteile, Motorsteuerungen, Pulswechselrichter, Verstärkerschaltungen, usw. Bei gesperrtem Zustand des MOSFET-Transistors weisen die Anschlüsse D-S, D-G und G-S, bedingt durch seinen technologischen Aufbau, ein kapazitives Verhalten auf. Diese Kapazitäten werden Drain-Source-Kapazität C_{DS}, Gate-Drain-Kapazität C_{GD} und Gate-Source-Kapazität C_{GS} genannt.

In vielen Anwendungen, wie z. B. in Brückenschaltungen, sind Parameter galvanisch voneinander getrennt. Diese Parameter werden nach ihren Grenzwerten wie Über-/Unterspannung, Versorgungsspannung, Überschreitung/Unterschreitung der thermischen Größe, Verzögerung der Einschaltzeit, etc. überwacht und entsprechende Schutzmaßnahmen durch zusätzliche Treiberbausteine am betreffenden Transistor eingeleitet. Diese Bausteine verfügen über entsprechende Überwachungselemente. Zur Steuerung von Drehstromantrieben zeigt Abb. 8.5 als Anwendungsbeispiel einen in der Industrie oft verwendeten spannungsgesteuerten Pulswechselrichter, dessen Hochleistungsparameter (-teile), wie hier der Leistungsteil, galvanisch über Optokoppler (OP) von den niederspannungsgesteuerten Elementen getrennt sind.

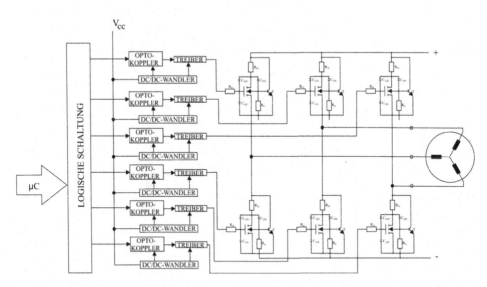

Abb. 8.5 Spannungsgesteuerter Pulswechselrichter

Durch eine logische Schaltung werden die vom Rechner generierten Signale als Pulsmuster in Steuersignale für die sechs MOSFET-Transistoren umgesetzt. Die generierten und zu messenden Drehströme durch den Pulswechselrichter zur Steuerung von dreiphasigen Antrieben sind in Abb. 8.6 dargestellt (hier nur zwei von drei um 120° phasenverschobene Signale).

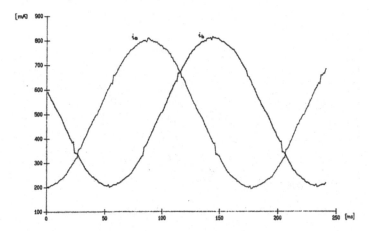

Abb. 8.6 Gemessene Phasenströme für die Steuerstrecke

Zur Steuerung/Regelung von Antrieben muss ein Strommessverfahren durchgeführt werden. Wichtig ist bei der Strommessung, dass das Verfahren potenzialfrei erfolgen soll. Die galvanische Trennung zwischen niederfrequenten Mikrocontrollersystemen und Bauelementen mit hohen Leistungsströmen ist unabdingbar. Ansonsten ist mit gestörten zu übertragenden Datensignalen zu rechnen. Für die galvanische Trennung wendet man die sog. Stromsensoren an, die eingangsseitig über eine galvanische Trennung verfügen (z. B. LEM-Wandler). Bei der Strommessungsmethode nutzen LEM-Wandler den sog. Halleffekt und arbeiten nach dem Kompensationsverfahren, wodurch die Nichtlinearitäten des Hallelementes keinen Einfluss auf die gemessenen Größen haben (Abb. 8.7).

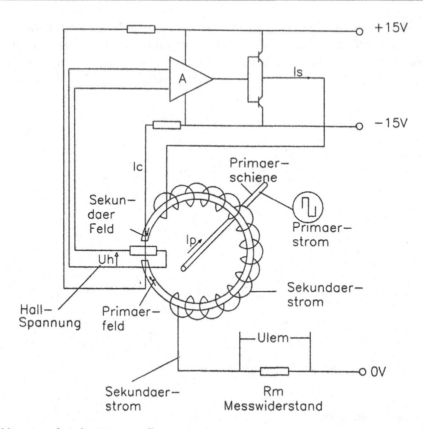

Abb. 8.7 Aufbau des LEM-Wandlers

LEM-Wandler sind durch ihre gute Linearität, geringe Offsetfehler, kurze Ansprechzeiten, große Messbereiche und hohe Überlastfestigkeit charakterisiert. Sie bestehen aus einem Ferrit-Ring in den die stromführende Leitung (Ip) hineingeführt wird und im Luftspalt des Ferrit-Kerns ein Magnetfeld erzeugt. Das Magnetfeld generiert an dem im LEM-Wandler integrierten Hallgenerator eine, zu Ip und auch dem Magnetfeld proportionale, Hallspannung Uh. Das Hallelement, an dem die Hallspannung gemessen wird, befindet sich im Luftspalt des Ferrit-Kerns. Es entsteht ein Sekundärfeld, das dem durch den Primärstrom generierten Feld entgegensetzt ist und es kompensiert. Über einen Shunt-Widerstand im Messkreis wird der Spannungsabfall U_{lem} erfasst. Das gemessene Signal wird durch Peripherieeinheiten verstärkt und digitalisiert an den Mikrocontroller übertragen.

Die Pulsweitenmodulation (PWM) wird meist zum Ansteuern von Antrieben größerer Leistung verwendet. Mikrocontroller, wie hier der verwendete SAB80C166, verfügen meistens bereits über spezielle PWM-Einheiten und deren Ausgangssignale. Bei der PWM werden Impulse mit voller Spannung, aber variabler Dauer und Pausen, an die Last gesendet. Das bedeutet, dass ein Rechtecksignal konstanter Frequenz mit einem bestimmten Tastverhältnis moduliert wird. Damit ist die PWM durch ihre Frequenz und ihr Tastverhältnis („duty cycle") charakterisiert. Im Vergleich zu anderen Ansteuerungsarten hat die PWM-Steuerung den Vorteil, dass weniger Leistung verbraucht wird, da hierbei nicht ständig eine Eingangsspannung anliegen muss, die durch eine elektronische Schaltung auf die erforderliche Antriebsspannung herunter- oder heraufgeregelt wird, sondern der Antrieb durch die Impulsdauer gesteuert wird (Abb. 8.8).

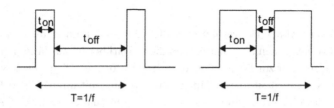

Abb. 8.8 Tastverhältnisse („duty cycle")

Aus Abb. 8.8 ist zu entnehmen, wie ein Antrieb mit unterschiedlicher Impulsdauer in unterschiedlichen Geschwindigkeiten angesteuert wird. Die Impulsdauer lässt sich durch SAB80C166 in bis zu 255 Schritte und mehr unterteilen. Dabei ist im Bild deutlich zu erkennen, dass die Grundfrequenz der PWM nicht verändert wird, sondern lediglich das Verhältnis der Impulsdauer zu Impulspausen pro Periode t_{on} und t_{off}. Für gewünschte Ansteuerungen lässt sich dabei auch die Modulationsfrequenz variieren. Reduziert man die Pulsdauer des Modulationssignals, so wird die im Mittel am Verbraucher anliegende Spannung/Strom und damit die vom Verbraucher aufgenommene Leistung reduziert. Für Ansteuerungen von Antrieben muss die PWM hinreichend hohe Frequenzen aufweisen, da sie sonst nicht bei allen Strecken angewendet werden kann. Durch die festgelegte/n Impulsdauer und -pausen der in Brückenschaltung ein- und ausgeschalteten Steuertransistoren und Polaritätsänderungen von Pulsmustern lassen sich ausgangsseitig sinusförmige Signalverläufe erzeugen (Abb. 8.9).

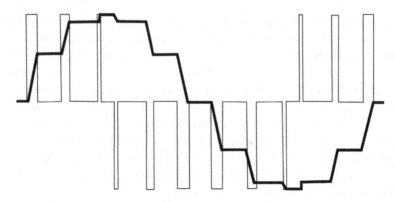

Abb. 8.9 Erzeugung von sinusförmigen Signalen durch PWM

Der Mikrocontroller SAB80C166 verfügt über die CAPCOM-Einheit, die zum Erfassen und Vergleichen von externen Signalzuständen dient. Darüber hinaus lässt sich mit diesem Modul ein Pulsmuster zur Erzeugung von z. B. sinusförmigen Signalen bewerkstelligen. Der CAPCOM-Einheit sind zwei Timer bzw. Counter mit ihren Reload-Registern zugewiesen. Der Reload-Wert bestimmt den Pulsweitenmodulationstakt. Die CAPCOM-Einheit verfügt weiterhin über 16 Capture/Compare-Register, die jeweils eine eigene I/O-Pin besitzen. Jedes Register kann separat für den Capture- oder Compare-Modus programmiert werden. Der Compare-Modus erlaubt eine Erkennung von Vorgängen (Ereignissen) mit minimalem Software-Aufwand. In allen Compare-Modi wird die 16-Bit-Größe, die im Compare-Register CCx gespeichert ist (weiterhin wird diese Größe als „Vergleichsgröße" bezeichnet), dauerhaft mit dem Inhalt des Timers (T0 oder T1) verglichen. T0 oder T1 sind Register zugewiesen (Abb. 8.10).

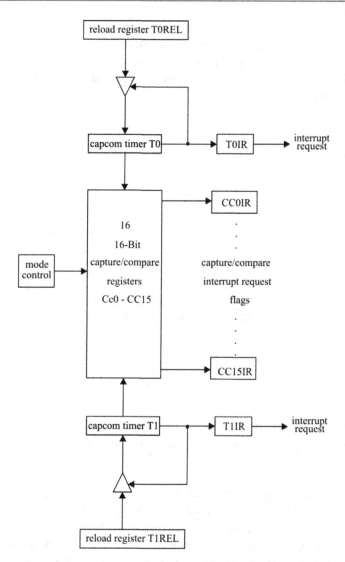

Abb. 8.10 Blockdiagramm CAPCOM-Unit SAB80C166

Wenn der aktive Timer-Inhalt mit der Vergleichsgröße übereinstimmt, kann ein bestimmtes Interruptanforderungs-Ausgangssignal („interrupt request") generiert werden. In diesem Fall wird ein Interruptsignal („interrupt request flag") CCxIR gesetzt. Dadurch werden Pulsmuster erzeugt, mit denen die Lasttransistoren als Aktorik ein- und ausgeschaltet werden (Abb. 8.11).

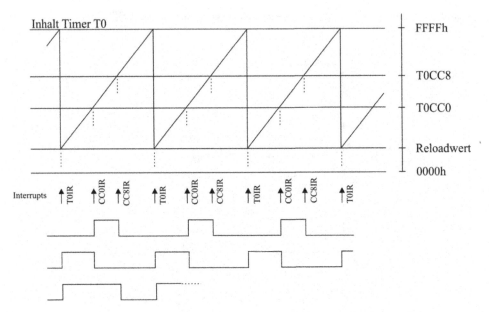

Abb. 8.11 Capture/Compare-Einheit und Erzeugung von Pulsmustern durch PWM

Abb. 8.11 zeigt die Erzeugung eines konstanten Pulsmusters lediglich zur Verdeutlichung des Verfahrens der PWM durch Anwendung der CAPCOM-Einheit des Mikrocontrollers SAB80C166. Nach diesem Verfahren lassen sich mehrere Pulsmuster innerhalb einer Periode erzeugen. Um einen möglichst genau sinusförmigen Verlauf, z. B. des Stromes, zu erzielen, wurde das Verfahren der PWM bei unterschiedlichen Auflösungen untersucht. Eine grobe Auflösung führte zu einem fast treppenförmigen Verlauf des gemessenen Stroms (Abb. 8.12). Der angeschlossene Antrieb könnte mit diesem erzeugten Signal nicht ruhig laufen. Mit höheren Auflösungen kann ein möglichst genau sinusförmiger Verlauf erzielt werden (Abb. 8.13).

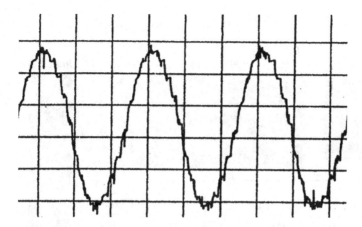

Abb. 8.12 Zeitverlauf des gemessenen Stromes grober Auflösung

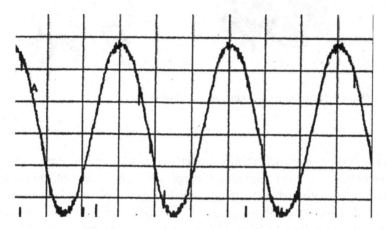

Abb. 8.13 Zeitverlauf des gemessenen Stromes feiner Auflösung

8.1.2 Anwendungsbeispiel für Steuerungstechniken in den industriellen SPS-Techniken

Die SPS-Anlage mit ihren Komponenten wurde in den vorherigen Kapiteln dieses Buches ausführlich behandelt. Ein in den industriellen Anwendungen praktiziertes Verfahren als Systemarchitektur der modular aufgebauten SPS-Anlage mit Peripheriegruppen zur Steuerung, Regelung, Überwachung und Visualisierung von Antrieben erfordert einen systemgerechten Aufbau (Abb. 8.14).

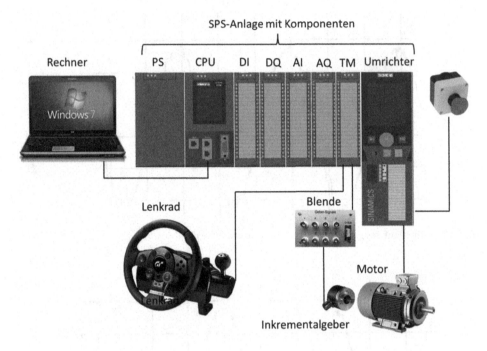

Abb. 8.14 Industrielles Steuerungssystem mit der SPS-Anlage und Peripherie
(Quelle: Karaali 2015)

In Abb. 8.14 ist ein u. a. industriell oft angewendeter Messaufbau zur Steuerung (auch zur Regelung) einer Strecke mit der Siemens-SPS dargestellt. In Abhängigkeit von der Lenkradposition wird die Motordrehzahl gesteuert und die Lage der Motorwelle ermittelt. Das Lenkrad wird als Führungsgröße betrachtet, der Inkrementalgeber an der Motorwelle dient als Sensor zur Erfassung der Winkelposition des Lenkrades und der Motor bildet als Rückstellkraft die Steuerstrecke, also die Last im System. Das Steuersystem besteht somit aus der SPS-Anlage, dem Umrichter und den I/O-Einheiten wie analoge und digitale Ein- und Ausgabebaugruppen für Signalerfassung und -ausgabe der SPS-Anlage und der Strecke. Die Regelgröße ist die Lage der Motorwelle, die durch einen Inkrementalgeber ermittelt wird.

Unter einem architektonischen Aufbau vereinigt **SIMATIC** alle Teilsysteme von Feldbussen bis hin zur Leittechnik zu einem Automatisierungssystem. Ein Projekt mit *STEP7 Professional V12* Software läuft unter dem Betriebssystem Windows 7. Der Datenaustausch zwischen dem Steuergerät, der zentralen Peripherieeinheit sowie den Bedien- und Programmiergeräten wird über den PROFIBUS DP erfolgen. Der PROFIBUS DP ermöglicht den Datenaustausch zwischen mehreren CPU (Master) und mehreren Prozess-Ein- und -Ausgängen (Slave), deren Betriebsarten aufeinander abgestimmt werden müssen. Hans Berger (2014) nennt in seinem Werk die „Anschaltungsbaugruppe" als Master im zentralen Automatisierungsgerät und die Feldgeräte als Slave, die kompakt oder modular aufgebaut sind. Die zentrale Einheit, also Master, liest zyklisch die Eingangsinformationen von den angeschlossenen Slaves und übermittelt die Ausgangsinformationen ebenfalls zyklisch an die Slaves (Abb. 8.15).

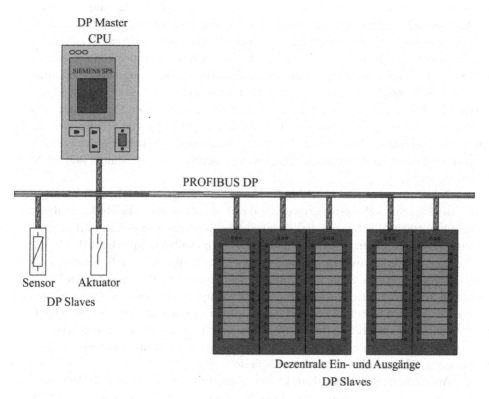

Abb. 8.15 PROFIBUS DP mit ihren möglichen Hardware-Komponenten

Jede Einheit von Master oder Slave, die an PROFIBUS DP angeschlossen ist, verfügt über ihre eigene Adresse, mit der sie angesprochen wird. Diese Adresse entspricht dem Steckplatz der Baugruppe in dem sie sich befindet und wird als grafische Adresse bezeichnet. Mit den logischen Adressen werden die Nutzdaten angesprochen. Diese Nutzdaten sind Signalzustände der angeschlossenen Digital-Ein- und Ausgabekanäle oder -werte an den Analog-Ein- und Ausgabekanälen. Um elektromagnetische Einflüsse zu vermeiden, basiert die heutige Technik auf der Verwendung optischer Glas-Lichtwellenleiter oder drahtloser Übertragungstechnik.

Die SPS-Anlage ist ein System mit modular aufgebauten Eingangs- und Ausgangskomponenten. Um die Leistungsfähigkeit der Anlage zu erhöhen, lassen sich weitere Komponenten an die Baugruppenträger der Anlage anschließen. Nach der europäischen DIN-Norm EN 61131 wurden Programmiersprachen und Bausteine einheitlich als eine Basis für alle Hersteller von SPS-Systemen genormt. Unter Betrachtung dieser DIN-Vorschrif-

ten lässt sich eine SPS-Anlage durch ihre Zuverlässigkeit, einen geringeren Energiever-
brauch, flexible Bedienung, Wartung und Robustheit in Einsatzgebieten wie Antriebstechnik für Motorsteuerung und -regelung, Produktionsunternehmen, Signalerzeugung und
Auswertung für Datenverarbeitung und Messung von Sensorgrößen, etc. gut anwenden.

Die in der SPS-Anlage implementierte „Totally Integrated Automation" (TIA) basiert
auf einer einheitlichen Bedienoberfläche durch eine Systembasis und Werkzeuge, mit denen Automatisierungskomponenten in einer Einheit behandelt werden können. Mittels
TIA-Software-Portal können die Automatisierungsdaten und die dazugehörigen Editoren
in Form eines hierarchisch strukturierten Projekts verwaltet werden; so erschließt sich die
gesamte Funktionalität des S7-Controllers. Die Engineering-Software STEP 7 dient zum
Konfigurieren, Projektieren, Programmieren und Parametrisieren von SPS-Komponen-
ten. Für den vernetzten Datenaustausch zwischen Steuerungsgerät, der zentralen Peripherie und den Bedien- und Programmiergeräten lässt sich das oben erwähnte PROFIBUS-
System einsetzen.

Durch die Anwendung der STEP 7-Software der SPS-Anlage unter Microsoft Windows
kann eine „Projektansicht" generiert werden, die für den Anwender eine objektorientierte
Ansicht bereitstellt. Hier können die anschließbaren Komponenten einzeln oder in kom-
binierter Form aufgerufen, visualisiert und deren Eigenschaften entsprechend der Aufgabenstellung aktualisiert werden. Die aufgerufenen Baugruppen, wie z. B. die einzelnen
Module oder die gesamte Gerätekonfiguration, werden dann auf der erzeugten Ansicht in
mehreren Fenstern angezeigt. Die selektierten Baugruppen auf dem Bildschirm werden
auch nach aktuellen Eigenschaften und Funktionsdaten präsentiert. Der Prozessor überprüft zunächst die aufgerufene Hardware und parametrisiert deren Baugruppen, testet die
Ein- und Ausgangssignale in seinen I/O-Baugruppen und bearbeitet die Anwenderpro-
gramme, die sich in Funktionsbausteinen befinden.

Das Anwenderprogramm wird strukturiert abgearbeitet. Befindet sich ein Programm
in einem Baustein und werden die einzelnen Programmteile in Netzwerken aufgestellt, so
spricht man von einer **linearen Programmstruktur** (günstig für einfache Programme),
die keine Verzweigung aufweist. Der Prozessor kennzeichnet die einzelnen Netzwerke
dort, wo das gesamte Anwenderprogramm abgespeichert ist und bearbeitet sie sequenziell
von oben nach unten.

Bei komplexeren Aufgabestellungen in denen Interrupt-Befehle (Unterbrechungsbefehle) vorkommen und zwingende Verzweigungen aufweisen, spricht man von der **mo-
dularen Programmstruktur.** Hier sind Programmteile in verschiedenen Bausteinen im-
plementiert, die entsprechend der Ablaufsteuerung Interrupt-Signale (Unterbrechungs-
signale) liefern und dadurch das ablaufende Programm für ihre eigenen Routinen in ihren
eigenen Bausteinen unterbrechen (Abb. 8.16).

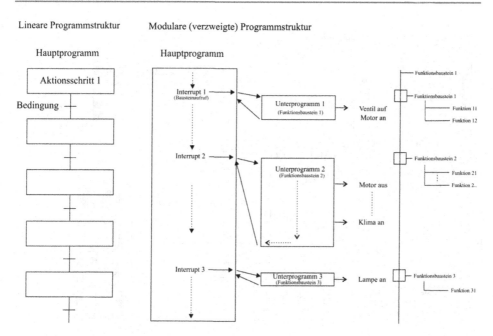

Abb. 8.16 Lineare und modulare Programmstruktur

Die **Stromversorgungsbaugruppe PS** erzeugt die Betriebsspannung für die Baugruppen, speist die Ein- und Ausgabestromkreise sowie die Sensorik und Aktorik. Über die analogen/digitalen Ein- und Ausgabebaugruppen werden die Betriebszustände der gesteuerten Anlage mit ihrem Gleich- bzw. Wechselspannungspegel sowie auch als Binärsignale erfasst. Die **Ausgabebaugruppen** liefern Prozessausgangssignale zur Steuerung von angeschlossenen Anlagen (Strecke).

Die **Technologiebaugruppe (TM)** dient zur schnellen Signalvorverarbeitung und verarbeitet die vom Prozess ankommenden Signale auch autonom. Darüber hinaus kann durch diese Einheit das Zählen von Impulsen und das Messen von Frequenzen, der Periodendauer sowie der Geschwindigkeit und Position der Bewegungssteuerung („motion control") erfolgen.

Der **Frequenzumrichter** (Abb. 8.17) ist für die Steuerung und Überwachung von Drehstromantrieben konzipiert und besteht aus einem Power-Modul („power module") und einer Kontrolleinheit („control unit") für die Steuerung von Antrieben mit verschiedenen Modi. Die Ausgangssignale des Frequenzumrichters lassen sich zur Anpassung an die Last in Frequenz und Amplitude variieren. Diese Änderung ist für den Regelvorgang des Antriebes mit der Pulsweitenmodulation (PWM) erforderlich. Eine weitere Funktion des Umrichters ist das Bremsen, wobei Energie durch Wechselrichtung aus dem Zwischenkreis in einen Bremswiderstand geleitet, d. h. in das Netz rückübertragen und dort in Wärme umgewandelt wird.

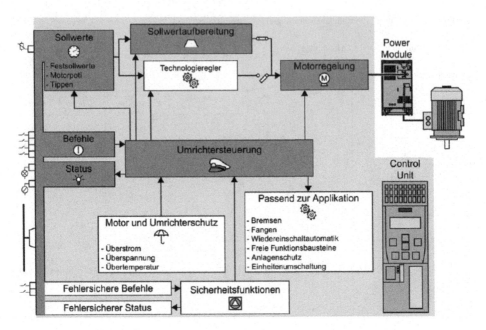

Abb. 8.17 Funktionsübersicht des Frequenzumrichters (Quelle: Karaali, Fa. Siemens)

Der optische **Inkrementalgeber** ist durch seine Eigenschaften wie einfache Bearbeitung von digitalen Signalen, hohe Auflösung und Genauigkeit sowie seine mechanische Kompaktheit charakterisiert und wird öfter zur Drehzahl-/Lageerfassung von Antrieben bevorzugt. Er erkennt die auf einer Scheibe aufgebrachten Strichmuster anhand von zwei Lichtschranken für Kanal A und Kanal B (Abb. 8.18). Die Befestigungslage der beiden Lichtschranken ist so gewählt, dass diese zwei um 90° phasenverschobene Signale abgeben. Durch die Wahl der Strichteilung auf der Scheibe lassen sich die höchste abgegebene Frequenz und die Auflösung ermitteln. Soll die Drehzahl eines Antriebes mit einer hohen Genauigkeit mit der an der Motorwelle befestigten Scheibe gemessen werden, so ist dafür eine Zeitspanne erforderlich, die die detektierten Impulse in einer Zeitdauer um das Verhältnis

$$\text{Drehzahl} = \frac{\text{Impulse}}{\text{Zeit} * \text{Strichteilung}}$$

errechnet. Als Zeitfenster können die internen Timer des eingesetzten Mikrocontrollers verwendet und die gemessenen Größen eventuell zuerst in Registern geladen und zu einer späteren Zeit durch den Mikrocontroller eingelesen werden. Einige Inkrementalgeber liefern neben den um 90° phasenverschobenen Rechtecksignalen zusätzlich noch ein Rechtecksignal pro Umdrehung der Antriebswelle. Üblicherweise wird der Impulsgeber mit einer eingebauten Auswerteelektronik ausgestattet, die die um 90° phasenverschobenen Ausgangssignale in binärer Form anbietet. Die Wellendrehrichtung kann durch Verknüpfung der beiden phasenverschobenen Signale A und B anhand einer einfachen Schaltung erkannt werden (Abb. 8.19).

Die beiden D-FFs in Abb. 8.19 sind positiv flankengetriggert. Die Signale A und B werden durch eine Lichtschranke optisch abgetastet und ausgegeben. Das Signal A führt direkt zum Clock-Eingang des oberen FF und invertiert zum Clock-Eingang des zweiten D-FF. Bei jeder positiven Flanke des Clock-Signals (also Signal A) wird der logische Zustand am D-Eingang zum Q-Ausgang des jeweiligen D-FFs übergeben. Betrachtet man das Impulsdiagramm in Abb. 8.20, so erkennt man, dass das invertierte A-Signal in Abb. 8.20 links mit seiner positiven Flanke das „0"-Potenzial des B-Signals und in der Abb. 8.20 rechts mit seiner positiven Flanke das „1"-Potenzial des B-Signals tastet. Damit ist das Richtungssignal am Ausgang des UND-Gatters links „0" und rechts „1".

Die Abbildungen 8.21 und 8.22 zeigen die simulierte Schaltung und das Impulsdiagramm zur Bestimmung von Drehrichtung und Erfassung der Inkrementalsignale. Abhängig von der erst erscheinenden positiven Flanke der Kanäle A und B weist der Vor-/Rückwärts-Ausgang der logischen Schaltung für die Drehrichtungserkennung entweder ständig ein „high"- oder ständig ein „low"-Signal auf. Innerhalb des Mikrocontrollers wird dieser Zustand als Links- oder Rechtslauf interpretiert. Am Clock-Ausgang werden die Inkremente der eingesetzten Scheibe durch den Mikrocontroller erfasst und ausgewertet.

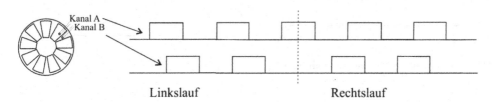

Abb. 8.18 Optischer Inkrementalgeber für Drehrichtungserfassung

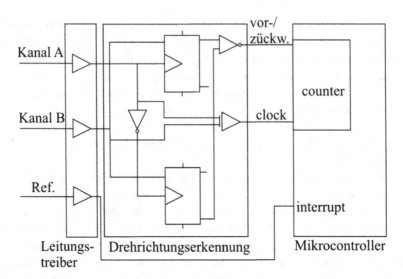

Abb. 8.19 Inkrementalsignale und Drehrichtungserkennung

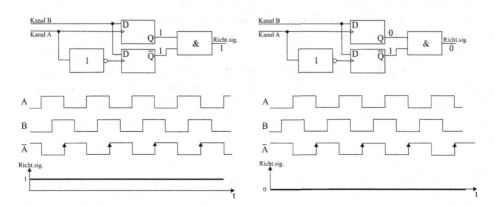

Abb. 8.20 Erkennungssignale für Drehrichtung

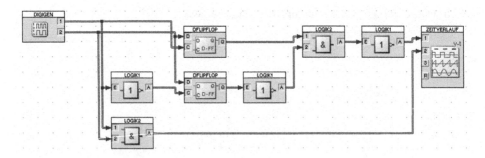

Abb. 8.21 Simulation für Drehrichtungserkennung und Zählimpulse

Pro Flanke der rechteckförmigen Ausgangssignale wird ein Zählimpuls erzeugt und je nach Drehrichtung dem Vor-/Rückwärtseingang des internen Counters zugeteilt. Durch den Mikrocontroller wird bei Verwendung des Inkrementalgebers und der intern gezählten Impulse auch der aktuelle Rotorwinkel des Antriebsmotors erfasst.

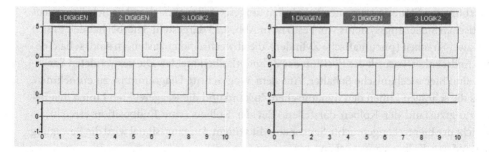

Abb. 8.22 Simulationsergebnisse

8.1.3 Anwendungsbeispiel für Steuerungstechniken in den industriellen pneumatischen Techniken

Die logischen Verknüpfungen lassen sich entsprechend ihrer Gesetze durch elementare Übertragungsglieder der Elektrotechnik, Mechanik, Hydraulik oder Pneumatik in einem Gerätesystem realisieren. Die Funktionsgleichung hat in allen Bereichen ihre Gültigkeit. Die verwendeten Übertragungsmittel und -glieder sind aber unterschiedlich. Auf industriellen Einsatzgebieten hat die pneumatische Steuerung im Vergleich zu anderen Steuerungsarten mehrere Vorteile.

Der eindeutigste Vorteil der Pneumatik liegt in dem überall zur Verfügung stehenden und über große Entfernungen transportablen Übertragungsmittel, nämlich Druckluft. Bei Leitungsdefekten hinterlässt Druckluft keine Verunreinigungen. In Druckluftbehältern wie transportablen Druckluftflaschen wird die Druckluft aufbewahrt und durch Kompressoren in diesen Behältern auf einen bestimmten Druckwert eingestellt. Druckluft ist extrem hitzebeständig und kann bei extrem hoher Umgebungstemperatur und Feuchtigkeit einwandfrei und gefahrlos eingesetzt werden. Durch den Einsatz pneumatischer Steuerungen werden anhand sehr hoher Strömungsgeschwindigkeiten sehr schnelle Funktionsabläufe von Arbeitsvorgängen ermöglicht. Das bedeutet, dass dadurch kurze Ansprechzeiten und schnelle Umwandlungen der erzeugten Energie in zu leistende Arbeit erzielt werden können. Druckluft stellt kein Risiko bezüglich Feuer- und Explosionsgefahr dar. Pneumatische Steuerungen von Strecken mit geringer Arbeitsgeschwindigkeit lassen sich durch einfach verstellbare pneumatische Drosseln regeln.

Auf industriellen Anwendungsgebieten werden die pneumatischen Steuerungen mit Hilfe von Weg-Schritt-Diagrammen erstellt. Das Weg-Schritt-Diagramm beschreibt den beweglichen Ablauf der Bauteile in einem System in Bezug auf die Schrittfolge einer pneumatischen Steuerung. Handelt es sich um mehrere Strecken, so werden die Weg-Schritt-Diagramme der einzelnen Strecken zum Vergleich untereinander aufgezeichnet. Beschreibt ein Lageplan die Funktionsweise der Steuerung eindeutig, so wird die Funktionsgleichung der Steuerung in einen Schaltplan umgesetzt. Ein einfaches Beispiel eines pneumatischen Steuerungssystems von Festo ist in Abb. 8.23 dargestellt. Hierbei handelt es sich um zwei Strecken (pneumatische Zylinder), die abwechselnd anzusteuern sind, sobald deren Endschaltersensorik die Position der Zylinderkolben meldet. Die verwendeten Sensoren sind hier mechanische Schalter. Aus dem Weg-Schritt-Diagramm ist zu entnehmen, dass die schrägen Linien den dynamischen Zustand und die waagerechten Linien den Beharrungszustand der Kolben darstellen. Hat der Kolben seine Endposition erreicht, so spricht der hier fest angebrachte Sensor an. Mit seinem Ausgangssignal wird die Bewegung des anderen Kolbens angetrieben.

Das Weg-Schritt-Diagramm beschreibt den Weg vom Kolben eines Zylinders symbolisch über von links nach rechts aufeinanderfolgende Schritte. Es ist üblich, dass im Diagramm nur die Endzeitpunkte, zu denen der jeweilige Schritt beendet ist, angegeben werden. In dem Beispiel oben werden die Weg-Schritt-Diagramme der beiden Zylinder 1A und 2A aufgezeichnet. In den Spalten des Diagramms werden die Lagen der Bauglieder und in den Zeilen deren Arbeitsschritte dargestellt. Die dünnen mit Pfeilen gezeichneten Linien stellen die Signallinien dar und der Weg-Schritt-Verlauf mit breiten Volllinien beschreibt den Ruhezustand bzw. den aktiven Zustand von 1A bzw. 2A. Ein Signalglied mit dem Kurzzeichen 1S1 für Start ist zusätzlich eingetragen.

In Schritt 1 fährt die Kolbenstange des Zylinders 1A aus, wenn die Taste 1S1 betätigt und die Kolbenstange 2A eingefahren ist. Meldet sich der Sensor 1S3, so fährt die Kolbenstange des Zylinders 2A in Schritt 2 aus. Die Kolbenstange 1A in Schritt 3 fährt wieder ein, sobald sich der Sensor 2S2 meldet. In Schritt 4 ist der Sensor 1S2 angesprochen und die Kolbenstange 2A fährt ein. Hat in diesem Schritt der Sensor 2S1 den eingefahrenen Zustand der Kolbenstange gemeldet, so entspricht der fünfte Schritt dem ersten Schritt und der Vorgang wiederholt sich, sobald 1S1 wieder betätigt ist. Ein weiteres Beispiel der Fa. Festo ist in Abb. 8.24 zu sehen, dessen Steuerschaltung auch mit logischen Bausteinen äquivalent darstellbar ist (Abb. 8.25).

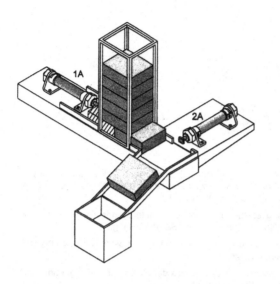

Bild 6.1: Lageplan

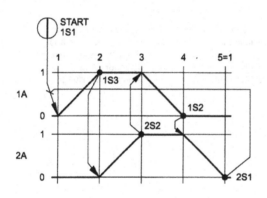

Bild 6.2: Weg-Schritt-Diagramm

Festo Didactic • TP101

Abb. 8.23 Weg-Schritt-Diagramm

Bild 6.3: Schaltplan:
Ausgangsstellung

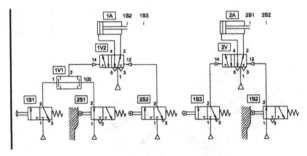

Lösung   Zur Erfassung der Ein- und Ausfahrpositionen der Kolbenstangen werden Rollenhebelventile als Grenztaster eingesetzt. Die manuelle Signal-
eingabe erfolgt über ein 3/2-Wegeventil.

In der Ausgangsstellung befinden sich beide Zylinder in eingefahrenem
Zustand, die Grenztaster 2S1 und 1S2 sind betätigt.

Als Startbedingung für einen Zyklus gilt: Grenztaster 2S1 und Drucktas-
ter 1S1 müssen betätigt sein.

Der Bewegungszyklus lässt sich aus dem Weg-Schritt-Diagramm ermitteln und unterteilt sich in folgende Schritte:

1. Schritt	1S1 und 2S1 betätigt	⇒	Zylinder 1A fährt aus
2. Schritt	1S3 betätigt	⇒	Zylinder 2A fährt aus
3. Schritt	2S2 betätigt	⇒	Zylinder 1A fährt ein
4. Schritt	1S2 betätigt	⇒	Zylinder 2A fährt ein
5. Schritt	2S1 betätigt	⇒	Ausgangsstellung

TP101 • Festo Didactic

1. Nach Betätigen des Drucktasters 1S1 schaltet das 5/2-Wege-Impulsventil 1V2, die Kolbenstange des Zylinders 1A fährt aus. Das Teil wird aus dem Magazin geschoben.

2. Bei Erreichen der vorderen Endlage von Zylinder 1A wird der Grenztaster 1S3 betätigt. Daraufhin schaltet das 5/2-Wege-Impulsventil 2V und die Kolbenstange des Zylinders 2A fährt aus. Das Teil wird auf die Rutsche geschoben.

3. Erreicht der Zylinder 2A seine vordere Endlage, so wird der Grenztaster 2S2 geschaltet. Dieses bewirkt ein Umschalten des Stellelements 1V2 und die Kolbenstange des Zylinders 1A fährt ein.

4. Ist die hintere Endlage des Zylinders 1A erreicht, so wird der Grenztaster 1S2 geschaltet und das Stellelement 2V schaltet um. Die Kolbenstange des Zylinders 2A fährt ein und betätigt bei Erreichen ihrer hinteren Endlage den Grenztaster 2S1.

5. Nun ist die Ausgangsstellung des Systems wieder erreicht. Durch Betätigen des Drucktasters 1S1 kann ein neuer Zyklus gestartet werden.

Abb. 8.24 Pneumatische Steuerung

Aus der letzten Aufgabenstellung lässt sich einfach die Ablaufkette und deren Programmierung wie folgt bilden:

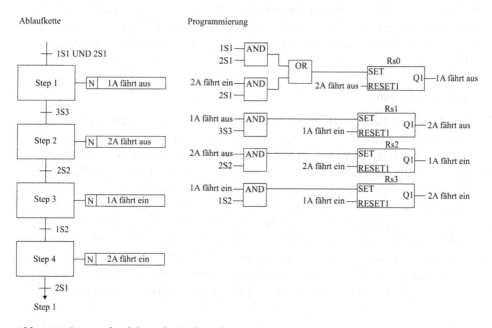

Abb. 8.25 Lösung durch logische Verknüpfungen

Da die Aktionen über keine Speicherbefehle verfügen, können sie direkt mit den Ausgangssignalen der einzelnen Schritte gekoppelt werden.

Hier handelt es sich nicht um Zeitglieder für die Umschaltbedingungen (Transitionen). Die Endschalter-Signalgeber sind Sensoren, die den Übergangsschritt als Bedingung ermöglichen.

Schaltplanerstellung

Es ist grundsätzlich von Vorteil, bei der Erstellung von Schaltplänen systematisch durchgeführte und transparente Entwurfsmethoden und -schritte nach einem präzise erstellten Konzept schematischer Darstellung anzuwenden und einzuhalten. Eine elementare Bedingung für das Erstellen eines pneumatischen Schaltplans ist das Grundwissen über die Funktionsweise von anzuwendenden elementaren pneumatischen Übertragungselementen und Schaltungsmöglichkeiten sowie der jeweiligen Gerätetechnik.

Hierbei geht es zunächst um eine präzise, detaillierte und vollständig beschriebene Aufgabenstellung (die richtige und funktionsfähige Lösung hängt davon ab!), danach um die abgeleitete Funktionsbeschreibung als Funktionsgleichung oder Funktionsdiagramm (Weg-Schritt-Diagramm) und erst dann um den Schaltplan. In industriell pneumatischen Programmsteuerungen kommen häufig Wegplansteuerungen (Bewegungsdiagramme) als prozessgeführte Ablaufsteuerung vor. Mit Hilfe der, laut Aufgabenstellung aufgezeichneten, Weg-Schritt-Diagramme werden die elementaren Übertragungsglieder, Stellglieder, Signalglieder, Energieversorgungsglieder und Steuerleitungen festgelegt und danach das Bewegungsdiagramm in den entsprechenden Schaltplan umgesetzt. Zusätzlich werden die Betätigungsarten der Schaltelemente und der NOT-AUS-Betätigungstaste (meist vorhanden) bestimmt.

Signalüberschneidung

Für die reibungslose Funktion einer pneumatischen Steuerung ist es sehr wichtig, zu überprüfen, ob und an welcher Stelle eine Signalüberschneidung auftritt. Bei der Betrachtung der Signale hinsichtlich deren Signalüberschneidung werden jeweils die Signale in Betracht gezogen, die zur selben Steuerkette zugehörig sind und „gegensätzliche" Auswirkungen haben. Eine Signalüberschneidung ist dann zu berücksichtigen, wenn zwei Signale, die an einem Stellglied ankommen, gleichzeitig den Signalwert „1" führen. Kommen bei dem betrachteten Impulsventil gleichzeitig zwei Signale an, so kann das Ventil nicht umschalten. Dominierend ist das zuerst ankommende Signal. Durch Umschalt- bzw. Verzögerungsventile lassen sich Signalüberschneidungen vermeiden.

Untersuchungen zur Überprüfung von pneumatischen Schaltungen bezüglich Signalüberschneidungen sollen hier anhand von Beispielen ausführlich beschrieben werden.

Paketumsetzung © by FESTO DIDACTIC

Die Anlage (Abb. 8.26) verfügt über zwei pneumatische Zylinder um die Pakete anzuheben bzw. auf ein anderes Band zu verschieben. Laut Aufgabenstellung darf dabei Zylinder B erst dann zurückfahren, wenn Zylinder A seine hintere Endlage erreicht hat.
Es handelt sich hierbei um einen Arbeitsablauf, dessen Start manuell erfolgen soll.

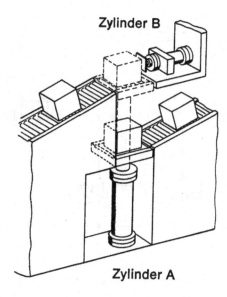

Abb. 8.26 Paketumsetzung

Die Eingabeelemente sind die Signalgeber als Steuerglieder 3/2-Wegeventile, die die Funktion einer Identität aufweisen. Die Endschalter der Arbeitsglieder steuern diese Ventile. Das Startsignal wird manuell eingegeben. Die Stellglieder bilden die Speicherbausteine, 4/2-Wegeventile, und als Arbeitsglieder werden die beiden Zylinder A und B eingesetzt. Das 4/2-Wegeventil wird dadurch charakterisiert, dass eine erreichte Stellung so lange erhalten bleibt, bis ein Gegensignal diese Stellung ändert (Speicherverhalten). Somit ergibt sich eine gesamte pneumatische Schaltung und deren Funktionsdiagramm zur Steuerung der Anlage (Abb. 8.27).

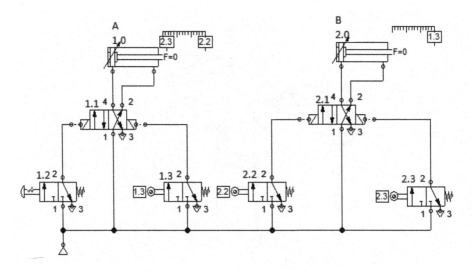

Abb. 8.27 Pneumatische Steuerschaltung der Aufgabe „Paketumsetzung"

Funktionsdiagramm (Bewegungs- und Steuerdiagramm)

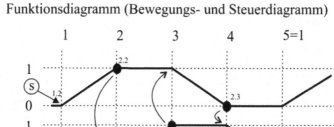

Abb. 8.28 Funktionsdiagramm

Anhand des gezeigten Funktionsdiagramms kann überprüft werden, ob und wo eine Signalüberschneidung auftritt (Abb. 8.28). Bei der vorliegenden Schaltung ist keine Signalüberschneidung festzustellen, wenn das Signalglied 1.2 als kurzzeitig betätigte Taste angenommen wird. Das heißt, es wird vor dem Impuls 3 durch Betätigen der Taste 1.2 ein Impuls von kurzer Dauer erzeugt. Falls die Taste länger betätigt und somit auch das Tasten-
signal verlängert wird, so blockiert dieses das Signal von Ventil 1.3 und der Ablauf der
Steuerung bleibt bei Schritt 3 stehen.

Weiteres Beispiel

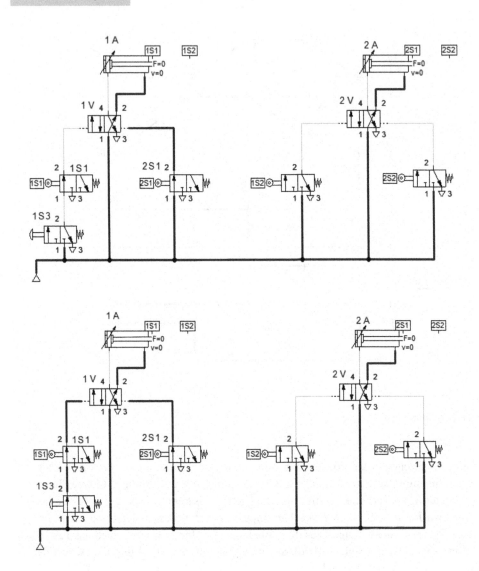

Abb. 8.29 Beispiel pneumatische Steuerschaltung mit Signalüberschneidung

Zylinder 1A kann nicht ausfahren, da das Stellglied 1V nach Betätigung des Ventils 1S3 auf beiden Seiten mit Luftdruck beaufschlagt ist. Das Stellglied hat ein Speicherverhalten und ist von beiden Seiten mit der logischen Größe „1" belegt. Zuerst die linke Seite und danach die rechte Seite des Speichergliedes werden betätigt. Dominant ist der erste Zustand, der die manuelle Betätigung von 1S3 unwirksam macht. Ventil 1S3 und Ventil 2S1 haben zur gleichen Zeit den gleichen Zustand. Es liegt eine Signalüberschneidung vor. Im

Funktionsdiagramm ist zu erkennen, dass das Ventil 1S3 und das Ventil 2S1, die das gleiche Stellglied steuern, im Schritt 2 gleichzeitig das Potential „1" haben und somit die Signalüberschneidung erzeugen (Abb. 8.30).

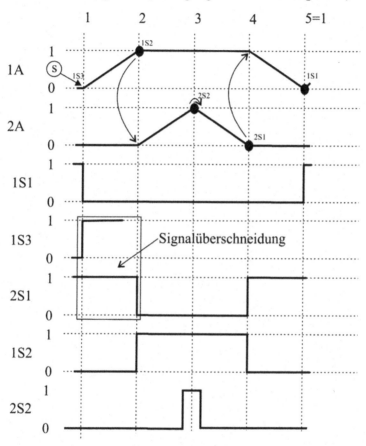

Abb. 8.30 Funktionsdiagramm mit Signalüberschneidung

Anlagen 9

9.1 Symbole Pneumatik

(Quelle: FESTO)

DIN ISO 1219

Wegeventile: 2/2-Wegeventil (2 Anschlüsse, 2 Schaltstellungen für 2 Durchströmungsrichtungen), Betätigung durch Drücken, Rückstellung durch Feder, Sperr-Ruhestellung 7.1.2.1 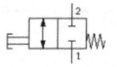	Wegeventile: 3/2-Wegeventil, Betätigung durch Rolle, Rückstellung durch Feder, Sperr-Ruhestellung 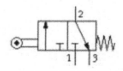
Wegeventile: 3/2-Wegeventil, Betätigung durch Rollenhebel in einer Verfahrrichtung, Rückstellung durch Feder, Sperr-Ruhestellung 7.1.2.7 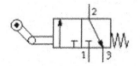	Wegeventile: 5/2-Wegeventil, Betätigung durch Drücken, mit Raste 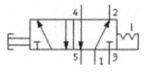

© Springer Fachmedien Wiesbaden GmbH, ein Teil von Springer Nature 2018
C. Karaali, *Grundlagen der Steuerungstechnik*, https://doi.org/10.1007/978-3-658-16137-8_9

Wegeventile: 3/2-Wege-Pneumatikventil, einseitig druckluftbetätigt, Rückstellung durch Feder, Durchfluss-Ruhestellung 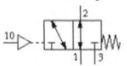	Wegeventile: 5/2-Wege-Pneumatikventil einseitig druckluftbetätigt, Rückstellung durch Feder 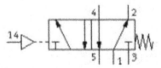
Wegeventile: 5/2-Wege-Pneumatik-Impulsventil, beidseitig druckluftbetätigt 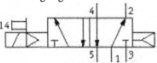	Wegeventile: 5/3-Wege-Pneumatikventil, beidseitig druckluftbetätigt, federzentriert, in Mittelstellung entlüftet 7.1.2.23 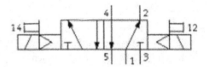
Wegeventile: 5/2-Wege-Magnetventil, Betätigung durch Magnet und pneumatische Vorsteuerung, Rückstellung durch Luftfeder, Handhilfsbetätigung 7.1.2.20 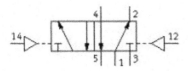	Wegeventile: 5/2-Wege-Magnet-Impulsventil, beidseitige Betätigung durch Magnet und Vorsteuerung, Handhilfsbetätigungen 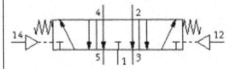
Wegeventile: 5/3-Wege-Proportionalventil, direkt betätigt 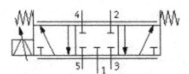	Wegeventile: 5/3-Wegeventil, Mittelstellung belüftet, Betätigung durch Hebel in jede Schaltstellung mit Raste 7.1.2.18 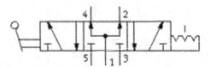
Wegeventile: 5/3-Wege-Magnetventil, Mittelstellung gesperrt, Betätigung durch beidseitige Magnete mit einer Wicklung und pneumatischer Vorsteuerung. Mittelstellung federzentriert, beidseitige Handhilfsbetätigung 7.1.2.21 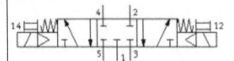	Druckventile: Direktgesteuertes Druckbegrenzungsventil, einstellbar 7.1.3.1

Druckventile: Folgeventil mit Entlüftung, einstellbar	Druckventile: Druckregelventil ohne Abflussöffnung, einstellbar
Druckventile: Druckregelventil mit Abflussöffnung, einstellbar 7.1.3.3	Druckventile: Zweidruckventil (UND-Funktion) 7.1.3.5
Stromventile: Drosselventil, fest	Stromventile: Drosselventil, einstellbar 7.1.4.1
Stromventile: Drosselrückschlagventil, einstellbar 7.1.4.2	Sperrventile (Rückschlagventile und Wechselventile): Rückschlagventil 7.1.5.1
Sperrventile (Rückschlagventile und Wechselventile): Rückschlagventil mit Feder 7.1.5.2	Sperrventile (Rückschlagventile und Wechselventile): Entsperrbares Rückschlagventil mit Feder 7.1.5.3
Sperrventile (Rückschlagventile und Wechselventile): Wechselventil (ODER-Funktion) 7.1.5.5	Sperrventile (Rückschlagventile und Wechselventile): Schnellentlüftungsventil 7.1.5.6

Sperrventile (Rückschlagventile und Wechsel-ventile): Absperrventil 8.7.23	Kompressor 7.2.4
Vakuumpumpe 7.2.6	Motor mit einer Volumenstromrichtung 7.2.3
Motor mit wechselnder Volumenstromrich-tung und zwei Drehrichtungen 7.2.5	Drehantrieb/Schwenkantrieb mit begrenztem Schwenkwinkel 7.2.1
Einfachwirkender Zylinder, Rückbewegung durch Feder, Entlüftung ohne Anschluss-möglichkeit	Dopppeltwirkender Zylinder mit einseitiger Kolbenstange 7.3.2
Doppeltwirkender Zylinder mit beidseitig einstellbarer Endlagendämpfung	Dopppeltwirkender Zylinder mit zweiseitiger Kolbenstange
Druckmittelwandler, einfachwirkend, der einen pneumatischen in einen hydraulischen Druck gleicher Höhe umwandelt, oder umge-kehrt 7.3.12	Druckübersetzer, einfachwirkend, der einen pneumatischen Druck p1 in einen höheren hydraulischen Druck p2 umwandelt 7.3.13

Doppeltwirkender kolbenstangenloser Zylinder mit beidseitig einstellbarer Endlagendämpfung (Pneumatischer Linearantrieb)	Balgzylinder 7.3.14
Schlauchzylinder (Pneumatischer Muskel) 7.3.15	Greifer (von außen), doppeltwirkend, mit Permanentmagnet am Kolben 7.3.17
Greifer (von innen), doppeltwirkend, mit Permanentmagnet am Kolben 7.3.18	Optische Anzeige 7.4.3.1
Digitale Anzeige 7.4.3.2	Druckmessgerät (Manometer) 7.4.3.4
Differenzdruckmessgerät 7.4.3.5	Filter 7.4.4.1
Filter mit Druckmessgerät 7.4.4.3	Flüssigkeitsabscheider mit manuellem Ablass 7.4.4.19
Filter mit Abscheider mit manuellem Ablass 7.4.4.20	Flüssigkeitsabscheider mit automatischem Ablass 7.4.4.21

Lufttrockner 7.4.4.24	Öler 7.4.4.25

Druckluft-Wartungseinheit (Filter mit manuellem Ablass, Druckregelventil mit Abflussöffnung, einstellbar, Druckanzeige und Öler) 7.4.4.17	Druckluft-Wartungseinheit mit Öler (vereinfachte Darstellung) 7.4.4.17

Luftbehälter 7.4.5.1	Vakuumerzeuger 7.4.6.1

Einstufiger Vakuumerzeuger mit integriertem Rückschlagventil 7.4.6.2	Saugnapf 7.4.7.1

Reflexauge (Ringstrahlsensor)	Pneumatischer Vorwahlzähler

Pneumatischer Pulszähler mit pneumatischem Ausgangssignal 7.1.2.10	Pneumatischer Näherungsschalter

9.2 Symbole allgemein

DIN ISO 1219

Linien: Leitung, Versorgungsleitung, Rücklaufleitung, Bauteilumrahmung und Symbolumrandung 8.1.1	Linien: Interne und externe Steuerleitung, Leckölleitung, Spülleitung, Entlüftungsleitung 8.1.2
Linien: Rahmen für mehrere Bauteile 8.1.3	Verbindungen und Anschlüsse: Flexible Leitung 8.2.8
Verbindungen und Anschlüsse: Druckanschlussstelle, verschlossen 8.2.9	Verbindungen und Anschlüsse: Stopfen innerhalb einer Fluidleitung 8.2.10
Verbindungen und Anschlüsse: Leitungsverbindung 9.6.1.2	Verbindungen und Anschlüsse: Leitungskreuzung 9.6.1.3
Verbindungen und Anschlüsse: Schlauchleitung 7.4.1.1/6.4.1.1	Verbindungen und Anschlüsse: Dreiwege-Drehverbindung 7.4.1.2/6.4.1.2
Verbindungen und Anschlüsse: Schnelltrennkupplung ohne Rückschlagventil, gekuppelt 7.4.1.6/6.4.1.6	Verbindungen und Anschlüsse: Schnelltrennkupplung mit zwei Rückschlagventilen, gekuppelt 7.4.1.8/6.4.1.8
Verbindungen und Anschlüsse: Schnelltrennkupplung ohne Rückschlagventil, entkuppelt 7.4.1.3/6.4.1.3	Verbindungen und Anschlüsse: Schnelltrennkupplung mit zwei Rückschlagventilen, entkuppelt 7.4.1.5/6.4.1.5

Energiequellen: Pneumatische Energiequelle 9.6.4.1	Energiequellen: Hydraulische Energiequelle 9.6.4.2
Zubehör: Behälter offen mit der Atmosphäre verbunden	Zubehör: Behälter geschlossen mit Deckel 8.7.32
Zubehör: Tankanschluss über dem Ölspiegel endend	Verbindungen und Anschlüsse: Geschlossener Entlüftungsanschluss
Muskelkraft-Betätigung: durch Drücken 8.5.10	Muskelkraft-Betätigung: durch Ziehen 8.5.11
Muskelkraft-Betätigung: durch Drücken und Ziehen 8.5.12	Muskelkraft-Betätigung: durch Drehen 8.5.13
Muskelkraft-Betätigung: durch Hebel 8.5.16	Muskelkraft-Betätigung: durch Pedal 8.5.17
Muskelkraft-Betätigung: durch Wippe 8.5.18	Mechanische Betätigung: durch Stößel 8.5.20
Mechanische Betätigung: durch Rolle 8.5.22	Mechanische Betätigung: durch Rollenhebel, Betätigung in einer Verfahrrichtung 7.1.1.6/6.1.1.6
Mechanische Betätigung: durch Federstab 8.5.24	Druckbetätigung: pneumatisch betätigt 8.5.29
Druckbetätigung: hydraulisch betätigt 8.5.28	Druckbetätigung: pneumatisch betätigt, durch unterschiedlich große Steuerflächen 8.5.25

Druckbetätigung: Rückstellung durch Luftfeder 7.1.1.8	Elektrische Betätigung: durch Magnetspule mit einer Wicklung, Wirkrichtung zum Verstellelement hin 7.1.1.11/6.1.1.8
Elektrische Betätigung: durch Magnetspule mit einer Wicklung, Wirkrichtung vom Verstellelement weg 7.1.1.12/6.1.1.9	Elektrische Betätigung: durch Magnetspule mit zwei Wicklungen, Wirkrichtung vom Verstellelement hin und weg 7.1.1.13/6.1.1.10
Elektrische Betätigung: durch Schrittmotor 7.1.1.7/6.1.1.7	Elektrische Betätigung: durch Elektromotor mit kontinuierlicher Drehbewegung 9.4.2
Elektrische Betätigung: durch Magnetspule mit einer Wicklung, Wirkrichtung zum Verstellelement hin, stetig verstellbar 7.1.1.14/6.1.1.11	Elektrische Betätigung: durch Magnetspule mit einer Wicklung, Wirkrichtung vom Verstellelement weg, stetig verstellbar 7.1.1.15/6.1.1.12
Elektrische Betätigung: durch Magnetspule mit zwei Wicklungen, Wirkrichtung vom Verstellelement hin und weg, stetig verstellbar 7.1.1.16/6.1.1.13	Kombinierte Betätigung: durch Magnetspule und Vorsteuerventil (pneumatisch) 7.1.1.17
Kombinierte Betätigung: durch Magnetspule und Vorsteuerventil (hydraulisch)	Kombinierte Betätigung: durch Magnetspule oder Handhilfbetätigung und Vorsteuerventil (pneumatisch)
Kombinierte Betätigung: durch Magnetspule oder Handhilfbetätigung und Vorsteuerventil (hydraulisch)	Kombinierte Betätigung: durch Magnetspule oder Handhilfsbetätigung

Kombinierte Betätigung: durch Magnetspule oder Handhilfsbetätigung mit Raste 7.1.1.4	Mechanische Bestandteile: Rasten 9.2.4
Mechanische Bestandteile: Rückstellung durch Feder 8.5.23	Mechanische Bestandteile: federzentriert
Basissymbole: Funktionseinheit für Ventile mit maximal 4 Anschlüssen 8.4.8	Basissymbole: Funktionseinheit für Ventile mit 2 Anschlüssen
Basissymbole: Funktionseinheit für Ventile mit 3 Anschlüssen	Basissymbole: Funktionseinheit für Ventile mit 4 Anschlüssen
Basissymbole: (2) Funktionseinheit für Ventile mit 5 Anschlüssen	Basissymbole: 2 Schaltstellungen
Basissymbole: 3 Schaltstellungen	Basissymbole: (1) Wege und Richtungen des Volumenstroms durch ein Ventil

Basissymbole: (2) Wege und Richtungen des Volumenstroms durch ein Ventil	Basissymbole: (3) Wege und Richtungen des Volumenstroms durch ein Ventil
Basissymbole: (4) Wege und Richtungen des Volumenstroms durch ein Ventil	Basissymbole: (5) Wege und Richtungen des Volumenstroms durch ein Ventil
Basissymbole: (1) Wege des Volumenstroms durch ein Ventil	Basissymbole: (2) Wege des Volumenstroms durch ein Ventil
Basissymbole: (3) Wege des Volumenstroms durch ein Ventil	Basissymbole: (4) Wege des Volumenstroms durch ein Ventil
Basissymbole: (6) Wege und Richtungen des Volumenstroms durch ein Ventil	Basissymbole: (7) Wege und Richtungen des Volumenstroms durch ein Ventil
Basissymbole: (8) Wege und Richtungen des Volumenstroms durch ein Ventil	Basissymbole: (9) Wege und Richtungen des Volumenstroms durch ein Ventil

9.3 Hydraulik

DIN ISO 1219

Wegeventil: 4/3-Wegeventil, hydraulisch betätigt, federzentriert 6.1.2.14 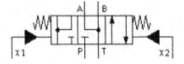	Wegeventil: 4/3-Wegeventil mit zwei Magnetspulen, direkt betätigt, Mittelstellung federzentriert 6.1.2.12 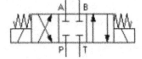
Wegeventil: 4/2-Wegeventil mit zwei Magnetspulen, direkt betätigt, mit Raste (Impulsventil) 6.1.2.9 	Wegeventil: 4/2-Wegeventil mit Magnetspule, Rückstellung durch Feder 6.1.2.3 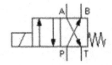
Wegeventil: 4/2-Wegeventil mit Magnetspule, hydraulischer Vorsteuerung, Rückstellung durch Feder 6.1.2.10 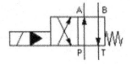	Wegeventil: 3/2-Wegeventil, Betätigung durch Rollenhebel in einer Verfahrrichtung, Rückstellung durch Feder, Sperr-Ruhestellung 6.1.2.5 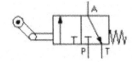
Wegeventil: 3/2-Wegeventil, Betätigung durch Rolle, Rückstellung durch Feder, Sperr-Ruhestellung 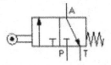	Wegeventil: 3/2-Wegeventil mit Magnetspule, direkt betätigt, Rückstellung durch Feder und Handhilfsbetätigung mit Raste 6.1.2.7 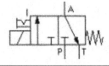
Wegeventil: 3/2-Wege-Sitzventil mit Magnetspule und Endschalter 6.1.2.17 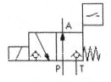	Wegeventil: 2/2-Wegeventil (2 Anschlüsse, 2 Schaltstellungen für 2 Durchströmungsrichtungen), Betätigung durch Drücken, Rückstellung durch Feder, Sperr-Ruhestellung 6.1.2.1 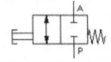

Stromventil: Zwei-Wege-Stromregelventil, einstellbar	Stromventil: Volumenstromteiler 6.1.4.6
Stromventil: Drosselventil, fest	Stromventil: Drosselventil, einstellbar 6.1.4.1
Stromventil: Drosselrückschlagventil, einstellbar 6.1.4.2	Stromventil: Drei-Wege-Stromregelventil, einstellbar 6.1.4.5
Stromventil: Blende, fest	Stetig-Wegeventil: 4/3-Wege-Servoventil, vorgesteuert, Magnetspule mit zwei Wicklungen, mit mechanischer Rückführung der Lage des Ventilschiebers auf die Vorsteuerstufe 6.1.6.5
Stetig-Wegeventil: 4/3-Wege-Regelventil, vorgesteuert mit einem Stellmagneten, mit Lageregelung der Haupt- und Vorsteuerstufe, mit integrierter Elektonik, Steueröl Zu- und Abführung extern 6.1.6.4	Stetig-Wegeventil: 4/3-Wege-Proportionalventil, direkt betätigt, federzentriert 6.1.6.1

Stetig-Druckventil: Proportional-Druckbegrenzungsventil, direkt betätigt, mit Lageregelung der Magnetspule und integrierter Elektronik 6.1.7.3	Sperrventil (Rückschlag- und Wechselventil): Wechselventil (ODER-Funktion) 6.1.5.5
Sperrventil (Rückschlag- und Wechselventil): Rückschlagventil mit Feder 6.1.5.2	Sperrventil (Rückschlag- und Wechselventil): Rückschlagventil 6.1.5.1
Sperrventil (Rückschlag- und Wechselventil): Entsperrbares Rückschlagventil mit Feder 6.1.5.3	Sperrventil (Rückschlag- und Wechselventil): Drei-Wege-Hahn 8.2.12
Sperrventil (Rückschlag- und Wechselventil): Doppelrückschlagventil, entsperrbar 6.1.5.4	Druckventil: Zweidruckventil (UND-Funktion)
Druckventil: Vorgesteuertes Zwei-Wege-Druckreduzierventil mit externem Steuerölablauf 6.1.3.5	Druckventil: Speicherladeventil

Druckventil: Folgeventil, eigengesteuert, mit Umgehungsventil 6.1.3.3	Druckventil: Drei-Wege-Druckreduzierventil 6.1.3.9
Druckventil: Direktgesteuertes Zwei-Wege-Druckreduzierventil mit externem Steueröl-ablauf 6.1.3.4	Druckventil: Direktgesteuertes Druckbegren-zungsventil, einstellbar 6.1.3.1
Druckventil: Abschalt-/Bremssenkventil	Sperrventile (Rückschlag- und Wechsel-ventile): Absperrventil 8.7.23
Reversierbare Hydraulikpumpe/-motor-Einheit mit zwei Volumenstromrichtungen und veränderlichem Verdrängungsvolumen, externe Leckölleitung und zwei Drehrichtun-gen 6.2.3	Drehantrieb/Schwenkantrieb mit begrenztem Schwenkwinkel und zwei Volumenstromrich-tungen 6.2.6
Hydraulikpumpe und Elektromotor mit Wel-lenkupplung	Hydraulikpumpe mit konstantem Förder-volumen

Hydraulik-Verstellpumpe mit wechselnder Förderstromrichtung bei gleicher Drehrichtung 6.2.2	Hydraulikmotor mit konstantem Verdrängungs-/Schluckvolumen und zwei Drehrichtungen
Elektromotor	Kompaktgetriebe (vereinfachte Darstellung) 6.2.15
Hydraulikpumpe mit veränderlichem Fördervolumen 6.2.1	Teleskopzylinder, einfachwirkend 6.3.7
Teleskopzylinder, doppeltwirkend 6.3.8	Einfachwirkender Zylinder – Plungerzylinder 6.3.6
Einfachwirkender Zylinder mit einseitiger Kolbenstange, Federraum mit Lecköalnschluss 6.3.1	Druckübersetzer, einfachwirkend, der einen pneumatischen Druck p1 in einen höheren hydraulischen Druck p2 umwandelt 6.3.15

Doppeltwirkender Zylinder mit zweiseitiger Kolbenstange mit unterschiedlichen Durchmessern, mit beidseitig einstellbarer Endlagendämpfung	Doppeltwirkender Zylinder mit Wegmesssystem an der Kolbenstange
Doppeltwirkender Zylinder mit integriertem Wegmesssystem	Doppeltwirkender Zylinder mit einseitiger Kolbenstange 6.3.2
Digitale Anzeige 6.4.3.2	Drehzahlmessgerät 6.4.3.15
Temperaturmessgerät (Thermometer) 6.4.3.7	Volumenstromanzeige 6.4.3.12
Volumenstrommessgerät mit digitaler Anzeige 6.4.3.14	Optische Anzeige 6.4.3.1
Flüssigkeitsniveauschalter mit vier Öffnern 6.4.3.10	Druckmessgerät (Manometer) 6.4.3.4
Drehmomentmessgerät 6.4.3.16	Differenzdruckmessgerät 6.4.3.5
Volumenstrommessgerät 6.4.3.13	Flüssigkeits-Niveauanzeige (Schauglas) 6.4.3.9

Filter 6.4.4.1	Filter mit Druckmessgerät 6.4.4.5
Zentrifugalabscheider 6.4.4.12	Tank-Belüftungsfilter 6.4.4.2
Filter mit Umgehungsventil mit optischer Verschmutzungsanzeige und Kontaktschalter 6.4.4.9	Kühler ohne Volumenstromlinien für die Fließrichtung des Kühlmediums 6.4.5.1
Temperaturregler 6.4.5.5	Heizung 6.4.5.4
Gasdruckspeicher, Trennung der Medien durch Blase (Blasenspeicher) 6.4.6.2	Gasflasche 6.4.6.4
Gasdruckspeicher, Trennung der Medien durch Membran (Membranspeicher) 6.4.6.1	Gasdruckspeicher, Trennung der Medien durch Kolben (Kolbenspeicher) 6.4.6.3

9.4 Weitere Übertragungsglieder

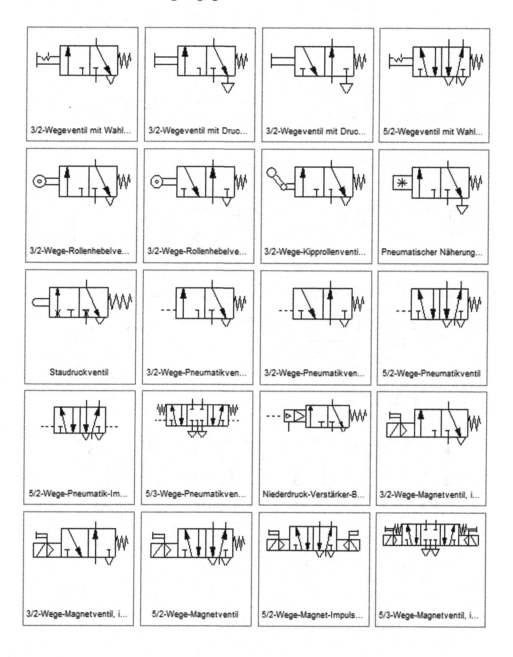

3/2-Wegeventil mit Wahl...	3/2-Wegeventil mit Druc...	3/2-Wegeventil mit Druc...	5/2-Wegeventil mit Wahl...
3/2-Wege-Rollenhebelve...	3/2-Wege-Rollenhebelve...	3/2-Wege-Kipprollenventi...	Pneumatischer Näherung...
Staudruckventil	3/2-Wege-Pneumatikven...	3/2-Wege-Pneumatikven...	5/2-Wege-Pneumatikventil
5/2-Wege-Pneumatik-Im...	5/3-Wege-Pneumatikven...	Niederdruck-Verstärker-B...	3/2-Wege-Magnetventil, i...
3/2-Wege-Magnetventil, i...	5/2-Wege-Magnetventil	5/2-Wege-Magnet-Impuls...	5/3-Wege-Magnetventil, i...

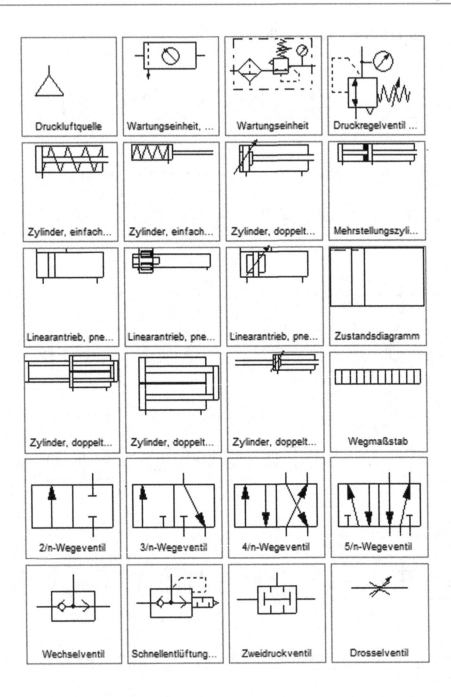

Druckluftquelle	Wartungseinheit, ...	Wartungseinheit	Druckregelventil ...
Zylinder, einfach...	Zylinder, einfach...	Zylinder, doppelt...	Mehrstellungszyli...
Linearantrieb, pne...	Linearantrieb, pne...	Linearantrieb, pne...	Zustandsdiagramm
Zylinder, doppelt...	Zylinder, doppelt...	Zylinder, doppelt...	Wegmaßstab
2/n-Wegeventil	3/n-Wegeventil	4/n-Wegeventil	5/n-Wegeventil
Wechselventil	Schnellentlüftung...	Zweidruckventil	Drosselventil

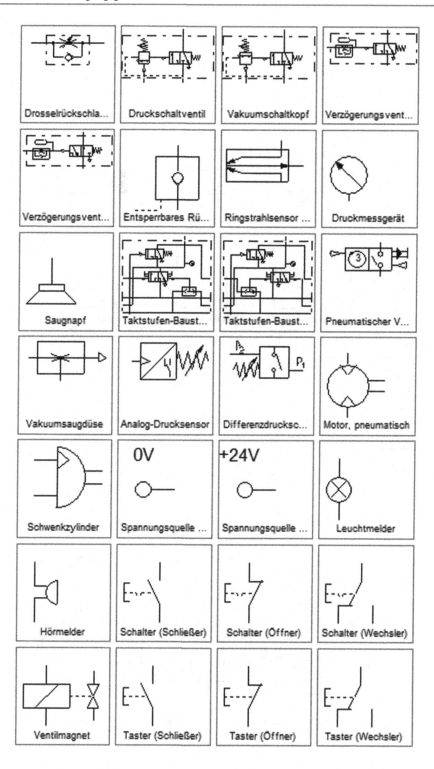

Drosselrückschla...	Druckschaltventil	Vakuumschaltkopf	Verzögerungsvent...
Verzögerungsvent...	Entsperrbares Rü...	Ringstrahlsensor ...	Druckmessgerät
Saugnapf	Taktstufen-Baust...	Taktstufen-Baust...	Pneumatischer V...
Vakuumsaugdüse	Analog-Drucksensor	Differenzdrucksc...	Motor, pneumatisch
Schwenkzylinder	Spannungsquelle ...	Spannungsquelle ...	Leuchtmelder
Hörmelder	Schalter (Schließer)	Schalter (Öffner)	Schalter (Wechsler)
Ventilmagnet	Taster (Schließer)	Taster (Öffner)	Taster (Wechsler)

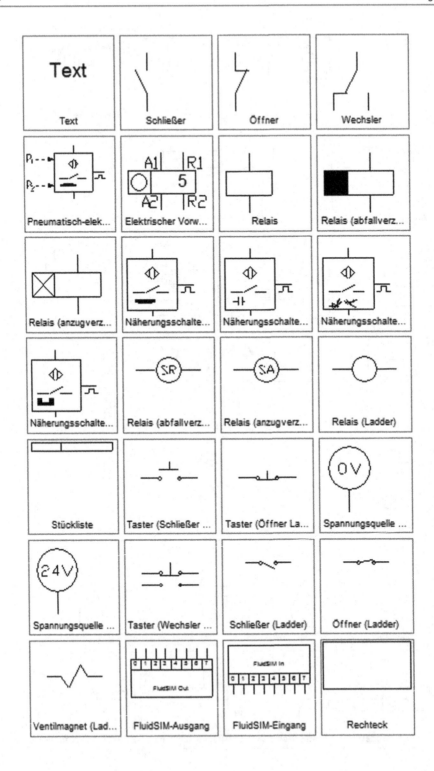

Text	Schließer	Öffner	Wechsler
Pneumatisch-elek...	Elektrischer Vorw...	Relais	Relais (abfallverz...
Relais (anzugverz...	Näherungsschalte...	Näherungsschalte...	Näherungsschalte...
Näherungsschalte...	Relais (abfallverz...	Relais (anzugverz...	Relais (Ladder)
Stückliste	Taster (Schließer ...	Taster (Öffner La...	Spannungsquelle ...
Spannungsquelle ...	Taster (Wechsler ...	Schließer (Ladder)	Öffner (Ladder)
Ventilmagnet (Lad...	FluidSIM-Ausgang	FluidSIM-Eingang	Rechteck

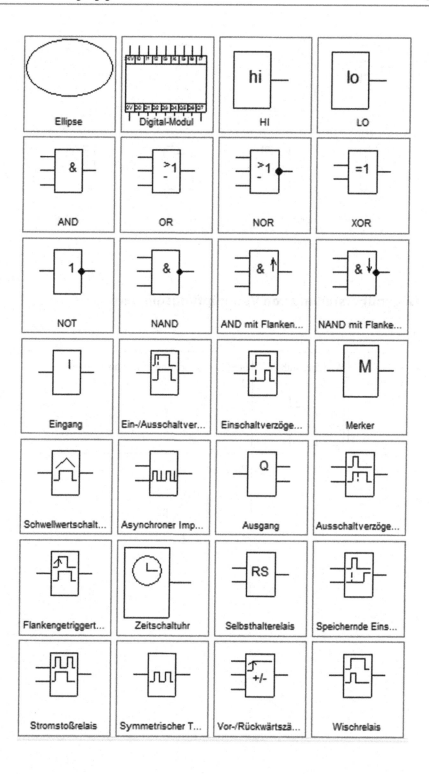

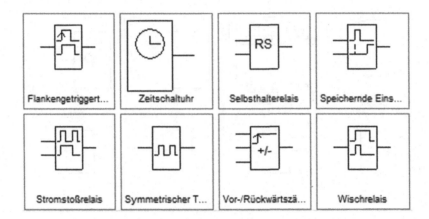

| Flankengetriggert... | Zeitschaltuhr | Selbsthalterelais | Speichernde Eins... |
| Stromstoßrelais | Symmetrischer T... | Vor-/Rückwärtszä... | Wischrelais |

9.5   Gegenüberstellung von Verknüpfungsgliedern

IDENTITÄT

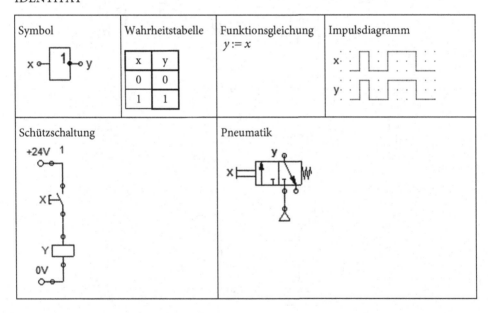

Symbol	Wahrheitstabelle	Funktionsgleichung $y := x$	Impulsdiagramm

x	y
0	0
1	1

Schützschaltung	Pneumatik

NICHT

Symbol	Wahrheitstabelle	Funktionsgleichung	Impulsdiagramm
x —[1]— y		$y := \overline{x}$	

x	y
0	1
1	0

Schützschaltung	Pneumatik
+24V 1 X Y 0V	

oder

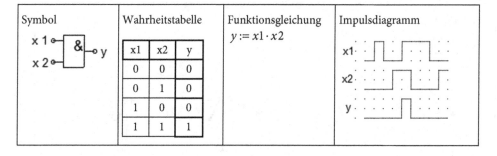

UND

Symbol	Wahrheitstabelle	Funktionsgleichung	Impulsdiagramm
x 1 —[&]— y x 2		$y := x1 \cdot x2$	

x1	x2	y
0	0	0
0	1	0
1	0	0
1	1	1

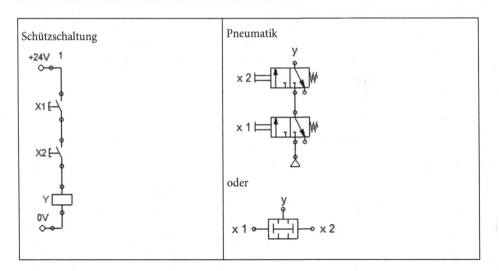

Schützschaltung

+24V 1

X1

X2

Y

0V

Pneumatik

y

x 2

x 1

oder

y

x 1 ——— x 2

ODER

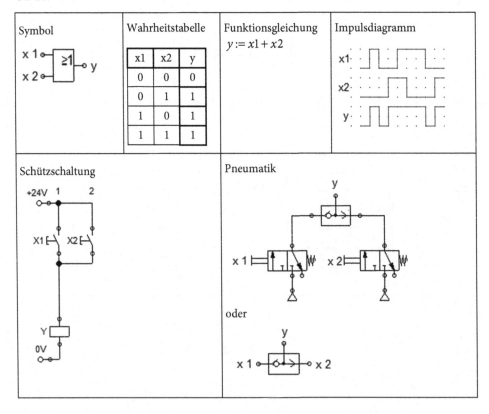

Symbol	Wahrheitstabelle	Funktionsgleichung	Impulsdiagramm

Funktionsgleichung: $y := x1 + x2$

x 1 —[≥1]— y
x 2 —

x1	x2	y
0	0	0
0	1	1
1	0	1
1	1	1

Impulsdiagramm:
x1
x2
y

Schützschaltung

+24V 1   2

X1   X2

Y

0V

Pneumatik

y

x 1   x 2

oder

y

x 1 —[ ]— x 2

NAND

Symbol	Wahrheitstabelle	Funktionsgleichung	Impulsdiagramm
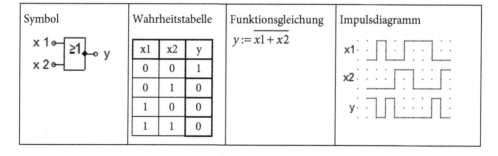		$y := \overline{x1 \cdot x2}$	

x1	x2	y
0	0	1
0	1	1
1	0	1
1	1	0

Schützschaltung	Pneumatik
	oder

NOR

Symbol	Wahrheitstabelle	Funktionsgleichung	Impulsdiagramm
		$y := \overline{x1 + x2}$	

x1	x2	y
0	0	1
0	1	0
1	0	0
1	1	0

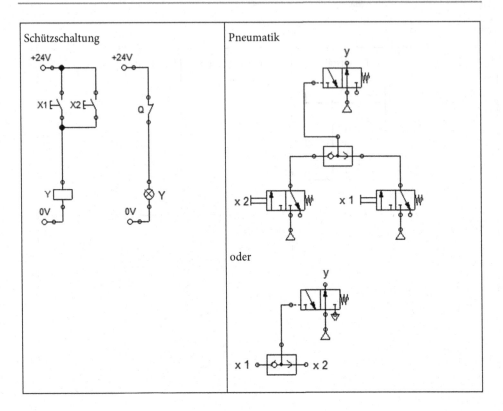

EXOR

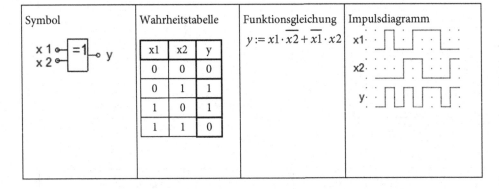

Symbol	Wahrheitstabelle			Funktionsgleichung	Impulsdiagramm

Funktionsgleichung: $y := x1 \cdot \overline{x2} + \overline{x1} \cdot x2$

x1	x2	y
0	0	0
0	1	1
1	0	1
1	1	0

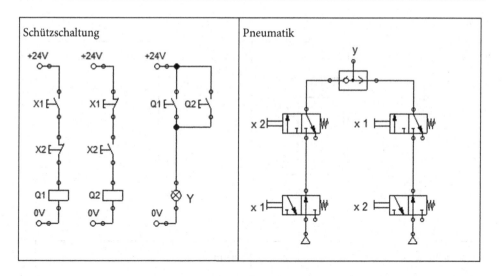

Schützschaltung

Pneumatik

EXNOR

Symbol	Wahrheitstabelle			Funktionsgleichung	Impulsdiagramm

$$y := \overline{x1} \cdot \overline{x2} + x1 \cdot x2$$

x1	x2	y
0	0	1
0	1	0
1	0	0
1	1	1

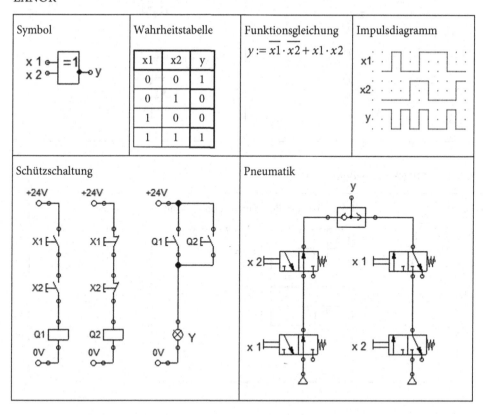

Schützschaltung

Pneumatik

S1R-FLIPFLOP (Setzdominat)

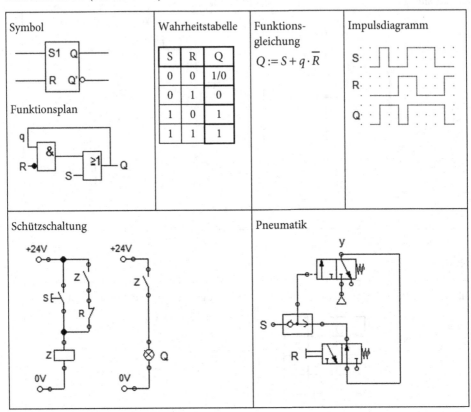

Symbol	Wahrheitstabelle	Funktions-gleichung	Impulsdiagramm

Symbol

Funktionsplan

Wahrheitstabelle

S	R	Q
0	0	1/0
0	1	0
1	0	1
1	1	1

Funktions-gleichung

$Q := S + q \cdot \overline{R}$

Impulsdiagramm

Schützschaltung

Pneumatik

R1S-FLIPFLOP (Rücksetzdominant)

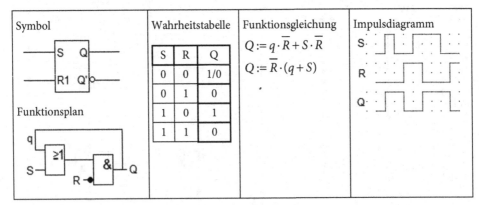

Symbol

Funktionsplan

Wahrheitstabelle

S	R	Q
0	0	1/0
0	1	0
1	0	1
1	1	0

Funktionsgleichung

$Q := q \cdot \overline{R} + S \cdot \overline{R}$

$Q := \overline{R} \cdot (q + S)$

Impulsdiagramm

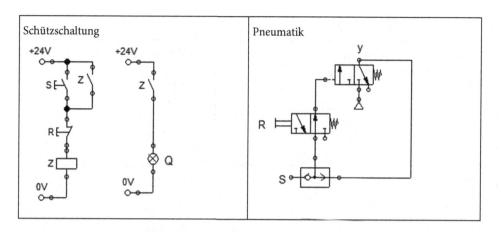

Schützschaltung

Pneumatik

EINSCHALTVERZÖGERUNG

Symbol	Funktionsgleichung	Impulsdiagramm
x ⊸□⊸y	$y(TE) := x$ (mit TE als Einschalt-verzögerung)	x ⊸□⊸y

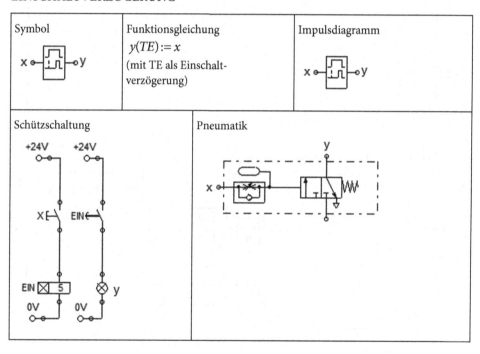

Schützschaltung

Pneumatik

AUSSCHALTVERZÖGERUNG

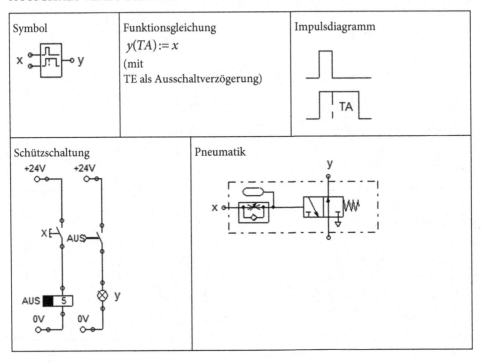

Symbol	Funktionsgleichung $y(TA) := x$ (mit TE als Ausschaltverzögerung)	Impulsdiagramm
Schützschaltung	Pneumatik	

JK-FLIPFLOP (positivflankengetriggert)

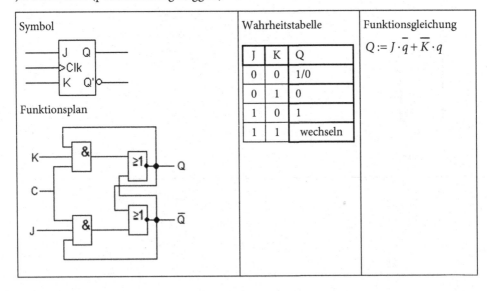

Symbol	Wahrheitstabelle	Funktionsgleichung $Q := J \cdot \bar{q} + \bar{K} \cdot q$

J	K	Q
0	0	1/0
0	1	0
1	0	1
1	1	wechseln

Funktionsplan

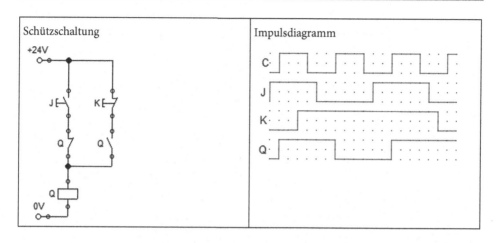

JK-FLIPFLOP (negativflankengetriggert)

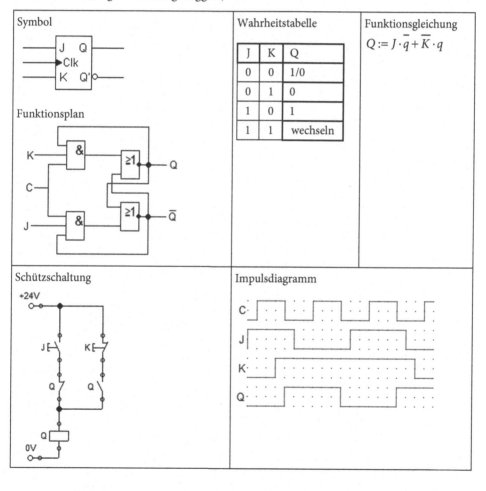

Symbol	Wahrheitstabelle	Funktionsgleichung

Funktionsgleichung

$$Q := J \cdot \overline{q} + \overline{K} \cdot q$$

J	K	Q
0	0	1/0
0	1	0
1	0	1
1	1	wechseln

Literaturverzeichnis

[1] G. Wellenreuther, D. Zastrow: Automatisieren mit SPS Theorie und Praxis, Übersichten und Übungsaufgaben, Friedr. Vieweg&Sohn Verlag, Braunschweig/Wiesbaden, 2002

[2] G.Wellenreuther, D. Zastrow: Steuerungstechnik mit SPS, Friedr. Vieweg&Sohn Verlag, Braunschweig/Wiesbaden, 1998

[3] W. Braun: Speicherprogrammierbare Steuerungen, Friedr. Vieweg&Sohn Verlag, Braunschweig/Wiesbaden, 2005

[4] S. Zacher: Automatisierungstechnik kompakt, Friedr. Vieweg&Sohn Verlag, Braunschweig/Wiesbaden, 2000

[5] A. E. A. Almaini: Kombinatorische und sequentielle Schaltsysteme, VCH Verlag, Weinheim, 1989

[6] H. Greiner: Systematischer Entwurf sequentieller Steuerungen, Fachhochschule Jena, STIFT Thüringen 2007

[7] C. Hackl: Schaltwerk- und Automatentheorie I und II, WDEG-Verlag, Berlin, 1972

[8] W. Weber: Einführung in die Methoden der Digitaltechnik, AEG Telefunken, Berlin, 1970

[9] J. H. Bernhard: Digitale Steuerungstechnik, Vogel-Verlag, Würzburg, 1969

[10] W. Kessel: Digitale Elektronik, Akademische Verlagsgesellschaft, Wiesbaden, 1976

[11] U. Tietze, Ch. Schenk: Halbleiter-Schaltungstechnik, Springer-Verlag, Berlin, 1978

[12] Lehrbuch Festo, Grundlagen der pneumatischen Steuerungstechnik

[13] Meixner/Kolber: Einführung in die Hydraulik und Pneumatik, Verlag-Technik, Berlin, 1990

[14] H. G. Boy, K. Bruckert, B. Wessels: Elektrische Steuerungs- und Antriebstechnik, Vogel Verlag, Würzburg, 2004

[15] K. H. Borelbach, G. Krämer, E. Nows: Steuerungstechnik mir speicherprogrammierten Steuerungen SPS, Verlag Europa Lehrmittel, Wuppertal,1986

[16] R. Schaaf: Relais-, Schütz- und Elektroniksteuerungen, Leuchtturm-Verlag, Geesthacht, 1976

[17] H. Leidenroth: SPS für Elektrohandwerk, Verlag Technik, Berlin, 1997

[18] H. Schmitter: Steuerschaltungen für Antriebe, Pflaum-Verlag, München, 1971

[19] W. Krämerer: Digitale Automaten, Akademie Verlag, Berlin, 1973

[20] C. Karaali: „Beitrag zur digitalen Regelung von Synchronmaschinen mit Fuzzy-Algorithmen", Dissertation, TU Berlin, 1994

[21] E. Karaali: „Entwurf und Inbetriebnahme eines Modell-Antriebs für ein steering by wire System", Master-Arbeit, Beuth-Hochschule Berlin, 2015

© Springer Fachmedien Wiesbaden GmbH, ein Teil von Springer Nature 2018

C. Karaali, *Grundlagen der Steuerungstechnik*, https://doi.org/10.1007/978-3-658-16137-8

[22] H. C. Reuss: Mikrorechner für die vollständig digitale Regelung von Permanentmagnet-Synchronservomotoren", Dissertation, TU Berlin, 1989

[23] Siemens: Microcontroller SAB 80C166, Microcomputer Components, 1990

[24] A. Osborne: Einführung in die Mikrocomputertechnik, te-wi Verlag

[25] M. Seitz: Speicherprogrammierbare Steuerungen für die Fabrik- und Prozessautomation, 3. überarbeitete und ergänzte Auflage, Hanser Verlag, 2012/2015

[26] H. Berger: Automatisieren mit SIMATIC S7-1500, Publicis Publishing, 2014

[27] J. G. Proakis; D. G.Manolakis: Digital Signal and Processing, 2007

[28] E. W. Kamen; B. S. Heck: Signals and Systems

Sachverzeichnis

© Springer Fachmedien Wiesbaden GmbH, ein Teil von Springer Nature 2018   355
C. Karaali, *Grundlagen der Steuerungstechnik*, https://doi.org/10.1007/978-3-658-16137-8

Printed in the United States
By Bookmasters